教育部高等学校材料类专业教学指导委员会规划教材

战略性新兴领域"十四五"高等教育教材

电化学储能设计及应用

吴川 谭国强 李雨 吴锋 主编

DESIGN AND APPLICATION
OF ELECTROCHEMICAL ENERGY STORAGE DEVICES

U0201506

化学工业出版社

·北京·

内容简介

《电化学储能设计及应用》全面介绍了电化学储能技术相关内容,包括基本原理、器件组成与基本性能、电化学储能设计相关理论、设计过程等,为读者提供了扎实的理论基础,有助于理解电化学储能设计的方法及其理论依据。重点讨论了各类化学电源设计及其应用场景,特别是锂离子电池、钠离子电池、锂-硫电池、锂-空气电池、锌-空气电池、水系离子电池、液流电池、电化学电容器的工作原理、关键技术和设计流程。通过选取典型的化学能源设计案例进行分析,探讨了不同应用场景下的设计理念和实现方式,论述了不同储能技术的优缺点及其可能的适用场景。此外,书中还针对当前"双碳"目标下的能源转型需求,详细讨论了清洁生产、绿色再生的含义,提出了不同电化学储能技术中可行的废旧电池资源化措施。通过理论与实践相结合的方式,系统地介绍了先进电化学储能技术的设计与应用,为培养新能源材料与器件领域创新型人才提供参考。

本书是高等学校能源与储能相关专业的教学用书,也可供相关领域的专业人才和研究人员参考。

图书在版编目(CIP)数据

电化学储能设计及应用 / 吴川等主编. -- 北京:
化学工业出版社, 2024.8. -- (教育部高等学校材料类
专业教学指导委员会规划教材). -- ISBN 978-7-122
-46455-2

I. TK01

中国国家版本馆 CIP 数据核字第 2024B1J804 号

责任编辑:陶艳玲　　　　　　　文字编辑:王丽娜
责任校对:李雨晴　　　　　　　装帧设计:史利平

出版发行:化学工业出版社
　　　　　(北京市东城区青年湖南街 13 号　邮政编码 100011)
印　　装:大厂回族自治县聚鑫印刷有限责任公司
787mm×1092mm　1/16　印张 15¾　字数 393 千字
2025 年 1 月北京第 1 版第 1 次印刷

购书咨询:010-64518888　　　　售后服务:010-64518899
网　　址:http://www.cip.com.cn
凡购买本书,如有缺损质量问题,本社销售中心负责调换。

定　　价:49.00 元　　　　　　　版权所有　违者必究

系列教材编委会名单

顾问委员会：（以姓名拼音为序）

编写委员会名单

主　　任：吴　锋　北京理工大学
执行主任：李美成　华北电力大学
副 主 任：张　云　四川大学
　　　　　吴　川　北京理工大学
　　　　　吴宇平　东南大学
委　　员：(以姓名拼音为序)
　　　　　卜令正　厦门大学
　　　　　曹余良　武汉大学
　　　　　常启兵　景德镇陶瓷大学
　　　　　方晓亮　嘉庚创新实验室
　　　　　顾彦龙　华中科技大学
　　　　　纪效波　中南大学
　　　　　雷维新　湘潭大学
　　　　　李　星　西南石油大学
　　　　　李　雨　北京理工大学
　　　　　李光兴　华中科技大学
　　　　　李相俊　中国电力科学研究院有限公司
　　　　　李欣欣　华东理工大学
　　　　　李英峰　华北电力大学
　　　　　刘　赟　上海重塑能源科技有限公司
　　　　　刘道庆　中国石油大学
　　　　　刘乐浩　华北电力大学
　　　　　刘志祥　国鸿氢能科技股份有限公司
　　　　　吕小军　华北电力大学
　　　　　木士春　武汉理工大学

牛晓滨　电子科技大学
沈　杰　武汉理工大学
史翊翔　清华大学
苏岳锋　北京理工大学
谭国强　北京理工大学
王得丽　华中科技大学
王亚雄　福州大学
吴朝玲　四川大学
吴华东　武汉工程大学
武莉莉　四川大学
谢淑红　湘潭大学
晏成林　苏州大学
杨云松　基创能科技（广州）有限公司
袁　晓　华东理工大学
张　防　南京航空航天大学
张加涛　北京理工大学
张静全　四川大学
张校刚　南京航空航天大学
张兄文　西安交通大学
赵春霞　武汉理工大学
赵云峰　天津理工大学
郑志锋　厦门大学
周　浪　南昌大学
周　莹　西南石油大学
朱继平　合肥工业大学

丛书序

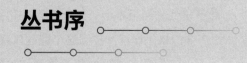

新能源技术是 21 世纪世界经济发展中最具有决定性影响的五大技术领域之一，清洁能源转型对未来全球能源安全、经济社会发展和环境可持续性至关重要。新能源材料与器件是实现新能源转化和利用以及发展新能源技术的基础和先导。2010 年教育部批准创办"新能源材料与器件"专业，该专业是适应我国新能源、新材料、新能源汽车、高端装备制造等国家战略性新兴产业发展需要而设立的战略性新兴领域相关本科专业。2011 年，全国首批仅有 15 所高校设立该专业，随后设立学校和招生规模不断扩大，截至 2023 年底，全国共有 150 多所高校设立该专业。更多的高校在大材料培养模式下，设立新能源材料与器件培养方向，新能源材料与器件领域的人才培养欣欣向荣，规模日益扩大。

由于新能源材料与器件为新兴的交叉学科，专业跨度大，涉及材料、物理、化学、电子、机械、动力等多学科，需要重新整合各学科的知识进行人才培养，这给该专业的教学和教材的编写带来极大的困难，致使本专业成立 10 余年以来，既缺乏规范的核心专业课程体系，也没有相匹配的核心专业教材，严重影响人才培养的质量和专业的发展。特别是教材，作为学生进行知识学习、技能掌握和价值观念形成的主要载体，同时也是教师开展教学活动的基本依据，极为重要，亟需解决教材短缺的问题。

为解决这一问题，在化学工业出版社的倡导下，邀请全国 30 余所重点高校多次召开教材建设研讨会，2019 年在吴锋院士的指导下，在北京理工大学达成共识，结合国内的人才需求、教学现状和专业发展趋势，共同制定新能源材料与器件专业的培养体系和教学标准，打造《能量转化与存储原理》《新能源材料与器件制备技术》以及《新能源器件与系统》3 种专业核心课程教材。

《能量转化与存储原理》的主要内容为能量转化与存储的共性原理，从电子、离子、分子、能级、界面等过程来阐述；《新能源材料与器件制备技术》的内容承接《能量转化与存储原理》的落地，目前阶段可以综合太阳电池、锂离子电池、燃料电池、超级电容器等材料和器件的工艺与制备技术；《新能源器件与系统》的内容注重器件的设计构建、同种器件系统优化、不同能源转换或存储器件的系统集成等，是《新能源材料与器件制备技术》的延伸。三门核心课程是总-分-总的关系。在完成材料大类基础课的学习后，三门课程从原理-工艺技术-器件与系统，逐步深入融合新能源相关基础理论和技术，形成大材料知识体系与新能源材料与器件知识体系水乳交融的培养体系，培养新能源材料与器件的复合型人才，适合国家的发展战略人才需求。

在三门课程学习的基础上，继续延伸太阳电池、锂离子电池、燃料电池、超级电容器和新型电力电子元器件等方向的专业特色课程，每个方向设立 2~3 门核心课程。按照这个课程体系，制定了本丛书 9 种核心课程教材的编写任务，后期将根据专业的发展和需要，不断更新和改善教学体系，适时增加新的课程和教材。

2020 年，该系列教材得到了教育部高等学校材料类专业教学指导委员会（简称材料教指委）的立项支持和指导。2021 年，在材料教指委的推荐下，本系列教材加入"教育部新兴领域教材研究与实践项目"，在材料教指委副主任张联盟院士的指导下，进一步广泛团结全国的力量进行建设，结合新兴领域的人才培养需要，对系列教材的结构和内容安排详细研讨、再次充分论证。

2023 年，系列教材编写团队入选教育部战略性新兴领域"十四五"高等教育教材体系建设团队，团队负责人为材料教指委委员、长江学者、万人领军人才李美成教授，并以此团队为基础，成立教育部新能源技术虚拟教研室，完成对 9 本规划教材的编写、知识图谱建设、核心示范课建设、实验实践项目建设、数字资源建设等工作，积极组建国内外顶尖学者领衔、高水平师资构成的教学团队。未来，将依托虚拟教研室等载体，继续积极开展名师示范讲解、教师培训、交流研讨等活动，提升本专业及新能源、储能等相关专业教师的教育教学能力。

本系列教材的出版，全面贯彻党的"二十大"精神，深入落实习近平总书记关于教育的重要论述，深化新工科建设，加强高等学校战略性新兴领域卓越工程师培养，解决材料领域高等教育教材整体规划性不强、部分内容陈旧、更新迭代速度慢等问题，完成了对新能源材料与器件领域核心课程、重点实践项目、高水平教学团队的建设，体现时代精神、融汇产学共识、凸显数字赋能，具有战略性新兴领域特色，未来将助力提升新能源材料与器件领域人才自主培养质量。

中国工程院院士
2024 年 3 月

前言

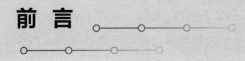

　　储能是构建新型电力系统的重要技术装备，对提升电力系统弹性、促进新能源发展、助力实现"双碳"目标具有重要意义。电化学储能作为一种调节速度快、布置灵活、建设周期短的调节资源，是新型储能的主要形式，被认为是最具发展潜力的储能技术之一，近年来应用规模持续扩大。电化学储能是一种通过发生可逆的电化学反应来储存或释放能量的转换技术。相比抽水蓄能等机械储能，电化学储能的能量密度大，转换效率高，受地形等因素影响较小，可灵活运用于发电侧、输配电侧和用电侧。随着近年来成本的快速下降、商业化应用逐渐成熟，电化学储能的优势愈发明显，开始逐渐成为储能新增装机的主流，且未来仍有较大的成本下降空间，发展前景广阔。根据不同电化学电池的工作原理，储能覆盖的规模也有所不同，大到百兆瓦级，小到千瓦级。因此，全面总结并归纳概括现行电化学储能技术的设计方法与应用场景十分重要。

　　本教材系统介绍了现有电化学储能技术的基础知识、设计理论与其应用场景；重点概述了化学电源的基本原理，包括化学电源的理论基础，化学电源的组成、分类、工作原理与基本性能等；深入讨论了电化学储能器件的相关设计理论与设计过程，结合案例分析，强化了设计理论与设计过程并重的理念；此外，通过介绍各类化学电源设计在实际应用中的发展现状，对其关键技术进行了展望，关注了电池器件在清洁生产与绿色再生中的防治措施及注意事项。本教材主要侧重于碱金属离子电池、锂-硫电池、锂-空气电池、锌-空气电池、水系电池等新型二次电池体系的设计与应用。

　　本教材在编写过程中得到了北京理工大学白莹教授、赵然副研究员等人的大力支持，编者们的研究生在案例资料收集、图表公式绘制以及编撰校稿等方面做了诸多工作，他们分别是：张安祺、巩玉腾、黄鑫威、王亚辉、覃先富、杨菁菁、韩晓敏、苏安齐、张锴、张日朋、董迎、赵泽楠、车畅、卢雪莹、吕梦歌等。在此，特地向所有为本书付出辛勤劳动的老师和学生们致以真诚的感谢。

　　本教材在出版之际，由衷地感谢国家 973 计划、国家重点研发计划和国家自然科学基金对相关研究长期以来的大力资助和支持。同时，也要感谢化学工业出版社和编辑们在本教材出版过程中给予的有力帮助。

本教材在科学思想上体现创新性，在研究方向上属于领域前沿，统筹了电化学储能技术相关理论与近年发展应用案例，可用于相关专业本科生和研究生的教材。近年，纳米材料、能源动力、系统集成、信息技术等领域仍处于蓬勃发展的阶段，相应的产业化集群日益成熟，该教材所涉及的科学概念和理论知识非常广泛，包括但不限于材料、物理、化学、机械、电子、信息、计算等诸多学科，可供我国从事新能源电动汽车和大规模储能材料与器件等领域的专业人才和研究人员参考。

鉴于编者水平有限，书中难免有缺漏与不足之处，敬请专家和广大读者批评指正。

编者
2024 年 6 月

目 录

第 3 章　电化学储能设计相关理论

第4章 电化学储能设计过程

第5章 各类化学电源设计

第6章　各类化学电源应用场景

第7章　"双碳"目标下电化学储能的绿色低碳可再生发展

第 1 章

电化学储能绪论

随着现代社会的不断发展进步，人们对于电力的需求越来越大，电能已成为人们生活中不可或缺的能源。在当今日常生活中，人们常用的手机、相机、笔记本电脑及电动交通工具等，无一不用到电化学储能设备。电化学储能是利用化学反应将电能以化学能的形式进行储存和再释放的一类技术，其装置被称为电化学储能器件。电化学储能技术是一种以新材料技术为基础，与电子、电力、信息、交通和环保等技术密切相关的一种新能源二次电池技术，其发展直接关乎 21 世纪新能源可持续发展战略的实施。因此，国家对电化学储能技术的发展与应用越来越重视。本章主要介绍了电化学储能的基础概念和发展历程。首先介绍了电化学储能的基本原理和发展现状，然后重点讨论了电化学储能设计的含义、分类和作用，为后续对电化学储能知识的学习和电化学储能器件的设计奠定理论基础。

1.1 电化学储能基础

1.1.1 电化学储能的定义

电化学储能是指利用化学元素作储能介质，充放电过程伴随储能介质的化学反应或化合价的变化，将电能以化学能的形式进行储存和再释放的一种技术。用来进行电化学储能的装置通常被称为电池，主要包括铅酸电池、镍-镉电池、液流电池和锂离子电池等[1]。在实现电能与化学能相互转化的过程中，必须具备以下条件：化学反应过程中，电子的得失必须分别在两个不同的区域进行；反应过程中电子的传递必须经过外回路；正负极之间应具有离子导电性物质——电解质。

1.1.2 电化学储能器件——电池

电化学储能器件专业上称为"化学电源"，也就是常说的电池。化学电源主要有两种用途：第一种是作为便携式电源，从电子表中的纽扣电池，到内燃发动机车辆中作为启动、照明、点火动力的铅酸电池，都属于此；第二种是可以将外部提供的电能储存起来，用于驱动电动汽车、作为应急电源，也可作为主供电系统的组成部分，起到满足瞬时峰值功率需求或连接可再生能源（如太阳能、潮汐能、风能）的作用[2]。

电池包括正极、负极以及正负极之间能有效防止正负电极相接触而导致内部短路的绝缘层，即隔膜。因此，电池的组成部分应有：正极、负极、电解质、隔膜、电池外壳及其他配件。

1.1.3 经典电池储能

1.1.3.1 原电池

原电池是利用两个电极之间活泼性的不同产生电势差，从而使电子定向流动来产生电流。通常来说，原电池就是一种将化学能转化为电能的装置。

当活泼性不同的两个电极插入电解质溶液中时，两电极间形成闭合电路（两电极接触或导线连接），能自发发生氧化还原反应。原电池的电极可分为正极和负极。其中负极一般是较活泼的金属，为电子流出的一极，发生氧化反应，失去电子；正极一般是较不活泼的金属或能导电的非金属，为电子流入的一极，发生还原反应，得到电子。电子流向为由负极经外电路沿导线流向正极。

例如：图 1-1 为原电池装置，电解质溶液为硫酸铜溶液。

正极 Cu： $\qquad$ $Cu^{2+}+2e^{-}\!=\!\!=\!\!=\!Cu$

负极 Zn： $\qquad$ $Zn-2e^{-}\!=\!\!=\!\!=\!Zn^{2+}$

总反应： $\qquad$ $Cu^{2+}+Zn\!=\!\!=\!\!=\!Cu+Zn^{2+}$

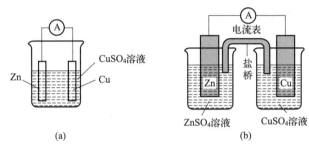

(a)   (b)

图 1-1 原电池

在两种溶液之间插入盐桥以代替原来溶液的直接接触，可以降低并稳定液接电势（当组成或活度不同的两种电解质溶液接触时，在溶液交界处正负离子扩散通过界面的离子迁移速度不同，造成正负电荷分离而形成双电层，这样产生的电势差称为液体接界扩散电势，简称液接电势），使液接电势降至最低以至接近消除，防止溶液中的有害离子扩散到参比电极的内盐桥溶液中影响其电极电势。盐桥常出现在原电池中，通常是由琼脂和饱和氯化钾或饱和硝酸钾溶液构成的。

1.1.3.2 电解池

电解池是一种把电能转化为化学能的装置。电解过程就是电流通过电解质溶液或熔融电解质而在阴、阳两极引起还原、氧化反应的过程。因此，电解池的组成部分包括阴极、阳极、电解质溶液和外加电源。

电解质溶液的导电性来源于在电场的作用下，能够自由移动的阴、阳离子发生的定向移动。与电源负极相连的电极叫阴极，发生还原反应；与电源正极相连的电极叫阳极，发生氧化反应。电子由电源负极流向电解池阴极，由电解池阳极流向电源正极。阳离子移向电解池阴极，阴离子移向电解池阳极。

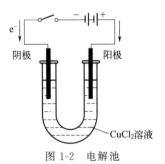

图 1-2 电解池

例如：图 1-2 为电解池装置，电解质溶液为 $CuCl_2$ 溶液，电极为石墨。

阴极： $\qquad$ $Cu^{2+}+2e^{-}\!=\!\!=\!\!=\!Cu$

阳极： $\qquad$ $2Cl^{-}-2e^{-}\!=\!\!=\!\!=\!Cl_2$

总反应： $\qquad$ $CuCl_2\xrightarrow{\text{电解}}Cu+Cl_2$

电解池的阴、阳极放电规律：

① 阳极上失电子规律：首先看电极材料是惰性电极还是活性

电极。如果是惰性电极，则由溶液中的阴离子失去电子，阴离子的还原性越强越容易失去电子。阳极上放电顺序一般是：（活性电极）$>S^{2-}>I^->Br^->Cl^->OH^->$含氧酸根离子$>F^-$。

② 阴极上得电子规律：一般由溶液中的阳离子得电子，阳离子氧化性越强，越容易得电子。阴极上阳离子放电顺序一般是：$Ag^+>Hg^+>Fe^{3+}>Cu^{2+}>H^+$（酸）$>Pb^{2+}>Sn^{2+}>Fe^{2+}>Zn^{2+}>H^+$（盐溶液）$>Al^{3+}>Mg^{2+}>Na^+>Ca^{2+}>K^+$。需要说明的是，$Al^{3+}$后面的离子一般不会在溶液中得电子。

1.1.4 电极电势与能斯特方程

当金属浸于电解质溶液中时，会在金属的表面与溶液之间形成封闭均匀的偶电层，产生电势差，这种电势差称为金属在此溶液中的电势或电极电势。

能斯特方程是用来定量描述某种离子在 A、B 两体系间形成的扩散电势的数学表达式[3]。在电化学中，能斯特方程用来计算电极上相对于标准电势（$E^{\ominus}$）而言的指定氧化还原电对的平衡电势（E）。只有当氧化还原电对中两种物质同时存在时能斯特方程才有意义。这一方程将化学能和原电池电极电势联系起来，在电化学方面具有重大贡献，故以其发现者德国化学家能斯特命名，能斯特也因此获得 1920 年诺贝尔化学奖。

标准电极电势是指在 298.15K 下，反应物的浓度为 1mol/L（反应物为气态时，其分压为 101kPa）时测得的电极电势。如果反应物的浓度和温度发生改变，则氧化还原电对的电极电势也随着发生变化，它们之间的关系可以用能斯特方程表示。

在常温下（25℃＝298.15K），假定反应为：氧化型$+ne^-\longrightarrow$还原型

有以下关系式：

$$E=E^{\ominus}+\frac{RT}{nF}\ln\frac{[氧化态]}{[还原态]}$$

式中，E 为某一定浓度下的电极电势，V；$E^{\ominus}$ 为标准电极电势，V；R 为摩尔气体常数，为 8.314J/(K·mol)；T 为温度，K；n 为电极反应中得到和失去的电子数；F 为法拉第常数，为 96485C/mol；[氧化态] 或 [还原态] 为氧化型物质或还原型物质的浓度，mol/L。

应用这个方程时应注意：a. 方程式中的 [氧化态] 和 [还原态] 并不是专指氧化数有变化的物质，还包括参加了电极反应的其他物质；b. 在氧化还原电对中，如果氧化型或还原型物质的系数不是 1，则 [氧化态] 或 [还原态] 要乘以与系数相同的次方；c. 如果氧化还原电对中的某一物质是固体或液体，则浓度均为常数，可认为是 1；d. 如果氧化还原电对中的某一物质是气体，浓度用气体分压来表示；e. 能斯特方程只有当氧化还原电对中两种物质同时存在时才有意义。

1.2 电化学储能发展现状

随着电子产品的日益普及，电化学储能器件已成为一种必需品。电化学储能器件能够将电能转化为化学能进行储存，并在需要放电时将化学能转化为电能进行释放。二次电池能够实现多次电能与化学能的相互转化，因此可以循环使用实现多次充放电，具有更好的经济和环保效益。从应用领域看，小至手表、心脏起搏器、笔记本电脑等电子产品，大至电动汽车、无人机、储能电站，二次电池均在其中发挥着极其重要的作用。目前常见的二次电池包

括铅酸电池、镍-镉电池、镍-氢电池、液流电池、锂离子电池和钠离子电池等。由于电池结构与组成的不同，不同种类二次电池的性能也存在明显差异。因此，对各类二次电池的特点进行深入了解是充分利用其性能优势的先决条件。

如今，电化学储能器件已广泛应用于人们日常生活以及国民经济发展的多个领域（包括通信、能源、交通、国防、航空航天等），新能源电化学储能技术及其产业也已成为全球关注和发展的热点。

1.3 电化学储能设计概述

1.3.1 电化学储能设计含义

电化学储能器件可以作为用电仪器、设备的能量供应系统。从微型设备（如助听器）到小型设备（如手机），再到大型设备（如电动汽车或航空航天设备等）都配有电化学储能器件，其尺寸和质量各不相同。从广义上说，这些用电设备、仪器统称为用电器。用电器的使用有一定的技术要求，相应的与之相配套的电化学储能器件也有一定的技术要求。人们对其进行设计的目标是使电化学储能器件既能发挥自己的特点，又能以较好的性能适应用电器的要求，这种寻求使电化学储能器件能最大限度地满足用电器要求的过程，称为电化学储能设计。

根据电化学储能设计的定义，电化学储能设计必须考虑以下问题：a.用电器对化学电源的要求；b.化学电源自身所具备的性能；c.两者的关系。随着现代科技的发展，民用和军用化学电源与日俱增。不同的化学电源设计虽然有相似之处，但由于规格、型号、工艺方法等不同，因此会存在各自的特点和差异。一般而言，电化学储能设计需要解决的主要问题有：a.在允许的尺寸或质量范围内进行结构和工艺设计，使其尽可能地满足用电器的要求；b.寻找可行的并且尽可能简单方便的工艺；c.尽可能降低成本；d.在条件允许的情况下，努力提高产品的技术性能；e.克服和解决环境污染问题，尽量满足清洁生产的要求。

电化学储能设计的传统计算方法是根据积累的经验或以往的实验以及所需条件进行选择和计算，合理的参数是经过进一步实验确定的。电子计算机技术的发展和应用为电化学储能设计开辟了新道路，现在可以根据以往的实验数据编制计算程序进行设计，预计今后将进一步发展到完全用电子计算机进行设计，为电化学储能器件的研制提供新的方向。

1.3.2 电化学储能设计分类

根据电化学储能器件的类型，电化学储能设计可分为一次电池设计和二次电池设计。同一类别的电池设计又分为单体电池设计和电池组设计。所谓的单体电池设计是指实现构成电化学储能器件基本单元的设计过程，而电池组设计是指实现多个单体电池组合的设计过程。一次电池设计多为单体电池设计，二次电池设计既有单体电池设计，又包含电池组设计。一次电池设计虽然多为单体电池设计，但在多数用电场合下为多只单体电池经过组合而被使用，如便携式手电一般为两节或三节锌锰干电池以串联形式使用。所以，无论是一次电池设计还是二次电池设计，都直接或间接包括单体电池设计和电池组设计。对于同一类别的电池，按照其不同的设计内容又可分为研究开发性设计、产品更新换代设计和工艺优化设计。

① 研究开发性设计是指为满足生产最优化的要求，从事原材料性能的确定与选择、工艺参数的优化及工艺过程的确定、电池影响因素及其相互之间的关系等研究过程。研究开发

性设计按其不同的研究阶段又分为：基础研究与设计过程，主要解决相关基础理论问题；中试设计过程，是在基础研究与设计过程的基础上组成中试生产线，扩大研究数量和规模，发现问题并解决问题的过程。

② 产品更新换代设计是指在原有技术的基础上通过改进某些工艺参数、工艺模式等实现产品性能提高的过程。由 R20P 替代 R20 或 R20C 的过程、密封式铅酸电池替代开口式铅酸电池的过程均属于此类设计[4]。

③ 工艺优化设计是指对同一品种、同一规格型号的电池通过改进原材料、电池结构、工艺配方等来达到提高该电池某一特征性能的过程。例如，用一种曲面集流板设计，改变集流板与电极的接触面形式，达到减小界面接触电阻、降低液流电池整体极化电压的目的[5]；动力锂离子电池通过调整极片涂布量、压实密度、铜箔铝箔的厚度、极耳的尺寸、极片的宽窄等来设计电池的快充性能，均属于工艺优化设计。在实际生产中，工艺优化设计存在于每一类电池的生产中。

1.3.3 电化学储能设计作用

一般来说，电化学储能设计的作用是满足用电器用电要求的水平。满足用电器用电要求可分为：尽可能地满足、最大限度地满足、一般满足。在电池的实际生产中，对于某些用电器产品中使用的电池，应以产品的设计为基础，在不增加成本的前提下，最优地满足用电器使用情境的要求。由于非特定电池产品和用电器产品的不确定性，电化学储能设计必须注重综合性能。

随着现代科学技术的发展，一些高端用电器产品对电化学储能器件各项性能指标的要求越来越高，国内外厂商在生产线上还存在一定差距。目前化学品供应链中的性能指标和设计生产参数很大程度上是由经验迭代执行决定的，不仅浪费人力物力，还会导致效率低下。

电化学储能设计是丰富的理论和实践知识的综合应用。电化学储能设计人员必须从实际出发，进行调查研究，广泛听取用户和工艺人员的意见，发现并解决工艺、设计和使用中的问题，对设计进行迭代调整和修正，以达到最优化的设计效果，并从中积累设计经验。

思考题

1. 简述电化学储能过程及原理。
2. 简述原电池和电解池的定义。
3. 简述电化学储能设计的目的和作用。

参考文献

[1] 毛三伟. 电化学储能材料在储能技术的应用[J]. 中国化工贸易,2019,011(031):127.
[2] Colin A. Vincent,Bruno Scrosati. 先进电池:电化学电源导论[M]. 屠海令,吴伯荣,朱磊,译. 第 2 版. 北京:冶金工业出版社,2006.
[3] 柴佳丽,马剑琪. 以电极电势书写能斯特方程[J]. 化工设计通讯,2020,46(9):3.
[4] 石国祥. 谈谈密封式铅酸蓄电池[J]. 电气时代,1992(11):2.
[5] 周正,刘佳燚,陈光颖. 曲面接触设计——全钒液流电池性能优化研究[J]. 东方电气评论,2018,32(1):5.

第 2 章

电化学储能器件概述

本书第 1 章介绍了电化学储能基础知识和电化学储能设计概述。其中，对于电化学储能设计，应确保电化学储能器件能最大限度地满足用电器的用电要求。那么，基于不同电化学反应体系的电化学储能器件具有什么特征？根据不同用电设备电化学储能器件要满足哪些技术要求？本章将重点讨论电化学储能器件的结构组成、分类定义及特征性能等内容。通常而言，电化学储能器件（即电池）由电极、电解质、隔膜及其他保护部件等组成，可以分为一次电池和二次电池。电池的基本性能包含电压、电阻、容量、能量以及使用寿命等。本章通过详细介绍电池的组成、分类和性能等基本知识，旨在促进读者全面了解和掌握电化学储能器件，为之后正确进行电化学储能器件的设计、测试和应用奠定基础。

2.1 电化学储能器件的组成

2.1.1 电极

电极是电池的核心部分，由活性物质和导电骨架组成。活性物质是指正、负极中参加成流反应的物质（成流反应是电池放电时，在正、负极上形成放电电流的主导电化学反应），是决定电化学储能器件基本特性的重要部分。对活性物质的要求是电化学活性高，组成电池的电动势高，即自发反应的能力强，质量比容量和体积比容量高，在电解液中的化学稳定性高，电子导电性好。

2.1.1.1 电极类型及结构

电池中常用的电极有片状电极、粉末多孔电极和气体扩散电极三种。一般来说，电极由三部分组成：一是参与反应的活性物质；二是为改善电极性能而加入的导电剂；三是少量的添加剂，如缓蚀剂等。

（1）片状电极

片状电极由金属片或板直接制成。例如锌-锰干电池以锌片冲成圆筒作负极，锂电池的负极用锂片。

（2）粉末多孔电极

粉末多孔电极应用极广，因为电极多孔，真实表面积大，电化学极化和浓差极化小，不易钝化。其电极反应在固-液界面上进行，充放电过程中生成的金属枝晶少，可以防止电极间短路。

根据电极的成型方法不同，常用的粉末多孔电极有以下几种。

① 管（盒）式电极：将配制好的电极粉料加入表面有微孔的管或盒中。如铅酸电池的

正极有时是将活性物质铅粉装入玻璃丝管或涤纶编织管中，并在管中插入汇流导电体。也有极板盒式的，如镍-镉电池。此类电极不易掉粉，电池寿命长。

② 压成式电极：将配制好的电极粉料放入模具中加压而成，电极中间放导电骨架。

③ 涂膏式电极：将电极粉料用电解液调成膏状，涂覆在导电骨架上，如铅酸电池电极、锌-银电池的负极。

④ 烧结式电极：将电极粉料加压成型，并经高温烧结处理，也可以烧结成电极基板，然后浸渍活性物质，烘干而成。镍-镉电池、锌-银电池用电极常用烧结法制造。烧结式电极强度高，孔隙率高，可以大电流、高倍率放电，电池寿命长，但工艺复杂，成本较高。

⑤ 发泡式电极：将泡沫塑料进行化学镀镍，电镀镍处理后，经高温碳化后得到多孔网状镍基体，将活性物质填充在镍网上，经轧制制成泡沫电极。泡沫镍电极孔隙率高（90%以上），真实表面积大，电极放电容量大，电极柔软性好，适合作卷绕式电极的圆筒形电池，目前主要用于镍-氢电池和镍-镉电池。

⑥ 黏结式电极：将活性物质加黏结剂混匀，滚压在导电镍网上制成黏结式电极。这种电极制造工艺简单，成本低，但极板强度比烧结式的低，寿命不长。

⑦ 电沉积式电极：以冲孔镀镍钢带为阴极，在硫酸盐或氯化物中将活性物质电沉积到基体上，经挤压、烘干、涂黏结剂，剪切成电极片。电沉积式电极制造工艺简单，生产周期短，活性物质利用率高。目前，可以用电沉法制备镍、镉、钴、铁等高活性电极，其中电沉积式镉电极已在镍-镉电池中应用。

⑧ 纤维式电极：以纤维镍毡状作基体，向基体孔隙中填充活性物质，电极基体孔隙率达93%～99%，具有高比容量和高活性。纤维式电极制造工艺简单，成本低，但镍纤维易造成电池正、负极短路，自放电大，目前尚未大量应用。

（3）气体扩散电极

气体扩散电极是粉末多孔电极在气体电极中的应用，电极的活性物质是气体，气体电极反应在电极微孔内表面形成的气-液-固三相界面上进行。目前工业上已得到应用的是氢电极和氧电极，如燃料电池的正、负极和锌-空气电池的正极都是这种气体扩散电极。典型的电极结构有：双层多孔电极（又称培根型电极）、防水型电极、隔膜型电极等。

2.1.1.2 电极黏结剂

电极常用黏结剂一般都是高分子化合物，如聚乙烯醇（polyvinyl alcohol，PVA）、聚四氟乙烯（polytetrafluoroethylene，PTFE）、羧甲基纤维素钠（carboxymethylcellulose sodium，CMC-Na）和聚偏二氟乙烯（polyvinylidene difluoride，PVDF）等。

（1）聚乙烯醇

聚乙烯醇的分子式为$\text{-[CH}_2\text{CHOH]}_n\text{-}$，聚合度 n 一般为700～2000，是一种亲水性高聚物白色粉末，密度为 $1.24\sim1.34\text{g/cm}^3$。聚乙烯醇可与其他水溶性高聚物混溶，如与淀粉、羧甲基纤维素、海藻酸钠等都有较好的混溶性。

（2）聚四氟乙烯

聚四氟乙烯俗称"塑料王"，是一种白色粉末，密度为 $2.1\sim2.3\text{g/cm}^3$，热分解温度为 415℃。聚四氟乙烯电绝缘性能好，耐酸，耐碱，耐氧化。聚四氟乙烯的分子式为$\text{-[CF}_2\text{—CF}_2\text{]}_n\text{-}$，是由四氟乙烯聚合而成的。常用 60% 的 PTFE 乳液作电极黏结剂。

（3）羧甲基纤维素钠

羧甲基纤维素钠为白色粉末，易溶于水，形成透明的溶液，具有良好的分散能力和结合力，并有吸水和保持水分的能力。

（4）聚偏二氟乙烯

聚偏二氟乙烯是一种高度非反应性热塑性含氟聚合物，可通过1,1-二氟乙烯的聚合反应合成，溶于二甲基乙酰胺等强极性溶剂。聚偏二氟乙烯抗老化、耐化学药品、耐气候、耐紫外光辐射等，性能优良。可用作工程塑料，用于制备密封圈、耐腐蚀设备、电容器，也用作涂料、绝缘材料和离子交换膜材料等。

2.1.2 电解质

电解质是电化学储能器件的主要组成之一，是具有高离子导电性的物质，在电池内部起到传递正负极之间电荷的作用，有时电解质也参与化学反应（如铅酸电池中的硫酸）。为了使用方便，电解质多用水溶液，故称为电解液。因此，要求正极活性物质的氧化能力和负极活性物质的还原能力均应比水的氧化、还原能力要强，因为水可部分地电离成 H^+ 和 OH^-。电解质的种类和形态一般分为：液态、固态、熔融盐和有机电解质。

电解质应具有稳定性强的特点，因为电解质长期保存在电池内部，所以必须具有稳定的化学性质。贮存期间电解质与活性物质的界面电化学反应速率应小，这样产生的自放电容量损失才会小。电解液还应具有电导率高的特点，电导率高，溶液欧姆压降就小，其他条件相同时，电池内阻也就小，电池放电特性就能得以改善。但不同系列的电池要求也不同，如锂电池为了提高电导率和电池特性，电解质用高介电系数、低黏度的有机溶剂混合使用；镍-镉电池中，则使用氢氧化钾水溶液；锌-锰干电池为了提高和改善性能，将中性电解液改为碱性溶液，得到高能量的碱锰电池。

选择电解液不仅根据电导率的大小，还要考虑电解液与活性物质间的稳定性等方面的因素，而且很关键的一点是电解液不具备电子导电性，否则会产生漏电现象。因此，电池具体使用哪种形态的电解质，应根据不同系列电池的实际要求来确定。

2.1.3 隔膜

隔膜的形状有薄膜、板材、棒材等，其作用是防止正负极活性物质直接接触，防止电池内部短路。对隔膜的要求是化学性能稳定，有一定的机械强度，对电解质离子运动的阻力小，电子的良好绝缘体，并能阻挡从电极上脱落的活性物质微粒和抑制金属枝晶的生长。制造隔膜的材料有天然或合成的高分子材料、无机材料等。根据原料特点和加工方法不同，可将隔膜分成有机材料隔膜、编织隔膜、毡状隔膜、隔膜纸和陶瓷隔膜等。隔膜也可分为半透膜与微孔膜两大类。半透膜的孔径一般为 5～100 nm，微孔膜的孔径在 0.1 μm 以上，甚至达几百微米。

隔膜性能主要指外观、厚度、定量、紧度、电阻、干态及湿态抗拉强度、孔隙率、孔径、吸液率、吸液速率、保持电解液能力、耐电解液腐蚀能力和胀缩率等。不同种类、不同系列、不同规格的电池对隔膜性能的要求不同。隔膜性能的一般检测方法如下：

① 紧度，可以用密度计测量，是衡量隔膜致密程度的指标。

② 抗拉强度，分干态抗拉强度和湿态抗拉强度，用纸张拉力机检测。

③ 孔径，半透膜用电子显微镜测量，孔径大于 0.1 μm 的微孔膜用气泡法测量。

④ 电阻，可用直流法或交流法测定。

⑤ 吸液率，反映隔膜吸收电解液的能力，测试方法是将干隔膜称重后浸泡在电解液中，直至吸收平衡，再取出湿隔膜称重。

吸液率为

$$\eta = \frac{m_2 - m_1}{m_1} \times 100\% \tag{2-1}$$

式中，η 为隔膜吸液率；m_1 为干隔膜质量；m_2 为湿隔膜质量。

⑥ 耐电解液腐蚀能力，先将电解液加热到 50℃，再将隔膜浸入电解液中保持 4～6h，取出洗净，烘干，与原干样品比较。

⑦ 胀缩率，将隔膜浸泡在电解液中 4～6h，取出后检测尺寸，与干态样品尺寸相减，其差值百分数即为胀缩率。

2.1.4　其他组成

（1）导电剂

导电剂的主要作用是提高电子电导率。为了保证电极具有良好的充放电性能，在极片制作时通常加入一定量的导电剂，在活性物质之间、活性物质与集流体之间起到收集微电流的作用，以减小电极的接触电阻，提高电子的移动速率。此外，导电剂也可以提高极片加工性，促进电解液对极片的浸润；同时也能有效地提高锂离子在电极材料中的迁移速率，降低极化，从而提高电极的充放电效率和锂电池的使用寿命。

导电剂主要有：颗粒状导电剂，如乙炔黑、炭黑等；导电石墨，多为人造石墨；纤维状导电剂，如金属纤维、气相法生长碳纤维、碳纳米管等。此外，新型石墨烯及其混合导电浆料等也可作为导电剂使用。

（2）集流体

集流体通过涂覆将粉状的活性物质连接起来，并把活性物质产生的电流汇集输出，将电极电流输入给活性物质。电池性能对集流体纯度的要求较高，要求集流体电导率较好，化学与电化学稳定性好，机械强度高，能够与电极活性物质结合得比较牢固。

锂离子电池集流体通常采用铜箔和铝箔。由于铜箔在较高电位（又称电势）时易被氧化，所以主要用于电位较低的负极，厚度通常为 6～12μm。铝箔在低电位时腐蚀问题较为严重，所以主要用于电位较高的正极集流体，厚度通常为 10～16μm。集流体成分不纯会导致表面氧化膜不致密而发生点腐蚀，甚至生成 LiAl 合金。

铜和铝表面都能形成一层氧化膜。铜表面的氧化层属于半导体，电子能够导通，但是氧化层太厚会导致阻抗较大；而铝表面的氧化层属绝缘体，不能导电，但氧化层很薄时可以通过隧道效应实现电子导电，氧化层较厚时导电性极差。因此，集流体在使用前最好经过表面清洗，去除油污和氧化层。

（3）添加剂

为了提高电解液的电化学性能和提高阴极沉积质量，往往会在电解液中添加少量的添加剂。电解液添加剂种类多，其性质和作用各异，一般可分为动植物胶、表面活性物质、起泡剂、盐类等。电解液添加剂是一些天然或人工合成的有机或无机化合物，一般不参加电解过程的电极反应，但可以改善电解质体系的电化学性能，影响离子的放电条件，使电解过程处于更佳的状态。电解液添加剂用量一般很小，但却是电解质体系不可缺少的部分[1]。

（4）极耳

极耳是锂离子聚合物电池产品的一种原材料。极耳分为三种材料，电池的正极使用铝（Al）材料，负极使用镍（Ni）材料，负极也用铜镀镍（Ni-Cu）材料，它们都是由胶片和金属带两部分复合而成的。胶片是极耳上绝缘的部分，可以在电池封装时防止金属带与铝塑膜之间发生短路，并且封装时通过加热（140℃左右）与铝塑膜热熔密封黏合在一起防止漏液。一个极耳是由两片胶片将金属带夹在中间而制成的。

（5）外壳

外壳用来盛放电解液和极板组，应由耐酸、耐热、耐震、绝缘性好并且有均一机械强度的材料制成。早期生产的起动型蓄电池大都采用硬橡胶壳体，近年来随着工程塑料的迅速发展，都采用聚丙烯塑料壳体。与硬橡胶壳体相比，聚丙烯塑料壳体具有较好的韧性，壁薄而轻（壁厚仅 3.5mm，而硬橡胶壳体壁厚达 10mm 左右），制作工艺简单，生产效率高，容易热封合，不会带进任何有害杂质，且具有外形美观、透明、成本低等优点。

2.2　电化学储能器件的分类

2.2.1　一次电池

2.2.1.1　锂原电池

锂原电池一般采用金属锂为负极，适当热处理的电解二氧化锰为正极，以及由高氯酸锂（或三氟甲基磺酸锂）溶解于碳酸丙烯酯/乙二醇二甲醚等混合溶剂组成的电解液，隔膜采用聚丙烯膜或聚乙烯膜。其化学反应式如下：

正极反应：$\quad\quad\quad MnO_2 + xLi^+ + xe^- \Longleftrightarrow Li_xMnO_2$

负极反应：$\quad\quad\quad\quad\quad xLi - xe^- \Longleftrightarrow xLi^+$

总反应：$\quad\quad\quad\quad MnO_2 + xLi \longrightarrow Li_xMnO_2$

2.2.1.2　锌-锰电池

锌-锰电池是一次性电池，电池的活性物质是二氧化锰和锌，在空间上是分隔开的，二者都与 NH_4Cl 和 $ZnCl_2$ 的水溶液相接触。其化学反应式如下：

正极反应：$\quad\quad 2MnO_2 + 2H_2O + 2e^- \Longleftrightarrow 2MnO(OH) + 2OH^-$

负极反应：$\quad\quad\quad Zn + 2OH^- - 2e^- \Longleftrightarrow Zn(OH)_2$

总反应：$\quad\quad 2MnO_2 + 2H_2O + Zn \Longleftrightarrow 2MnO(OH) + Zn(OH)_2$

2.2.1.3　激活电池

在未激活状态下，电池活性物质与电解液不直接接触，因此没有电能输出，不产生能量损耗。使用时通过动力源释放电解液，进而激活电池，因此具有储存时间长、免维护、比能量高等优点。其化学反应式如下（以镁银电池为例）：

正极反应：$\quad\quad\quad 2AgCl + 2e^- \Longleftrightarrow 2Ag + 2Cl^-$

负极反应：$\quad\quad\quad\quad Mg - 2e^- \Longleftrightarrow Mg^{2+}$

总反应：$\quad\quad\quad 2AgCl + Mg \Longleftrightarrow 2Ag + MgCl_2$

2.2.2 二次电池

2.2.2.1 铅酸电池

铅酸电池在充、放电过程中的化学反应可用如下反应方程式表示：

正极反应： $PbO_2 + 3H^+ + HSO_4^- + 2e^- \rightleftharpoons PbSO_4 + 2H_2O$

负极反应： $Pb + HSO_4^- - 2e^- \rightleftharpoons PbSO_4 + H^+$

总反应： $PbO_2 + Pb + 2H^+ + 2HSO_4^- \rightleftharpoons 2PbSO_4 + 2H_2O$

反应方程式从左向右为放电过程，从右向左为充电过程，放电反应和充电反应互为可逆反应。从反应方程式可以看出，铅酸电池正极的活性物质是二氧化铅（PbO_2），负极的活性物质是海绵状铅（Pb），电解液是硫酸（H_2SO_4）。放电后，正、负两极的活性物质都转变为硫酸铅（$PbSO_4$），这一理论被称为"双极硫酸盐化理论"。

2.2.2.2 镍-镉电池

镍-镉电池是最早应用于手机设备的电池种类，它具有良好的大电流放电特性，耐过充放电能力强、维护简单，一般通过以下反应放电：

正极反应： $NiO_2 + 2H_2O + 2e^- \rightleftharpoons Ni(OH)_2 + 2OH^-$

负极反应： $Cd + 2OH^- - 2e^- \rightleftharpoons Cd(OH)_2$

总反应： $NiO_2 + 2H_2O + Cd \rightleftharpoons Ni(OH)_2 + Cd(OH)_2$

镍-镉电池是一种碱性蓄电池，因电池内的碱性氢氧化物中含有金属镍和镉而得名，具有能量密度高、自放电小、贮存性能好等优点。

2.2.2.3 镍-氢电池

镍-氢电池正极活性物质为 NiOOH（放电时）和 Ni（OH）$_2$（充电时），称为氧化镍电极；负极活性物质为 H_2（放电时）和 H_2O（充电时），称为储氢合金（MH），电极称为储氢电极；电解液为 30％ 的氢氧化钾溶液。在电池充放电过程中的化学反应为：

正极反应： $NiOOH + H_2O + e^- \rightleftharpoons Ni(OH)_2 + OH^-$

负极反应： $MH + OH^- - e^- \rightleftharpoons M + H_2O$

总反应： $NiOOH + MH \rightleftharpoons Ni(OH)_2 + M$

2.2.2.4 锂离子电池

锂离子电池是一种二次电池，它主要依靠锂离子在正极和负极之间移动来工作。在充放电过程中，Li^+ 在两个电极之间往返嵌入和脱出。充电时，Li^+ 从正极脱出，经过电解液嵌入负极，负极处于富锂状态；放电时则相反。在电池充放电过程中的化学反应（以 $LiCoO_2$ 正极为例）为：

正极反应： $Li_{1-x}CoO_2 + xLi^+ + xe^- \rightleftharpoons LiCoO_2$

负极反应： $Li_xC_6 - xe^- \rightleftharpoons 6C + xLi^+$

总反应： $Li_{1-x}CoO_2 + Li_xC_6 \rightleftharpoons LiCoO_2 + 6C$

2.2.2.5 其他金属离子二次电池

其他金属离子二次电池主要包括钠离子电池、钾离子电池、镁离子电池和铝离子电池等。工作原理与锂离子电池工作原理相似，都是一种浓差电池，主要依靠金属离子在正极和负极之间移动来工作，正负极活性物质都能发生金属离子的脱嵌反应。其化学反应式如下（以钾离子电池的 $K_{0.5}MnO_2$ 正极为例）：

正极反应：$$K_{0.5-x}MnO_2 + xK^+ + xe^- \Longrightarrow K_{0.5}MnO_2$$

负极反应：$$K_xC_6 - xe^- \Longrightarrow 6C + xK^+$$

总反应：$$K_{0.5-x}MnO_2 + K_xC_6 \Longrightarrow K_{0.5}MnO_2 + 6C$$

这种碱金属二次电池一般包含一个由金属制成的带负电的负极和一个带正电的正极。放电时，金属离子从阳极（负极）移动到阴极（正极）；充电时，金属离子从阳极（正极）又回到阴极（负极），是一种典型的多电子反应装置。此外，一些金属资源如铝金属由于具有更低的成本和更好的环境友好性而受到广泛关注，铝离子电池成为大规模储能系统的理想候选者[2]。

2.2.2.6 锂-硫电池

锂-硫电池以硫为正极反应物质，以锂为负极。放电时负极反应为锂失去电子变为锂离子，正极反应为硫与锂离子及电子反应生成硫化锂，正极和负极反应的电势差即为锂-硫电池所提供的放电电压。在外加电压作用下，锂-硫电池的正极和负极反应逆向进行，即为充电过程。其化学反应式如下：

正极反应：$$S + 2Li^+ + 2e^- \Longrightarrow Li_2S$$

负极反应：$$2Li - 2e^- \Longrightarrow 2Li^+$$

总反应：$$S + 2Li \Longrightarrow Li_2S$$

2.2.2.7 金属-空气电池

金属-空气电池是以电极电势较负的金属如锂、钠、钙、镁、铝、锌等作负极，以空气中的氧或纯氧作正极的活性物质。金属-空气电池电解质溶液一般采用碱性电解质水溶液，如果采用电极电势更负的锂、钠、钙等作负极，因为它们可以和水反应，所以只能采用非水的有机电解质如聚合物固体电解质，或无机电解质如 $LiBF_4$ 盐溶液等[3]。其化学反应式如下（以锂-空气电池为例）：

正极反应：$$O_2 + 2Li^+ + 2e^- \Longrightarrow Li_2O_2$$

负极反应：$$2Li - 2e^- \Longrightarrow 2Li^+$$

总反应：$$O_2 + 2Li \Longrightarrow Li_2O_2$$

2.2.2.8 水系多价金属离子电池

水系多价金属离子电池[4]的反应原理和锂离子电池是类似的，都是基于锂、钠、钾、锌等金属离子在正负极材料中脱嵌完成电化学氧化还原过程。也就是充电时金属离子会从正极脱出，经过电解液嵌入负极当中，不存在电解液的消耗，所以可以从本质上解决电池寿命短的问题，实现长寿命的循环。其化学反应式如下（以水系锌离子电池为例）：

正极反应：$$Zn_{1-x}Mn_2O_4 + xZn^{2+} + 2xe^- \Longrightarrow ZnMn_2O_4$$

负极反应：$$xZn - 2xe^- \Longrightarrow xZn^{2+}$$

总反应：$$Zn_{1-x}Mn_2O_4 + xZn \Longrightarrow ZnMn_2O_4$$

2.2.2.9 液流电池

液流电池是一种新型、高效的电化学储能装置。由原理图（图 2-1）可以看出，电解液（储能介质）存储在电池外部的电解液储罐中，电池内部正负极之间由离子交换膜分隔成彼此相互独立的两室（正极侧与负极侧），电池工作时正负极电解液由各自的送液泵强制通过各自反应室循环流动，参与电化学反应。充电时电池外接电源，将电能转化为化学能，储存在电解液中；放电时电池外接负载，将储存在电解液中的化学能转化为电能，供负载使用。其化学反应式如下：

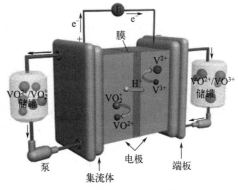

图 2-1　液流电池原理[5]

正极反应：$\quad VO_2^+ + 2H^+ + e^- \rightleftharpoons VO^{2+} + H_2O$

负极反应：$\quad V^{2+} - e^- \rightleftharpoons V^{3+}$

总反应：$VO_2^+ + V^{2+} + 2H^+ \rightleftharpoons VO^{2+} + V^{3+} + H_2O$

2.2.2.10　电化学电容器

电化学电容器是一类以高比表面积碳材料、金属氧化物和导电聚合物等作为电极材料的新型储能元件，它的显著特点是可以得到很大的电容量以及优异的瞬时充放电性能[6]。电化学电容器主要由电极、电解液和隔膜组成。其中，电极包括电极活性材料和集流体两部分。

2.3　电化学储能器件的基本性能

2.3.1　电动势

在等温等压条件下，当体系发生变化时，体系吉布斯自由能的减小等于对外所做的最大膨胀功，如果膨胀功只有电功，则

$$\Delta G_{T,p} = -nFE \qquad (2\text{-}2)$$

式中，n 为电极在氧化或还原反应中电子的计量系数。

当电池中的化学能以不可逆方式转变为电能时，两极间的电势差 E' 一定小于可逆电动势（E）。

$$\Delta G_{T,p} < -nFE \qquad (2\text{-}3)$$

式（2-3）揭示了化学能转变为电能的最高限度，为改善电池性能提供了理论依据。

2.3.2　电压

电池的开路电压（U_{ocv}）是指电池在没有电流通过时，电池两极之间的电势差。

$$U_{ocv} = \varphi_+ - \varphi_- \qquad (2\text{-}4)$$

电池的开路电压取决于正负极材料本身的特性、电解液和温度，与电池的几何结构与尺寸大小无关。换句话说，不论锌-锰干电池的尺寸大小如何，其开路电压是一致的。

电池的开路电压一般要用高内阻电压表来测量。如果电压表的内阻不大，例如只有 $1000\Omega/V$，这表示电压表上若有 1V 的读数，就有约 1mA 的电流通过被测量的电池，这对于微小型电池来说足以引起电极的极化，影响测量结果，在实验中可以观察到电压表上的读

数在逐渐下降，因此得不到正确的结果。

电池的额定电压或标称电压，是指某电池开路电压的最低值（保证值）。如锌-锰干电池的额定电压为1.5V，就是说保证其开路电压不小于1.5V。而锌-锰干电池的开路电压实际上总是大于1.5V，具体的数值因正极二氧化锰（天然锰粉、电解锰粉）而异。

电池的工作电压是指放电时电池两极之间的电势差，又被称为放电电压或端电压（U_{cc}）。由于电池存在内阻，当工作电流流过电池内部时，必须克服由电极极化和欧姆内阻所造成的阻力，因此工作电压总是低于开路电压与电池的电动势。电池的工作电压受放电制度的影响很大，所谓放电制度是指电池放电时所规定的各种放电条件，主要包括放电方式是连续的还是间歇的，放电电阻是大是小，放电电流是高是低，放电时间是长是短，终止电压是高是低及放电环境温度是高是低等。

终止电压是指电池放电时，电压下降到电池不宜再继续放电的最低工作电压值。根据不同的电池类型及不同的放电条件，对电池的容量和寿命的要求不同，因此所规定的电池放电的终止电压也不相同。一般在低温或大电流放电时，终止电压规定得低一些；小电流长时间或间歇放电时，终止电压规定得高一些。同一放电制度下，工作电压下降速度快，放电时间也短，会影响到电池的实际使用效果；工作电压下降速度慢，往往给出较多的容量。工作电压的下降变化速度有时被称作放电曲线的平稳度。

当工作电压低于开路电压时，当然也必定低于电动势（E）。

$$U_{cc}=E-IR_{内}=E-I(R_\Omega+R_L) \tag{2-5}$$

或

$$U_{cc}-E-\eta_+-\eta_--IR_\Omega=\varphi_+-\varphi_--IR_\Omega \tag{2-6}$$

式中，η_+为正极极化过电势，V；η_-为负极极化的过电势，V；I为电池的工作电流，A；φ_+为流过正极时的电极电势或者极化电势，V；φ_-为流过负极时的电极电势或者极化电势，V；R_Ω为电池的欧姆内阻，Ω；R_L为电池的极化内阻，Ω。

图2-2可以用来表明式（2-6）的关系，图中曲线a表示电池电压随放电电流变化的关系曲线，曲线b和c分别表示正负极的极化曲线，直线d为欧姆内阻造成的欧姆压降随放电电流的变化。随着放电电流的加大，电极的极化增加，欧姆压降也增大，使电池的工作电压下降，因而提高电极电化学活性及降低电池内阻是提高电池工作电压的重要方法。测量极化曲线是研究电池性能的重要手段之一。

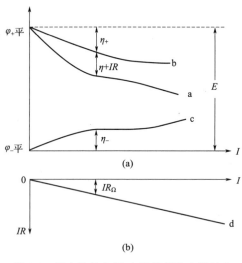

图2-2 原电池的电压-电流特征和电极极化曲线（a）、欧姆电压降曲线（b）[7]

2.3.3 内阻

电池的内阻是指电流通过电池时所受到的阻力，包括欧姆内阻和极化内阻两部分。由于电池存在内阻，电池的工作电压总是小于电池开路电压。

$$U_{cc} = E - IR_{\Omega} - (\Delta\varphi_+ + \Delta\varphi_-) \qquad (2\text{-}7)$$

式中，R_{Ω} 为欧姆内阻；$\Delta\varphi_+$、$\Delta\varphi_-$ 分别表示正极、负极极化所引起的电势变化。所谓电极的极化，是指在有电流通过时，电极电势偏离其在外电流为零（即不通电）时的电极电势的现象。

欧姆内阻包括电解液的电阻、隔膜的电阻以及电极材料的电阻等，其除了与电解液的性质、浓度，隔膜材料的性质、厚度、孔隙率、孔径，电极材料及其结构等有关外，还与电池的尺寸、装配和结构有关。电极的极化决定于通过电极的电流密度，电流密度增大，电极的极化增加。为了减小电极的极化，必须提高电极的活性和降低真实电流密度，而降低真实电流密度可以通过增加电极面积来实现。电池的内阻在电池工作时要消耗能量，放电电流越大消耗的能量越多。因此，要求大电流放电的电池，其内阻必须很小；而供小电流放电使用的电池，则其内阻稍大一些也可以。例如，电动汽车使用的电池，电阻 r 为汽车电池的内阻，R_L 为负载，其与电池内阻 r 为串联关系，流过 r 的电流与负载电流相等。假设 r 的大小不变，则负载电流越大，流过内阻 r 的电流也越大，r 两端的电压也越高，从而使加在负载 R_L 两端的电压减小，若内阻上的压降过大，甚至会导致 R_L 无法获得额定工作电压而无法正常工作。因此要求其电池内阻必须很小，以便在带动重负载时，内阻上不会产生明显的压降。而供电子手表里用的电池，因工作电流不大于 $10\mu A$，其欧姆内阻大到几十欧姆影响也不大。

2.3.4 容量

电池的容量是指在一定的放电条件下，即在一定的温度和一定的放电电流下，该电池所能放出的电量。包括理论容量、实际容量和额定容量。

2.3.4.1 理论容量

活性物质的理论容量

$$C_0 = 26.8n \frac{m_0}{M} = \frac{1}{q}m_0 \qquad (2\text{-}8)$$

例如，锌-银电池和铅酸电池，负极活性物质分别为锌和铅，如果均取 $50g$ 的质量，理论容量为

$$C_{0,Zn} = \frac{50}{1.22} = 41(A \cdot h)$$

$$C_{0,Pb} = \frac{50}{3.97} = 12.6(A \cdot h)$$

2.3.4.2 实际容量

实际容量是指在一定的放电条件下，电池实际所放出的电量。

恒电流放电时为

$$C = It \qquad (2\text{-}9)$$

恒电阻放电时为

$$C = \int_0^t I \, dt = \frac{1}{R}\int_0^t U \, dt \qquad (2\text{-}10)$$

近似计算为 $C = \dfrac{1}{R} U_{av} t$

式中，R 为电池放电电阻，Ω；t 为开始放电至终止电压时的时间，s；U_{av} 为电池平均放电电压，V。

2.3.4.3 额定容量

额定容量是指在设计和制造电池时，规定电池在一定放电条件下应该放出的最低限度的电量。由于实际容量总是低于理论容量，所以，活性物质的利用率为

$$\eta = \frac{m_1}{m} \times 100\% \tag{2-11}$$

式中，m 为活性物质的实际质量；m_1 为给出实际容量时应消耗的活性物质的质量。计算时二者应统一单位。

为了将不同的电池进行比较，引入比容量的概念。比容量是指单位质量或单位体积电池所给出的容量，称为质量比容量 C'_m 或体积比容量 C'_V。

$$C'_m = \frac{C}{m} \quad [(A \cdot h)/kg] \tag{2-12}$$

$$C'_V = \frac{C}{V} \quad [(A \cdot h)/L] \tag{2-13}$$

式中，m 为电池质量，kg；V 为电池体积，L。

电池容量是指其中正极（或负极）的容量，因为电池工作时通过正极和负极的电量总是相等。实际工作中常用正极容量控制整个电池的容量，而负极容量过剩。

在恒电流放电情况下，电池容量等于工作电流与工作时间的乘积，可用公式表示如下：

$$容量(C) = 工作电流(I) \times 工作时间(t) \tag{2-14}$$

对于容量较大的电池，容量的单位常用安培小时（或用符号 A·h）表示；对于容量较小的电池，容量的单位常用毫安小时（mA·h），1A·h=1000mA·h。

在恒电阻放电情况下，电池容量常以电池从开始放电到终止电压所能维持的时间来表示。常用的锌-锰干电池，一般是以恒电阻放电到终止电压所能维持的时间来表示其电池容量的大小。例如，一号电池（R20）在 21℃±2℃ 时，以外负载为 5Ω 电阻，从放电至终止电压 0.75V 所能维持的时间（min）来表示其电池容量。

2.3.5 放电率

电池容量的大小除了与正、负极上活性物质的数量和其电化学当量以及电极的制造工艺有关外，还与电池的放电条件有密切的关系。这里的放电条件是指放放电电流的大小。因此，在说明某一电池容量时，一定要指明放电条件。判定电池放电条件的参数称为放电率。放电率通常有以下两种表示方式：第一种是时率，用放电时间表示的放电率；第二种是倍率，用放电电流相对额定容量大小的比率来表示放电率。工厂里的电池产品，常有一个称作"额定容量"的指标，是指在规定的工作条件（放电电流、温度等）下，该电池能保证放出的容量。

$$时率(h) = \frac{额定容量(A \cdot h)}{充放电电流(A)} \tag{2-15}$$

由此可知，时率是以时间（h、min）为单位，如 10h 放电率、5h 放电率、20min 放电率等。式（2-15）表明，规定了某一电池的放电率，也就规定了其放电电流，放电电流等于额定容量（A·h）除以时率（h）。

例如，额定容量为 10A·h 的电池，如果以 10h 放电时率的电流放电，其放电电流为 10A·h/10h=1A；如以 5h 放电时率的电流放电，则其放电电流为 10A·h/5h=2A。如果额定容量用 C 表示，则前者的放电电流为 $C/10$，后者为 $C/5$。又如，某产品说明书上规定，在常温时以 5h 放电时率的电流放电，其额定容量为 30A·h，即以 30A·h/5h=6A 电流放电，在常温下能保证放出 30A·h 容量。换言之，以 6A 电流放电，至少能放 5h。

由以上讨论可知，时率所表示的时间越短，所用的放电电流越大；时率所表示的时间越长，所用的放电电流越小。

2.3.6 能量

电池在一定条件下对外做功所能输出的电能叫作电池的能量，单位一般用 W·h 表示。电池的能量分为理论能量、实际能量和比能量。

2.3.6.1 理论能量

电池的放电过程处于平衡状态，放电电压保持电动势（E）数值，且活性物质利用率为 100%，在此条件下电池的输出能量为理论能量（W），即可逆电池在恒温恒压下所做的最大功（$W_0 = C_0 E$）。

2.3.6.2 实际能量

电池放电时实际输出的能量。

$$W = C U_{av} \tag{2-16}$$

式中，W 为实际能量，W·h；U_{av} 为电池平均工作电压，V。

2.3.6.3 比能量

单位质量或单位体积的电池所给出的能量，称为质量比能量或体积比能量，也称能量密度。比能量也分理论比能量 W'_0 和实际比能量 W'。理论质量比能量根据正、负两极活性物质的理论质量比容量和电池的电动势计算。

$$W'_0 = \frac{1000}{q_+ + q_-} \times E = \frac{1000}{\sum q_i} \times E \quad [(W \cdot h)/kg] \tag{2-17}$$

式中，q_+、q_- 为正、负极活性物质的电化学当量，g/(A·h)；$\sum q_i$ 为正、负极及参加电池成流反应的电解质的电化学当量之和。

以铅酸蓄电池为例，电池反应：

$$PbO_2 + Pb + 2H_2SO_4 \Longrightarrow 2PbSO_4 + 2H_2O$$

电化学当量：

$$q_{Pb} = 3.866 g/(A \cdot h)$$

$$q_{PbO_2} = 4.463 g/(A \cdot h)$$

$$q_{H_2SO_4} = 3.671 g/(A \cdot h)$$

$$E^{\ominus}=2.044\text{V}$$

所以，理论比能量为

$$W'_0=\frac{1000}{3.866+4.463+3.671}\times2.044=170.3[(\text{W}\cdot\text{h})/\text{kg}]$$

实际比能量是电池实际输出的能量与电池质量（或体积）之比

$$W'=\frac{CU_{\text{av}}}{m}\quad\text{或}\quad W'=\frac{CU_{\text{av}}}{V}\tag{2-18}$$

式中，m 为电池质量，kg；V 为电池体积，L。

实际比能量与理论比能量的关系为

$$W'=W'_0\eta_{\text{u}}\eta_{\text{r}}\eta_{\text{m}}\tag{2-19}$$

式中，η_{u}、η_{r}、η_{m} 分别表示电压效率、反应效率、质量效率。所以影响电池比能量的影响因素包括电压效率、反应效率和质量效率。

（1）电压效率

$$\eta_{\text{u}}=\frac{U_{\text{cc}}}{E}=\frac{E-\eta_+-\eta_--IR_\Omega}{E}=1-\frac{\eta_++\eta_-+IR_\Omega}{E}\tag{2-20}$$

式中，U_{cc} 为工作电压，V。

如图 2-3 所示，当电池处于开路时，$E=\varphi_+-\varphi_-$。

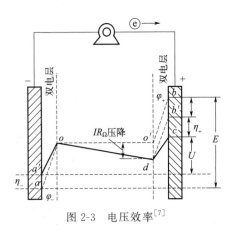

图 2-3　电压效率[7]

当电池工作时，产生极化过电势 η_- 和 η_+，并产生欧姆电压降 IR_Ω。所以，电池的工作电压总小于电动势。要提高电池的电压效率，必须降低过电势和电解质电阻，这可以通过改进电极结构和添加某些添加剂实现。

极化过电势由电化学极化、浓差极化、电阻极化产生的过电势组成。电化学极化过电势用 η 表示。

当电流密度小时

$$\eta=\omega i$$

当电流密度大时

$$\eta=a+b\lg i$$

式中，ω、a、b 是常数；ω、a 与交换电流密度 i 有关。增大电极真实表面积可以降低真实电流密度，降低过电势。浓差极化过电势是由电极表面浓度变化引起的过电势，其主要影响因素是扩散速率。

$$v=DS\frac{c-c^0}{\delta}\tag{2-21}$$

式中，D 为扩散系数，m^2/s；S 为扩散截面积，m^2；δ 为扩散层厚度，m；c 为电极附近浓度；c^0 为溶液本体浓度。

扩散包括液相扩散、气体透过和活性物质内部扩散三种。如对多孔电极而言，电极的孔隙率及孔的分布是影响扩散的主要因素。一般孔隙率控制在 $30\%\sim60\%$ 之间，孔隙率小，扩散速率小。孔的分布也是一个主要因素，小孔有利于增大表面积，大孔有利于扩散。孔的分布和形状影响活性物质利用率。MnO_2 电极、$NiOOH$ 电极都有内部扩散或浓差极化，如 MnO_2 放电时生成的 $MnOOH$ 向粒子内部扩散，实质上是 H^+ 扩散。由于 H^+ 在固体中扩散比在溶液中扩散速率小，所以固体中的浓差过电势在电池总过电势中所占的比例大，造成电池放电电压不平稳。因此，增大扩散速率，减小浓差极化，有利于提高电压效率。

欧姆过电势来源于电池中的电阻，包括电解液电阻、集流体和隔膜电阻、固体活性物质和固体放电产物电阻、接触电阻和多孔电极内电解质电阻。在比电阻较大的固体活性物质中，一般可掺入导电性强的炭黑、乙炔黑等物质增加电极的导电性，从而降低欧姆过电势。

（2）反应效率

反应效率是指活性物质利用率。由于副反应的存在，活性物质利用率下降。例如水溶液电池中的置换析 H_2 反应、负极钝化、正极的逆歧化反应等，都会降低活性物质利用率。

① 水溶液中的置换析 H_2 反应：电极电势比氢更负的金属，就可能发生置换析 H_2 反应而被腐蚀。例如，在碱性溶液中，Pb、Cd 不会被腐蚀。锌的电极电势虽比氢的电极电势更负，但由于锌电极上氢的过电势大，所以锌的自放电小，锌不易被腐蚀；而 Fe、Al、Li、Na 等电极由于电极电势比氢电极更负，电极上氢的过电势也小，易被腐蚀。如果在溶液中或负极金属中存在电极电势较正，能被负极金属置换出来的金属，如 Ag、Cu、Sb、Pt 等，则会加速负极腐蚀。由于腐蚀反应，负极的电势向正向移动，从而使电压效率 η_u 降低。

② 负极钝化：由于电极表面吸附或生成氧化膜，将活性物质与电解质溶液隔开，阻碍电极反应继续进行，引起钝化。增大电极表面积，加入添加剂、膨胀剂，提高电极多孔率等可以消除或延缓负极钝化。

③ 正极的逆歧化反应：例如铅酸电池正极上 PbO_2 和板栅 Pb 的反应消耗活性物质 PbO_2：$PbO_2 + Pb + 2H_2SO_4 \Longrightarrow 2PbSO_4 + 2H_2O$

锌-银电池 AgO 电极的副反应：$AgO + Ag \Longrightarrow Ag_2O$

虽然活性物质没有损失，但降低了电压，损失了比能量。

（3）质量效率

质量效率与电池中不参加反应的物质有关。

$$\eta_m = \frac{m_0}{m_0 + m_s} = \frac{m_0}{m} \tag{2-22}$$

式中，m_0 为按电池反应式完全反应的活性物质的质量，kg；m_s 为不参加反应的物质的质量，kg；m 为电池总质量，kg。

电池中不参加反应的物质有：电池外壳、电极的板栅、骨架、不参加电池反应的电解质溶液、过剩的活性物质。在有些电池中，必须有一个电极的活性物质过剩。液态电解质锂离子电池软包电芯组成质量比如图 2-4 所示。

2.3.7 功率

电池的功率是指在一定放电制度下，单位时间内电池输出的能量（单位 W 或 kW）。比功率是单位质量或单位体积电池输出的功率（单位 W/kg 或 W/L）。比功率的大小表示电池承受工作电流的大小。

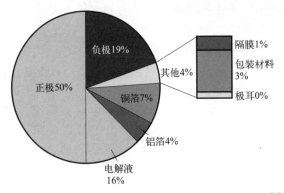

图 2-4 液态电解质锂离子电池软包电芯组成质量比[8]

该电芯容量为 11.4A·h，质量能量密度为 297（W·h）/kg，体积能量密度为 616（W·h）/L，正极为镍钴铝三元材料（NCA），压实密度为 3.5g/cm³，负极为碳包覆氧化亚硅，压实密度为 1.45g/cm³

电池理论功率 P_0 为

$$P_0 = \frac{W_0}{t} = \frac{C_0 E}{t} = \frac{It E}{t} = IE \qquad (2-23)$$

实际功率为 P

$$P = IU = I(E - IR_i) = IE - I^2 R_i \qquad (2-24)$$

将式（2-24）对 I 微分，并令 $\mathrm{d}P/\mathrm{d}I = 0$

$$\mathrm{d}P/\mathrm{d}I = E - 2IR_i = 0$$

因为

$$E = I(R_i + R_e)$$

所以

$$IR_i + IR_e - 2IR_i = 0$$

$R_i = R_e$（R_e 为外电阻），而且 $\mathrm{d}^2 P/\mathrm{d}I^2 < 0$，所以，当 $R_i = R_e$ 时，电池输出的功率最大。

2.3.8 放电曲线

电池放电时，它的工作电压总是随着时间的延长而不断发生变化，用电池的工作电压和放电时间或容量绘制而成的曲线称为放电曲线。曲线平坦，表示电池的工作电压平稳。测定电池的放电曲线是研究电池性能的基本方法之一，根据放电曲线，可以判断电池工作性能是否稳定，以及电池在稳定工作时所允许的最大电流。

电池的放电性能常常通过放电试验来了解，在放电试验中，测量包括电池的开路电压、放电过程中的工作电压、放电的终止电压和放电时间等项目。从放电曲线上确定放电的终止电压和平均工作电压后，就可计算出电池的容量、能量和功率等参数。在进一步测量了电池的质量和体积后，就可算得电池的比能量和比功率。同时还要将这些测量结果进行整理和处理，这样才能对电池的性能有较深的认识。电池的放电曲线反映了放电过程中电池工作电压的变化情况，放电曲线平坦，表示放电过程中工作电压的变化较小，电池性能较好[8]。

2.3.9 自放电率与寿命

电池在贮存时会发生容量的下降，主要是由负极腐蚀和正极自放电引起的。由于负极多为活泼金属，其标准电极电势比氢电极负，特别是有正电性金属杂质存在时，杂质与负极会形成腐蚀微电池。正极自放电是当正极上发生副反应时，消耗正极活性物质，使电池容量下降。例如，铅酸蓄电池正极 PbO_2 和板栅铅的反应会消耗部分活性 PbO_2。

$$PbO_2 + Pb + 2H_2SO_4 \Longrightarrow 2PbSO_4 + 2H_2O$$

同时，正极物质如果从电极上溶解，就会在负极上还原引起自放电；还有杂质的氧化还原反应也消耗正、负极活性物质，引起自放电。

化学储能器件的性能，不仅要关注其在新制成后的放电性能，还要关注其自放电率。对经过不同贮存时间的电池进行放电试验，得出的结论是贮存时间越长，电池容量下降就越大。在贮存期间，虽然电池没有放出电能，但是在电池内部却不断地进行着反应，使电池容量逐渐下降，这种现象通常称为电池的自放电。电池自放电的大小一般用单位时间内容量减少的百分数来表示，即：

$$自放电 = \frac{C - C_t}{C_0} \times 100\% \tag{2-25}$$

式中，C_0 为新制的电池在规定条件下的容量，mA·h；C_t 为在贮存 t 时间（天、月、年）以后，在同样的放电条件下的容量，mA·h。

自放电的大小有时还用电池容量下降至某一规定容量所经过的时间来表示，称为搁置寿命（或贮存寿命）。在电池搁置寿命的时间范围内，电池的放电性能（容量、工作电压等）能保证达到规定使用的指标。贮存寿命有两种：干贮存寿命和湿贮存寿命。对于在使用时才加入电解液的电池寿命，习惯上称为干贮存寿命，干贮存寿命一般都较长。对于出厂前已经加入电解液的电池寿命，习惯上称为湿贮存寿命。减小电池自放电的措施，一般是采用纯度较高的原材料或除去其中的有害杂质，在负极中加入比氢过电势高的金属，如汞、铅等；也有的在电解液里加缓蚀剂，目的都是抑制氢气的析出，减小负极自放电反应的速率，还有改进电池的隔膜、降低贮存温度等措施。

一次电池的寿命是表征给出额定容量的工作时间（与放电倍率大小有关）。二次电池的寿命分充放电循环使用寿命和湿搁置寿命。二次电池经历一次充放电，称一个周期。在一定的放电制度下，电池容量降至规定值之前，电池所经受的循环次数，称为使用周期。影响二次电池循环使用寿命的主要因素有：a.在充放电过程中，电极活性表面积减小，使工作电流密度上升，极化增大；b.电极上的活性物质脱落或转移；c.电极材料发生腐蚀；d.电池内部短路；e.隔膜损坏；f.活性物质晶型改变，活性降低。

思考题

1. 简述电化学储能器件的构成。
2. 简述一次电池和二次电池的区别。
3. 简述电池的电动势、开路电压、工作电压和终止电压的区别与联系。
4. 如何计算材料的理论比容量？
5. 影响二次电池循环使用寿命的主要因素有哪些？

参考文献

[1] 关锋,张燕,刘洪燕,等. 铅蓄电池电解液添加剂的研究进展[J]. 当代化工,2010,39(1):3.

[2] Wu C,Gu S,Zhang Q,et al. Electrochemically activated spinel manganese oxide for rechargeable aqueous aluminum battery[J]. Nature Communications,2019,10(1).

[3] 王明华,李在元,代克化. 新能源导论[M]. 北京:冶金工业出版社,2014.

[4] Li J J,Zhang W,Zheng W T. Spreading the full spectrum of layer-structured compounds for kinetics-enhanced aqueous multivalent metal-ion batteries[J]. Energy Storage Mater,2022,53:646-683.

[5] 张华民. 液流电池储能技术及应用[M]. 北京:科学出版社,2022.

[6] 韦进全. 碳纳米管宏观体[M]. 北京:清华大学出版社,2006.

[7] 郭炳焜,李新海,杨松青. 化学电源:电池原理及制造技术[M]. 长沙:中南大学出版社,2009.

[8] 李泓. 全固态锂电池:梦想照进现实[J]. 储能科学与技术,2018,7(2):6.

附录　电池型号及规格

补充资料:

国家标准 GB/T 8897.2—2021

R20 表示型号。

R20P 表示大功率大号碳性电池,P 表示功率。

R20S 表示是大容量大号碳性电池,S 表示容量。

SIDE D 是电池型号,美国通用的表示方法 AAA 是 7 号,AA 是 5 号,C 是 2 号电池,D 是 1 号电池,也就是大号电池。

国际标准

R03　7 号碳性电池

R6　5 号碳性电池

R14　2 号碳性电池

R20　1 号碳性电池

碱性电池

LR03　7 号碱性电池

LR6　5 号碱性电池

LR14　2 号碱性电池

LR20　1 号碱性电池

第 3 章

电化学储能设计相关理论

电化学储能器件在实现能量转换的过程中，依靠电池内部分区进行的氧化还原反应来实现化学能与电能之间的转换。其中，电化学反应是发生在固-液、固-固、固-液-气等非均相界面上的化学反应过程，在反应过程中完成电子的得失，同时反应物不断被消耗、生成物不断形成。为了维持电化学反应的持续进行，反应物不断地传输到该非均相界面上，而生成物则被传输到远离该界面的区域，整个过程涉及固相（电极）与液相（电解质溶液）界面之间的电荷转移与物质传递，因此无论是固相、液相还是固液界面的性质均会深刻影响电化学反应的进程。故本章着重从固相、液相、固液界面的性质、电化学反应热力学与动力学等角度入手，全面概述电化学储能设计的相关理论基础。

3.1 电化学储能电传导理论

以电化学储能器件作为能源供应的闭合电路中，电池的外部电路是电子导电过程，而在电池内部正负两极之间则是依靠电解质溶液中阴阳离子的定向移动来完成导电过程，在电极上除了在固-液、固-固等界面上发生电化学反应外，其兼具电子的导电功能，通过电化学反应来实现离子和电子导电过程的相互转化。电池在实现能量转换过程中的电传导既有电池内部固相（电极）的电子导电过程（一般情况下电子导电过程由电极的集流体来完成），又有电解质溶液中的离子导电过程。

通常把能够传导电流的物质称为导体，根据其导电机制的不同，可分为电子导体和离子导体两大类，电子导体又被称为第一类导体，离子导体则被称为第二类导体。第一类导体的导电能力受固相性质（如物质组成、种类、晶体结构等）和温度的影响，第二类导体则主要受液相性质（如组成与浓度等）和温度的影响。

3.1.1 电传导的导电机理

在微观尺度上物质主要由分子、原子和离子等基本粒子组成，其中原子是化学变化中的最小粒子。所有的原子均由原子核与核外电子构成，原子核又可细分为电中性的中子和带正电荷的质子，在原子核的周围围绕着与质子数目相等的电子。通常可以近似认为原子核是固定不动的，而电子则在原子核的周围做高速旋转，围绕原子核的电子并不是完全不受约束的，而是在原子核的位场和除本身以外的其他电子所产生的平均位场中运动。电子在晶体周期性位场中运动的能量状态构成能带。电子能够稳定存在的能量区域称为允带；电子不可能存在的能量区域称为禁带。通常将被价电子填满的允带称为导带或空带。金属导体的价带与导带是紧挨着的，有时甚至相互重叠，电子可以在其中自由运动，在外加电场的作用下电子能够沿着电场方向定向运动而形成电流，该过程为典型的第一类导体的电传导机理。表 3-1 列出了常用的第一类导体的某些物理性质。

表 3-1　常用第一类导体的某些物理性质

名称	符号	电阻率（20℃）/Ω·m	温度系数（0～100℃)/℃⁻¹	密度/(kg/L)	熔点/℃	膨胀系数/℃⁻¹
锂	Li	9.35×10^{-8}	4.75×10^{-3}	0.53	180	25×10^{-6}
钠	Na	4.6×10^{-8}	5.0×10^{-3}	0.97	97.83	12.8×10^{-6}
镁	Mg	3.9×10^{-8}	4.2×10^{-3}	1.74	650	25×10^{-6}
铝	Al	2.5×10^{-8}	4.2×10^{-3}	2.7	657	24×10^{-6}
铜	Cu	1.67×10^{-8}	4.45×10^{-3}	8.96	1084	11.7×10^{-6}
铁	Fe	9.7×10^{-8}	6.51×10^{-3}	7.87	1536	85×10^{-6}
金	Au	2.3×10^{-8}	3.9×10^{-3}	19.22	1063	14×10^{-6}
银	Ag	1.62×10^{-8}	$3.6 \sim 4.1 \times 10^{-3}$	10.5	960	1.89×10^{-6}
硼	B	1.8×10^{-10}	—	2.35	2300	8.3×10^{-6}
碳	C	1.375×10^{-5}	—	2.1	>3500	—
硅	Si	2.3×10^{3}	—	2.33	1411	2.4×10^{-6}
磷	P	1×10^{9}	—	1.82	44.1	—
硫	S	2×10^{15}	—	$1.96 \sim 2.07$	113	—
硒	Se	1×10^{-2}	—	4.8	217	多晶 2.06×10^{-5} 无定形 4.87×10^{-5}
碘	I	1.3×10^{7}	—	4.93	113.5	—

半导体是指常温下导电性能介于导体与绝缘体之间的材料。在半导体材料内部的导带与价带之间存在一个较窄的禁带，当升高温度或受到光照辐射时，由于能量起伏价带中的一部分电子具有较高的能量，可以越过禁带而进入导带，这一过程称为激发。价带中由于一部分电子的离开会形成一个空位，相当于一个正电荷，称为空穴。在外电场作用下，价带中的空穴可接受相邻原子上的电子，而相邻原子上又产生一个新的空穴。这种现象好似带正电荷的空穴在运动而传导电流，但实际仍然是电子的运动。因此，半导体也是电子导电，属于第一类导体的范畴。在半导体中，电子和空穴的浓度对其导电能力起主导作用，随着温度的升高，会有更多的电子受到激发，因而电导率显著增加，这与金属导体存在着显著的不同。另外由于电子传导的过程不同，半导体的电导率普遍较低。表 3-2 列出了常见半导体的电阻率。

表 3-2　常见半导体的电阻率

材料名称	电阻率/Ω·cm	材料名称	电阻率/Ω·cm
GaN	6.1×10^{-4}	β-PbO₂	4×10^{-5}
Pb₃O₄	9.6×10^{-4}	CuO	$0.5 \sim 1 \times 10^{5}$
α-PbO₂	1×10^{-6}	Ag₂O	1×10^{8}

依靠离子的移动来传导电流的导体称为第二类导体，该类导体包括所有的电解质溶液和熔融态电解质。这类导体中不存在自由电子，当酸、碱或盐等电解质溶解于水后，电离出大

量的阳离子或阴离子，这些大量可移动的带电离子在外电场作用下可以做定向移动，从而完成电流的传导。同样，电解质在熔融状态下，由于离子本身的热运动，能够离开它在晶体中的固定位置，以离子状态进行移动。所以，在外电场作用下，电解质导体中带正电荷的阳离子和带负电荷的阴离子分别向相反的方向移动，形成电流。该类导体在导电过程中通常会伴随化学变化、物质的转移等复杂过程，对于该过程的深入研究，能够为电化学储能器件的开发研究奠定一个坚实的基础。

3.1.2 电子和离子的传导行为

在以电化学储能器件作为能源供应的闭合电路当中，电子和离子的传导是必不可少的环节，因此研究电子与离子的传导行为，对于设计电化学储能器件具有非常重要的意义。在电化学储能器件当中涉及电子的传导行为的过程主要包括电子在外电路上的传导、电子在集流体上的传导以及电子在电极材料内部的传导，而离子的传导主要是在电解质当中的传导过程。

在外电场的作用下，电解液中的阴阳离子会发生定向运动，称为离子的电迁移。离子的迁移速率是影响电池倍率性能的重要因素之一。电解液中离子的迁移速率 v（cm/s）主要与盐的性质（包括离子半径和所带电荷等）、溶剂的性质（包括黏度和介电常数）以及电场的电势梯度 $\dfrac{\mathrm{d}E}{\mathrm{d}l}$ 有关。某种离子 i 在电场中的迁移速率 v_i 与电势梯度的关系可以表述为

$$v_i = \mu_i \frac{\mathrm{d}E}{\mathrm{d}l} \tag{3-1}$$

式中，比例系数 μ_i 相当于单位电势梯度时离子的迁移速率，称为离子迁移率，也称为离子淌度，$cm^2/(V \cdot s)$；下标 i 表示不同的离子。

由于阴、阳离子迁移的速率不同，所带的电荷不等，因此它们在迁移电荷量时所分担的份额也就不同。反映这一"份额"的物理量是离子迁移数，其定义为某种离子 i 所运载的电流与总电流之比，通常用 t_i 表示（例如，Li^+ 的离子迁移数可以表示为 t_{Li^+}）。同一溶液中阴、阳离子的迁移数之和为 1，则在锂离子电池电解液体系中

$$t_{Li^+} = \frac{I_{Li^+}}{I_{总}} = \frac{I_{Li^+}}{I_{Li^+} + I_{阴离子}} = \frac{t_{Li^+}}{t_{Li^+} + t_{阴离子}} \tag{3-2}$$

假设电解液中仅存在两种阴、阳离子，而且迁移电荷量时分担的份额相同，那么 $t_{Li^+} = t_{阴离子} = 0.5$。在实际体系中，由于 Li^+ 与溶剂分子的溶剂化作用往往强于阴离子与溶剂分子的溶剂化作用，因此 t_{Li^+} 一般小于 0.5。

在电解质的水溶液中，不存在自由状态的电子，而是同时存在着带正电荷的阳离子和带负电荷的阴离子。在外电场的作用下，阳离子向电解槽的阴极方向移动，阴离子向电解槽的阳极方向移动，这种现象称为电迁移。虽然这两种离子迁移的方向相反，但电流的方向一致，如图 3-1 所示。离子导体在导电的同时，除由于电阻的存在有热效应外，还经常伴随着化学反应的发生。单独的离子导体不能完成导电任务，必须与电子导体相连接。如图 3-2 给出的电解槽，两极均为石墨（电子导体），$NiCl_2$ 为电解质溶液（离子导体）。

与直流电源负极相连的石墨为阴极，接受由外电源提供的电子，但该电子不能直接进入溶液传导电流。溶液中的 Ni^{2+} 在外电源电场作用下朝向阴极运动，并从第一类导体石墨上接受电子，即 $Ni^{2+} + 2e^- = Ni$，发生还原反应。这时电子在两类导体的阴极界面上消失，

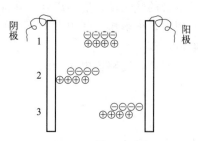

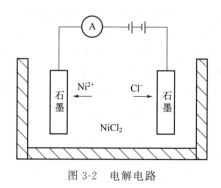

图 3-1　离子电迁移
1—未加电场时的离子状态；2—外加电场
时阳离子向阴极迁移；3—外加电场时
阴离子向阳极迁移

图 3-2　电解电路

同时镍离子减少，金属镍产生。在此区域的溶液中出现多余的 Cl^- 向右边的石墨电极移动，并将电子转给电极，即 $2Cl^- - 2e^- \Longrightarrow Cl_2$，发生氧化反应。这样，通过离子导体在两类导体界面上发生的氧化还原反应，把电子从左边的石墨电极上输送到右边的石墨电极上。当电流持续不断地流过时，两类导体界面上就必然有失电子和得电子的氧化还原过程，分别并同时发生。将这种在两类导体界面上有电子参加的化学反应称为电极反应或电化学反应。某些电解质如 Na_2SO_4、KCl 等与其他电解质同时存在，在一定电势范围内也可能只起传导电流的作用，而本身不发生电化学反应，这种电解质称为支持电解质、局外电解质或惰性电解质。一般说来，第二类导体的电导率比第一类导体的小得多，并随温度升高而增大。电导率随温度的变化可用下列经验公式表示：

$$\kappa_t = \kappa_{18}\left[1 + \alpha(t-18) + \beta(t-18)^2\right] \tag{3-3}$$

式中，κ_t 是温度为 t（℃）时的电导率，S/m；κ_{18} 是温度为 18℃ 时的电导率，S/m；α、β 是温度系数，℃$^{-1}$。

熔融状态的盐类和大部分固体电解质也属于第二类导体，但固体电解质中也存在电子导电的行为，一般相对较小。

（1）离子迁移率

离子在单位强度（V/m）电场作用下的迁移速率称为离子迁移率。通常空气离子直径越小，其迁移速率就越快，因而离子迁移率是表征被测离子大小的重要参数。离子迁移速率与离子直径成反比，而离子迁移率与离子迁移速率成正比，故离子迁移率与离子直径成反比。

其产生的原因是，当绝缘体两端的金属之间有直流电场时，这两边的金属就成为两个电极，其中作为阳极的一边发生离子化并在电场作用下通过绝缘体向另一边的金属（阴极）迁移，从而使绝缘体处于离子导电状态。显然，这将使绝缘体的绝缘性能下降，甚至使其成为导体而造成短路故障。

（2）离子迁移数

离子传递的电荷与通过电解质溶液的总电荷之比，称为离子迁移数，用符号 t 表示，t 为无量纲的量。若两种离子迁移数传递的电荷分别为 q^+ 和 q^-，则通过的总电荷为 $Q = q^+ + q^-$，正、负离子的迁移数为 $t^+ = q^+/Q$ 和 $t^- = q^-/Q$，$t^+ + t^- = 1$。离子迁移数可以直接测定，测定方法有希托夫法、界面移动法和电动势法等。

电解质溶液依靠离子的定向迁移而导电，为了使电流能够通过电解质溶液，需将两个导体作为电极浸入溶液，使电极与溶液直接接触。当电流通过电解质溶液时，溶液中的正负离子各自向阴、阳两极迁移，同时电极上有氧化还原反应发生。根据法拉第定律，在电极上发生反应的物质量的变化多少与通入电量成正比。通过溶液的电量等于正、负离子迁移电量之和。由于各种离子的迁移速率不同，各自所带过去的电量也必然不同。

离子迁移数与浓度、温度、溶剂的性质有关，增加某种离子的浓度则该离子传递电量的百分数增加，离子迁移数也相应增加；温度改变，离子迁移数也会发生变化，但温度升高正、负离子的迁移数差别较小；同一种离子在不同电解质中迁移数是不同的。

（3）摩尔电导

在电化学的理论研究中还经常采用另一种电导，即摩尔电导。其定义为：当距离为单位长度（1m）的平行电极间含有 1mol 电解质的溶液时，该溶液具有的电导称为溶液摩尔电导（Λ_m）。它与电导率的关系为

$$\Lambda_\mathrm{m} = V_\mathrm{m}\kappa$$

即

$$\Lambda_\mathrm{m} = \frac{\kappa}{c} \tag{3-4}$$

式中，Λ_m 为摩尔电导，$m^2/(\Omega \cdot mol)$；κ 为电导率，$\Omega^{-1} \cdot m^{-1}$；V_m 为含有 1mol 电解质的溶液体积，m^3/mol；c 为电解质溶液浓度，mol/m^3。

电导率、摩尔电导与浓度之间的关系见图 3-3。由图可见，强酸的电导率比较大，强碱次之，盐类较低，至于弱电解质乙酸的电导率则最低。由此说明了在电化学体系中加入不同的电解质溶液，其导电能力是完全不同的。

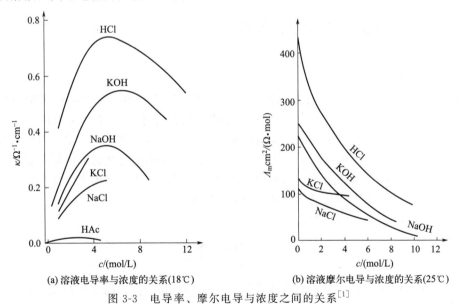

(a) 溶液电导率与浓度的关系(18℃)　　(b) 溶液摩尔电导与浓度的关系(25℃)

图 3-3　电导率、摩尔电导与浓度之间的关系[1]

（4）离子独立移动定律

在无限稀释的电解质溶液中，电解质的摩尔电导（$\Lambda_\mathrm{m}^{\infty}$）等于阳离子的摩尔电导（$\Lambda_+^{\infty}$）与阴离子的摩尔电导（$\Lambda_-^{\infty}$）之和，即

$$\Lambda_m^\infty = \Lambda_+^\infty + \Lambda_-^\infty \qquad (3\text{-}5)$$

此式为科尔劳施（Kohlrausch）离子独立移动定律。Λ_+^∞、Λ_-^∞分别为无限稀释电解质溶液中阳离子和阴离子的摩尔电导。Λ_m^∞为电解质溶液无限稀释时的摩尔电导，称为极限摩尔电导。表 3-3 中列出部分无限稀释水溶液中常见离子的摩尔电导数值。

表 3-3 无限稀释水溶液中一些离子的摩尔电导（25℃）

阳离子	$\Lambda_+^\infty/[10^{-4}\,m^2/(\Omega\cdot mol)]$	阴离子	$\Lambda_-^\infty/[10^{-4}\,m^2/(\Omega\cdot mol)]$
H_3O^+	349.8	OH^-	198.3
K^+	73.5	Br^-	78.4
NH_4^+	73.4	I^-	76.8
Ag^+	61.9	Cl^-	76.3
Na^+	50.1	NO_3^-	71.4
Li^+	38.7	HCO_3^-	44.5
$\frac{1}{2}Ba^{2+}$	63.6	CH_3COO^-	40.9
$\frac{1}{2}Ca^{2+}$	59.5	$\frac{1}{2}SO_4^{2-}$	79.8
$\frac{1}{2}Mg^{2+}$	53.1		

3.2 法拉第定律及其应用

3.2.1 法拉第定律

英国科学家法拉第在 1833 年提出两条基本定律，阐明在电解过程中电荷量与物质量之间的关系，统称为法拉第定律，又称为电解定律。其是电化学工业中应用最广泛的定律之一，描述了电极上通过的电量与电极反应物重量之间的关系。其中第一定律可以表述为电流通过电解质溶液时，在电极界面上发生电化学反应的物质的量与通过的电量成正比；第二定律可以表述为当以相同电流通过一系列串联的电解池时，在各个电极上发生反应的物质，其物质的量相同，析出物质的质量与其摩尔质量成正比。

法拉第定律的数学表达式为：

$$m = \frac{MQ}{nF} = \frac{M}{nF}Q \qquad (3\text{-}6)$$

式中，m 为电极上发生反应的物质的质量，g；M 为反应物的摩尔质量，g/mol；Q 为通过的电量，A·h；n 为得失电子数；F 为法拉第常数，数值为 $F = 9.65 \times 10000$ C/mol，它是阿伏伽德罗数 $N_A = 6.02214 \times 10^{23}\,mol^{-1}$ 与元电荷 $e = 1.602176 \times 10^{-19}$ C 的积[2]。

令 $k = M/nF$，因为对于某一反应物而言，M、n 为常数，故 k 值为常数，称为某反应物的电化当量。其含义是指电极通过 1A·h 电量时，反应物的反应质量，或指要获得 1A·h 的电量所需反应物的理论质量，其单位为 g/(A·h) 或 A·h/g。

表 3-4　列出了常见电极物质的电化当量

活性物质	摩尔质量/(g/mol)	得失电子数	电化当量	
			(A·h)/g	g/(A·h)
H_2	2.04	2	26.89	0.037
Li	6.94	1	3.86	0.259
Na	23.0	1	1.16	0.858
K	39.1	1	0.69	1.459
Mg	24.3	2	2.20	0.453
Ca	40.1	2	1.34	0.748
Al	26.9	3	2.98	0.335
Fe	55.8	2	0.96	1.042
Zn	65.4	2	0.82	1.22
Pd	207.2	2	0.26	3.85
O_2	32	4	3.35	0.30
Cl_2	71.0	2	0.755	1.32
MnO_2	86.9	1	0.308	3.24
NiOOH	91.7	1	0.292	3.42
CuCl	99	1	0.270	3.70
AgO	123.8	2	0.433	2.31
Ag_2O	231.7	2	0.231	4.33
PbO_2	239.2	2	0.224	4.46

由表 3-4 中的数据可以看出，理论上电极活性物质种类不同，提供 1A·h 电量所需电化学反应物质量也不相同。在电池中，如果电池放出 1A·h 的电量，则其正极、负极也分别放出 1A·h 的电量，因为两极活性物质的电化当量不同，所以需要正、负极活性物质的量也不相同，这是电池中两极活性物质质量不同的主要原因。在化学电源的设计当中，需要根据两极容量的合理比例最终确定活性物质的用量。

3.2.2　二次电池充电效率

法拉第定律是电化学科学的重要定律之一，从理论上揭示了电解过程中通过电极的电量与反应物质量的关系，与温度、压力、电解质浓度、溶剂的本性、电极材料等因素无关。但在实际电解过程中，通过电极的电量不能完全用于所需的反应，即有一部分电量用于副反应的发生。通常把用于发生所需反应的电量占通过电极总电量的比，叫作电流效率或电量效率。

二次电池的充电过程是一个电解过程，在充电的初期，由于没有或较少存在副反应的发生，通过电极的电量主要用于活性物质的转化；但在充电的后期，大部分放电产物已转化为电极活性物质，这时电极极化增加，对于使用水溶液电解质的二次电池，伴随着正极上活性物质转化的同时，还会有氧气的析出，伴随着负极活性物质转化的同时，还会有氢气的析出，因而导致电池充电效率的下降。二次电池充电效率为用于转化活性物质的电量（或活性物质转化量）与通过电极的总电量（或理论上活性物质的转化量）之比的百分数。

另外，两极活性物质性质不同，导致开始析氧或析氢时的充电深度不同，即到达开始析氧、析氢的时间不同。如铅酸电池，当正极充电深度约为 70% 时开始析氧，而负极充电深度约为 90% 时开始析氢，人们正是利用这一特征设计出负极过剩式密封铅酸电池。

3.2.3　电极活性物质的利用效率

虽然法拉第定律是电解条件下强制发生电化学反应的定律，但对于自发地进行电化学反应的电池放电过程，反应物质的量（活性物质的消耗量）和通过电极的电量（放电电量）也符合法拉第定律的关系。在实际电池放电过程中，由于电极极化等，电池工作电压逐渐下降，当电池工作电压下降到不能维持所要求的放电电流或输出功率时，视为放电终止。这时，电池内还存在一定量的电极活性物质，也就是说电极活性物质不能被完全利用。通常把电池实际放出的电量与电池内活性物质理论上应放出的电量之比叫作电池放电时的电量效率（也叫放电效率），表示为

$$k_1 = \frac{实际放电容量}{理论放电容量} \times 100\%$$

(3-7)

根据法拉第定律，反应物质量与电量成正比，则 k_1 表达了活性物质被利用的程度，通常被称为活性物质的利用率[3]。活性物质利用率的高低是衡量电池设计、生产技术水平及管理水平的重要指标。在规定的放电条件下，电池的实际放电容量取决于电极活性物质的数量与其利用率。在电池设计中，合理选定正极、负极活性物质的利用率是电池设计的关键。

3.2.4　法拉第定律在电化学储能设计中的应用

法拉第定律是电池容量设计的理论基础。根据法拉第定律，确定电极活性物质用量，即可确定其理论上所能提供的电量，增加或减少活性物质的用量，其理论容量也随之增大或减小。但在一定放电制度下，电池一般不能完全地或有效地放出其理论容量，故在电池设计时，要使电池能够达到所规定的放电条件下的放电容量的值，就必须合理选定活性物质的利用率，以确定合理的理论容量值，进而确定合理的活性物质的用量。

在单体电池的放电过程中，可以将其看作电解池中串联的两个电极，单位时间内通过两电极上的电量是相等的，反应物质的单元数是相同的。但是由于正、负极活性物质性质的不同，正极一般多为过渡金属氧化物及聚阴离子化合物，例如 $LiCoO_2$、$LiFePO_4$、NCM（镍钴锰酸锂）、MnO_2 等，其本征导电能力普遍较差，而负极多为金属或导电能力强的物质，如 Li、Na、Zn、Pb、Al、C 等，本征导电能力强，而且两极活性物质反应机理不同，导致正、负极活性物质的利用率不同。因此在规定的放电制度下，正、负极所能放出的实际容量是不同的。电池的实际容量取决于放电实际容量小的那一侧电极，而另一侧电极中则存在未被放出的过剩容量。通常把决定电池容量的电极叫限制电极，电池的限制电极多为正极；而另一电极则被称为非限制电极，其所释放的容量即为电池的容量，非限制电极多为负极。限制电极和非限制电极的容量之比称为容量比，该比值的合理性是电池设计优劣的重要评价指标之一。

电池的限制电极和非限制电极的划分也为提高电池性能和降低电池成本提供了理论依据。由于限制电极的容量决定了电池的容量，所以提高限制电极的容量和性能，是提高电池容量和性能的重要方法。由于非限制电极是容量过剩的电极，合理地降低非限制电极的活性物质用量是降低成本的措施之一。

3.3 电化学储能热力学基础

3.3.1 可逆电池

（1）电池的可逆性

自发电池分为可逆电池与不可逆电池，热力学上只讨论可逆电池的性质。可逆电池是在热力学平衡条件下的自发电池，该电池的总反应或每个电极上进行的反应可逆，能量转化可逆，以及电化学反应所涉及的其他过程都可逆。化学反应可逆和能量转换可逆两个条件是构成二次电池的前提。

① 电池中的化学变化是可逆的，即物质的变化是可逆的。也就是说，电池在工作过程中（放电过程）所发生的物质变化，在通以反向电流（充电过程）时，又具有重新恢复原状的可能性。例如，常见的铅酸蓄电池的放电与充电过程是互逆的化学反应，即

$$PbO_2 + Pb + 2H_2SO_4 \rightleftharpoons 2PbSO_4 + 2H_2O$$

② 电池的能量转化是可逆的，也就是说电能或化学能不能转变为热能而散失，用电池放电时放出的能量再对电池充电，电池体系和环境均能恢复到原来的状态。

实际上，无论电池充电还是放电过程，都以一定的电流大小进行，充电时外界对电池所做的电功总是大于放电时电池对外界所做的电功，这样经过充放电循环后，正逆过程的电功不能相互抵消，外界无法恢复原状。充电时，其中部分电能消耗于电池内阻而转化为热能，放电时这些热能无法再转化为电能或化学能。从这一角度出发，降低电池内阻是提高实际电池的能量转化效率的主要方法之一。

那么在何种情况下，电池的能量转化过程才是热力学的可逆过程呢？只有当通电电流无限小时，充电过程和放电过程都在同一电压下进行，电池体系的热力学平衡状态未被打破，正逆过程所做的电功可以相互抵消，外界环境才能够复原。显然，电池的热力学可逆过程是一种理想过程，在实际电池中，只能达到近似的可逆过程。所以严格地讲，实际使用的电池都不是可逆的，可逆电池只是在一定条件下的特殊状态。

（2）自发电池

自发电池是将化学能转变为电能的装置，因此可逆电池的电能来源于化学反应。在恒压、恒温的可逆条件下，自发的化学反应在电池内可逆地进行，系统所做的最大非体积功，即电功 W_r'，等于体系摩尔吉布斯自由能的变化 $\Delta_r G_m$，即

$$\Delta_r G_m = W_r' \tag{3-8}$$

可逆电池的最大电功

$$W_r' = -nFE \tag{3-9}$$

则

$$\Delta_r G_m = -nFE \tag{3-10}$$

所以

$$E = \frac{\Delta_r G_m}{-nF} \tag{3-11}$$

由式（3-11）可以看出，在客观上原电池电动势的大小取决于电池反应摩尔吉布斯自由能的变化。所以，电池电动势的大小在热力学上常用来衡量原电池做电功的能力。从电动势

的构成上来看，电池电动势可以看成是电池内部相界面内电势差的代数和，或各相界面外电势差的代数和，说明相界面电势差的分布状况与化学反应的本性有着密切的关系。对于可逆电池，电动势是正负两极平衡电极电势的差，即

$$E = \varphi^+ - \varphi^- \tag{3-12}$$

式中，φ^+ 为正极平衡电势；φ^- 为负极平衡电势。

（3）原电池电动势的温度系数

在恒压下可逆电池进行化学反应时，当温度改变 dT，体系摩尔吉布斯自由能的变化 $\Delta_r G_m$ 可用吉布斯-亥姆霍兹方程来描述，即：

$$\Delta_r G_m = \Delta_r H_m + T \left[\frac{\partial (\Delta_r G_m)}{\partial T} \right]_p \tag{3-13}$$

那么

$$-\Delta_r H_m = nFE - nFT \left(\frac{\partial E}{\partial T} \right)_p \tag{3-14}$$

式中，$\Delta_r H_m$ 为电池反应的摩尔焓变；$\left(\frac{\partial E}{\partial T} \right)_p$ 为恒压条件下电池电动势对温度的偏导数，称为原电池电动势的温度系数，其表示在恒压条件下电池电动势随温度的变化率。

原电池在做电功的时候，与环境进行热交换，当可逆电池放电时，电池反应过程的热称为可逆热，以 Q_r 表示。根据摩尔吉布斯自由能 $\Delta_r G_m$ 与摩尔熵变 $\Delta_r S_m$ 之间的关系

$$-\Delta_r S_m = \left[\frac{\partial (\Delta_r G_m)}{\partial T} \right]_p$$

则

$$\Delta_r S_m = nF \left(\frac{\partial E}{\partial T} \right)_p \tag{3-15}$$

可逆条件下，Q_r 与摩尔熵变 $-\Delta_r S_m$ 之间的关系为 $Q_r = T\Delta_r S_m$，则

$$Q_r = nFT \left(\frac{\partial E}{\partial T} \right)_p \tag{3-16}$$

将式（3-16）代入式（3-14）中，得

$$nFT = -\Delta_r H_m + Q_r \tag{3-17}$$

可逆电池做功时与环境的热交换有三种情况。

① 若 $\left(\frac{\partial E}{\partial T} \right)_p = 0$，$Q_r = 0$，可逆电池工作时与环境没有热交换，$-\Delta_r H_m = nFE$，化学反应热全部转化为电功。但是，这并不能说明实际电池放电时与温度无关，因为温度影响化学反应动力学速率。

② 若 $\left(\frac{\partial E}{\partial T} \right)_p < 0$，$Q_r < 0$，电池工作时向环境放热，$-\Delta_r H_m > nFE$，即化学反应热一部分转变为电功，另一部分以热能的形式传给环境，如果在绝热体系中，电池会慢慢变热。$\left(\frac{\partial E}{\partial T} \right)_p$ 越负，说明电池放电时向环境传递的热量越多，在设计此类电池时，要考虑到散热设计。

③ 若 $\left(\dfrac{\partial E}{\partial T}\right)_P > 0$，$Q_r > 0$，电池工作时从环境吸收热量，$-\Delta_r H_m < nFE$，即化学反应热比其可能做的电功小。除反应热全部转变成电功外，电池还将从环境中吸收一部分热来做功，如果在绝热体系中电池则会逐渐变冷，在设计此类电池时要考虑供热设计，以防止电池温度的下降引起动力学参数的变化。

（4）电动势与反应物活度之间的关系

假设电池内部发生的化学反应为

$$a\mathrm{A} + b\mathrm{B} \Longleftrightarrow l\mathrm{L} + m\mathrm{M} \tag{3-18}$$

在恒温恒压条件下，可逆电池所做的最大电功等于体系摩尔吉布斯自由能的减小，即

$$\Delta_r G_m = -nFE \tag{3-19}$$

根据化学反应的等温方程式：

$$\Delta_r G_m = \Delta_r G_m^{\ominus} + RT\ln\dfrac{\alpha_L^l \alpha_M^m}{\alpha_A^a \alpha_B^b} \tag{3-20}$$

$$-nFE = \Delta_r G_m^{\ominus} + RT\ln\dfrac{\alpha_L^l \alpha_M^m}{\alpha_A^a \alpha_B^b} \tag{3-21}$$

$$E = -\dfrac{\Delta_r G_m^{\ominus}}{nF} - \dfrac{RT}{nF}\ln\dfrac{\alpha_L^l \alpha_M^m}{\alpha_A^a \alpha_B^b} \tag{3-22}$$

$$= E^{\ominus} - \dfrac{RT}{nF}\ln\dfrac{\alpha_L^l \alpha_M^m}{\alpha_A^a \alpha_B^b} \tag{3-23}$$

式中，$E^{\ominus} = -\dfrac{\Delta_r G_m^{\ominus}}{nF}$，称为标准电动势。由化学平衡可知，$\Delta_r G_m^{\ominus} = -RT\ln K^{\ominus}$，$K^{\ominus}$ 为电池反应的标准平衡常数[4]。

式（3-23）描述了可逆电池电动势与电池反应中的反应物和产物活度之间的关系，叫作电池电动势的能斯特（Nernst）方程式。该式说明液相中反应物活度发生变化必然会引起电动势的变化，体系的不同引起热力学上可逆电池电能的输出能力变化。

3.3.2 可逆电极

（1）电极的可逆性

按照电池的结构，每个电池由两个半电池组成，每个半电池实际上就是一个电极体系，电池总反应也是由两个电极反应组成。因此，要使整个电池成为可逆电池，两个电极必然是可逆的，可逆电极必须具备两个条件。

① 电极反应可逆。如 $\mathrm{Zn}\,|\,\mathrm{ZnCl_2}$ 电极，其电极反应为

$$\mathrm{Zn} \Longleftrightarrow \mathrm{Zn^{2+}} + 2\mathrm{e^-} \tag{3-24}$$

只有在正向反应和逆向反应的速率相等时，电极反应中物质的交换和电荷的交换才是平衡的，即在任一时刻，氧化溶解的锌原子数等于还原的锌离子数，正向反应失去的电子数等于逆向反应得到的电子数，这样的电极反应称为可逆的电极反应。

② 电极在平衡条件下工作。所谓平衡条件就是通过电极的电流等于零或无限小，电极

上进行的氧化反应速率与还原反应速率相等。所以可逆电极就在热力学平衡条件下工作，电荷交换与物质交换都处于平衡态，可逆电极就是平衡电极。

（2）可逆电极的电位

可逆电极的电位（又称电势），也称平衡电极电位或平衡电位，任何一个平衡电位都是相对于一定的电极反应而言的。例如金属锌与含锌离子的溶液所组成的电极 $Zn \mid Zn^{2+}(\alpha)$ 是一个可逆电极，其平衡电位与锌的氧化和还原反应相联系。在平衡条件下的电位，即为锌的平衡电位，用相对于氢的标电位的值来表示。

一般情况下可用下式表示一个电极反应：

$$O + ne^- \rightleftharpoons R \tag{3-25}$$

其平衡电位 φ_e 可表示为

$$\varphi_e = \varphi^{\ominus} + \frac{RT}{nF} \ln \frac{\alpha_O}{\alpha_R} \tag{3-26}$$

或者为

$$\varphi_e = \varphi^{\ominus} + \frac{RT}{nF} \ln \frac{\alpha_{氧化态}}{\alpha_{还原态}} \tag{3-27}$$

式中，$\varphi^{\ominus}$ 是标准状态下的平衡电位，叫作该电极的标准电极电位。对于一定的电极体系，$\varphi^{\ominus}$ 是一个常数，式（3-27）就是著名的能斯特（Nernst）方程式，是热力学上计算各种可逆电极电位的基本公式。

（3）标准电化序

把标准电极电位按数值大小从负到正排列的次序表称为标准电化序或标准电位序，如表 3-5 所示。标准电极电位的正负反映了电极在进行电极反应时相对于标准氢电极的得失电子的能力，电极电位越负，越易失去电子；反之，则越易得到电子。电极反应和电池反应实质上都是氧化还原反应，因此，标准电化序也反映了某一电极相对于另一电极的氧化还原能力的大小，电位较负的物质是较强的还原剂，而电位较正的物质则是较强的氧化剂。因此标准电化序就成了分析氧化还原反应热力学可能性的有力工具。

表 3-5 25℃下水溶液中各种常见电极的标准电极电位及其温度系数

电极反应	$\varphi^{\ominus}/V$	$\dfrac{d\varphi^{\ominus}}{dT}/(mV/K)$
$Li^+ + e^- \rightleftharpoons Li$	-3.045	-0.59
$K^+ + e^- \rightleftharpoons K$	-2.925	-1.07
$Ba^{2+} + 2e^- \rightleftharpoons Ba$	-2.912	-0.40
$Ca^{2+} + 2e^- \rightleftharpoons Ca$	-2.868	-0.21
$Na^+ + e^- \rightleftharpoons Na$	-2.714	0.75
$Mg^{2+} + 2e^- \rightleftharpoons Mg$	-2.372	0.81
$Al^{3+} + 3e^- \rightleftharpoons Al$	-1.676	0.53
$2H_2O + 2e^- \rightleftharpoons 2OH^- + H_2 \uparrow$	-0.828	-0.80
$Zn^{2+} + 2e^- \rightleftharpoons Zn$	-0.763	0.10

电极反应	$\varphi^{\ominus}/V$	$\dfrac{\mathrm{d}\varphi^{\ominus}}{\mathrm{d}T}/(\mathrm{mV/K})$
$Fe^{2+}+2e^{-}\Longleftrightarrow Fe$	-0.440	0.05
$Cd^{2+}+2e^{-}\Longleftrightarrow Cd$	-0.402	-0.09
$PbSO_4+2e^{-}\Longleftrightarrow Pb+SO_4^{2-}$	-0.336	-0.99
$Ni^{2+}+2e^{-}\Longleftrightarrow Ni$	-0.250	0.31
$Pb^{2+}+2e^{-}\Longleftrightarrow Pb$	-0.129	-0.38
$2H^{+}+e^{-}\Longleftrightarrow H_2\uparrow$	0.000	0
$Cu^{2+}+e^{-}\Longleftrightarrow Cu^{+}$	0.153	0.07
$AgCl+e^{-}\Longleftrightarrow Ag+Cl^{-}$	0.222	-0.66
$Hg_2Cl_2+2e^{-}\Longleftrightarrow 2Hg+2Cl^{-}$	0.258	-0.31
$Cu^{2+}+2e^{-}\Longleftrightarrow Cu$	0.337	0.01
$2H_2O+O_2+4e^{-}\Longleftrightarrow 4OH^{-}$	0.401	—
$I_2+2e^{-}\Longleftrightarrow 2I^{-}$	0.536	-0.13
$Hg_2SO_4+2e^{-}\Longleftrightarrow 2Hg+SO_4^{2-}$	0.615	-0.83
$Fe^{3+}+e^{-}\Longleftrightarrow Fe^{2+}$	0.771	1.19
$Hg^{2+}+2e^{-}\Longleftrightarrow Hg$	0.851	-0.31
$Ag^{+}+e^{-}\Longleftrightarrow Ag$	0.799	-1.00
$2Hg^{2+}+2e^{-}\Longleftrightarrow Hg_2^{2+}$	0.920	0.10
$Br_2(l)+2e^{-}\Longleftrightarrow 2Br^{-}$	1.066	-0.61
$Br_2(aq)+2e^{-}\Longleftrightarrow 2Br^{-}$	1.087	—
$MnO_2+4H^{+}+2e^{-}\Longleftrightarrow Mn^{2+}+2H_2O$	1.224	-0.61
$O_2+4H^{+}+4e^{-}\Longleftrightarrow 2H_2O$	1.229	-0.85
$Cr_2O_7^{2-}+14H^{+}+6e^{-}\Longleftrightarrow 2Cr^{3+}+7H_2O$	1.33	—
$Cl_2(g)+2e^{-}\Longleftrightarrow 2Cl^{-}$	1.358	-1.25
$PbO_2+4H^{+}+2e^{-}\Longleftrightarrow Pb^{2+}+2H_2O$	1.455	-0.25
$MnO_4^{-}+8H^{+}+5e^{-}\Longleftrightarrow Mn^{2+}+4H_2O$	1.507	-0.64
$MnO_4^{-}+4H^{+}+3e^{-}\Longleftrightarrow MnO_2+2H_2O$	1.679	-0.67
$Au^{+}+e^{-}\Longleftrightarrow Au$	1.692	—

资料来源：元素周期表（hep.com.cn）。

3.3.3　电位-pH 图

平衡电位的数值反映了物质的氧化还原能力，可以用来判断电化学反应进行的可能性。平衡电位的数值与反应物活性有关，对于有 H^{+} 或 OH^{-} 参与的反应来说，电极电位随溶液 pH 值的变化而变化。因此，把各种反应的平衡电位和溶液 pH 值的函数关系绘制成图，就可以从图上清楚地看出一个电化学体系中，发生各种化学或电化学反应所必须具备的电极电位和溶液 pH 值条件，或者判断在给定条件下某化学反应或电化学反应进行的可能性，这种图称为电位-pH 图。通常电位-pH 图是以 pH 值为横坐标，以电极电位为纵坐标构成的平面图，图中由水平线、垂直线、斜线将整个坐标面划分成若干个区域，这些区域分别代表某些物质的热力学稳定区。其中，垂直线表示无电子参加的反应（与电极电位无关）的平衡状态，水平线表示一个与 pH 值无关的氧化还原反应的平衡电位值，斜线表示了一个氧化还原反应的平衡电位与 pH 值的关系，图中的交点则表示两种以上不同价态物质共存时的状态[5]。

在电解质为水溶液的化学电源中，诸多电极材料的性质、生产工艺、过程中物质的变化、电池的自放电性能等与电极电位及溶液的 pH 值有关，所以电位-pH 图成为电池设计、工艺控制、原材料选择等的热力学基础。

以 Pb-H_2SO_4-H_2O 系的电位-pH 图来说明其应用，如图 3-4 所示。利用电位-pH 图，可以分析铅酸蓄电池自放电的可能性。负极铅的自溶解过程是由于体系中存在铅的阳极氧化和氢还原组成的一对共轭反应，即（a）线和（2）线或（8）线构成铅自放电的共轭反应。

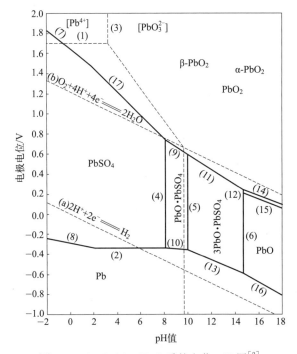

图 3-4   Pb-H_2SO_4-H_2O 系的电位-pH 图[2]

（2）线：$Pb + SO_4^{2-} \rightleftharpoons PbSO_4 + 2e^-$

（8）线：$Pb + HSO_4^- \rightleftharpoons PbSO_4 + H^+ + 2e^-$

（a）线：$2H^+ + 2e^- \rightleftharpoons H_2 \uparrow$

pH<5.8 时，（2）线和（8）线反应的电位比（a）线电位更负，故铅溶解，析出 H_2，造成铅负极自放电，使蓄电池容量损失。但由于 H^+ 在铅上的还原过电位较高，纯铅的可逆性好，因此可用实验测定铅的平衡电极电位。

正极 PbO_2 在贮存时也可发生自放电，从电位-pH 图上看，pH<7.9 时，（b）线和（7）线或（17）线构成共轭反应。

（b）线：$2H_2O \rightleftharpoons 4H^+ + O_2 \uparrow + 4e^-$

（7）线：$PbO_2 + HSO_4^- + 3H^+ + 2e^- \rightleftharpoons PbSO_4 + 2H_2O$

（17）线：$PbO_2 + SO_4^{2-} + 4H^+ + 4e^- \rightleftharpoons PbSO_4 + 2H_2O$

（7）线和（17）线高于（b）线，所以 PbO_2 可以使 H_2O 氧化成 O_2，并自身还原成 $PbSO_4$，表明在电池贮存时 PbO_2 有自放电的可能。但 O_2 在 PbO_2 电极上的过电位较高，放电速率小，因而也可测定 PbO_2 的平衡电极电位。从电位-pH图可知，与 PbO 平衡的硫酸盐是 $3PbO \cdot PbSO_4 \cdot H_2O$。

（4）线：$2PbSO_4 + H_2O \rightleftharpoons PbO \cdot PbSO_4 + SO_4^{2-} + 2H^+$

（5）线：$2(PbO \cdot PbSO_4) + 2H_2O \rightleftharpoons 3PbO \cdot PbSO_4 \cdot H_2O + SO_4^{2-} + 2H^+$

当 pH 值增大时，平衡向右移动，直至生成稳定的三盐基硫酸铅（$3PbO \cdot PbSO_4 \cdot H_2O$）。

铅酸蓄电池的极板由铅粉、水、稀硫酸混合成膏后，涂在铅合金的板栅上，经浸酸、干燥固化、化成而制得。铅粉由氧化铅和游离铅组成，因此在其中首先生成 $PbSO_4$，再转化成 $3PbO \cdot PbSO_4 \cdot H_2O$。同时，和膏时还会发生铅的氧化，（16）线与（b）线的共轭反应如下。

$2 \times$（16）线：$2Pb + 2H_2O \rightleftharpoons 2PbO + 4H^+ + 4e^-$

（b）线：$O_2 + 4H^+ + 4e^- \rightleftharpoons 2H_2O$

$2 \times$（16）线 +（b）线：$O_2 + 2Pb \rightleftharpoons 2PbO$

干燥好的极板进行化成。化成是将极板浸入稀硫酸中，通直流电形成活性物质，此时发生相反过程，由碱式硫酸铅又转化成为 $PbSO_4$。

$$3PbO \cdot PbSO_4 \cdot H_2O \longrightarrow PbO \cdot PbSO_4 \longrightarrow PbSO_4$$

正极进行以下电化学反应。

（14）+（16）线反应：$PbO + H_2O \rightleftharpoons \alpha\text{-}PbO_2 + 2H^+ + 2e^-$

（11）线反应：$3PbO \cdot PbSO_4 \cdot H_2O + 4H_2O - 8e^- \rightleftharpoons 4\alpha\text{-}PbO_2 + 10H^+ + SO_4^{2-}$

（9）线反应：$PbO \cdot PbSO_4 + 3H_2O \rightleftharpoons 2\alpha\text{-}PbO_2 + 6H^+ + SO_4^{2-} + 4e^-$

铅膏是碱性的，从电位-pH图可知，上述进行的各反应的氧化比硫酸铅氧化优先进行，而且是在碱性、中性介质中生成 PbO_2，故主要为 $\alpha\text{-}PbO_2$。而在化成后期，pH 值下降，会生成 $\beta\text{-}PbO_2$，并在正极析出氧。

$$PbSO_4 + 2H_2O \rightleftharpoons \beta\text{-}PbO_2 + SO_4^{2-} + 4H^+ + 2e^-$$

负极板化成时，发生如下反应。

（13）线：$3PbO \cdot PbSO_4 \cdot H_2O + 6H^+ + 8e^- \rightleftharpoons 4Pb + 4H_2O + SO_4^{2-}$

（16）线：$PbO + 2H^+ + 2e^- \rightleftharpoons Pb + H_2O$

化成后期发生（2）线反应。

（2）线：$PbSO_4 + 2e^- \rightleftharpoons Pb + SO_4^{2-}$

随着反应继续进行，$PbSO_4$ 量不断下降，极化增大，负极电位进一步下降，直至发生析氢反应。

（a）线：$2H^+ + 2e^- \rightleftharpoons H_2$

但是也应当指出，电位-pH图都是根据热力学数据建立的，称为理论电位-pH图，在实际的化学电源体系中往往是复杂的，与根据热力学数据建立的理论电位-pH图有较大的差别。因此用理论电位-pH图解决实际问题时，须注意到它的局限性，其局限性主要表现在以下几个方面。

① 理论电位-pH图是一种热力学的电化学平衡图，只能给出电化学反应的方向和热力学可能性，而不能给出电化学反应速率。

② 建立理论电位-pH图时，是以金属与溶液中的离子和固相反应物之间的平衡作为先

决条件的，但在实际体系中，可能偏离这种平衡。此外，理论电位-pH 图中没有考虑"局外物质"对平衡的影响，如水溶液中往往存在 Cl^-、SO_4^{2-}、CO_3^{2-} 等离子，它们对电化学平衡的影响常常是不能忽略的。

③ 理论电位-pH 图中钝化区是以金属氧化物、氢氧化物或难溶盐的稳定存在为依据的，而这些物质的保护性能究竟如何并不能反映出来。

④ 理论电位-pH 图中表示的 pH 值是平衡时整个溶液的 pH 值，而在实际体系中，金属表面上各点的 pH 值可能是不同的。

电位-pH 图的局限性也反映了热力学理论的局限性，为了指导生产实际，不仅要深入了解电化学热力学理论，还需要深入了解电极过程动力学理论。

3.4 电化学储能动力学基础

3.4.1 不可逆的电极过程

（1）电极的极化现象

处于热力学平衡状态的电极体系（可逆电极），由于氧化反应和还原反应速率相等，电荷交换和物质交换都处于动态的平衡之中，因而净反应速率为零，电极上没有电流通过，即外电流为零，这时的电极电位即为平衡电极电位（φ_e）。如果电极上有外电流通过，即有净反应发生，这表明电极失去了原有的平衡状态，这时电极电位将偏离平衡电位，这种电流通过电极时电极电位偏离平衡电位的现象叫电极的极化。

在电化学体系中，发生电极极化时，阴极的电极电位总是变得比平衡电位更负，把这种电极电位偏离平衡电位负移的极化现象叫阴极极化；而阳极的电极电位总是变得比平衡电位更正，把这种电位正移的极化现象叫阳极极化。

在一定电流密度下，电极电位与平衡电位的差值称为该电流下的过电位（或超电位），用符号 η 或 $\Delta\varphi$ 表示，即

$$\eta = \varphi - \varphi_e \tag{3-28}$$

此时的电流常被称为极化电流，电极电位即为该极化电流下的极化电位。过电位是表征极化程度的参数，在研究电极过程动力学中具有重要意义，习惯上常取 η 为正值，因此规定：阴极极化时，$\eta_c = \varphi_e - \varphi_c$；阳极极化时，$\eta_a = \varphi_a - \varphi_e$。

电极体系是由两类导体串联组成的体系，断路时，两类导体中都没有载流子的流动，只在电极/溶液界面上有氧化与还原反应的动态平衡，以及由此建立的相间电位（平衡电位）；而通电时，外线路和金属电极中的自由电子与溶液中正负离子定向运动，在固-液界面上发生一定的净电极反应，使得两种导电方式得以相互转化。一方面，电子的流动在电极表面积累电荷，使电极电位偏离平衡状态，即极化作用；另一方面是电极反应，吸收电子运动所传递过来的电荷，使电极恢复平衡状态，即去极化作用。只有界面反应足够快，能够将电子导电带到界面的电荷及时地转移给离子导体，才不会使电荷积累于电极表面造成相间电位差的变化，即不发生极化现象，这种电极就是理想不极化电极。如果电极表面不发生任何电化学反应，电荷只在其表面积累，并引起界面电位的变化，这类电极就是理想极化电极。

实际上，电子运动速率往往是大于电极反应速率的，因而通常极化作用处于主导地位。也就是说，阴极上，电子流入电极的速率大，造成负电荷的积累，使其电位变负；阳极上，

电子流出电极的速率大，造成正电荷的积累，使其电位变正。所以，设法提高反应速率（如提高电极活性物质的反应活性）是降低极化作用的根本方法，而设法降低单位电极面积上的电荷积累（如减小活性物质的粒径以增大反应面积）是提高电极表观活性降低极化的重要措施之一。

（2）电极过程

通常将电流通过电极与溶液界面时所发生的一系列变化的总和称为电极过程。它是由一系列性质不同的单元步骤所组成的，其中包括三个不可缺少的连续进行的单元步骤：

① 反应物粒子自溶液内部或液态电极内部向电极表面附近输送的单元步骤，称为液相传质步骤；

② 反应物粒子在电极与溶液两相界面区得到或失去电子的单元步骤，称为电子转移步骤；

③ 产物粒子自电极表面向溶液内部或液态电极内部疏散的单元步骤，这也是一个液相传质步骤，或者电极反应形成新相（如气相、新的晶体），这个步骤称为新相的生成步骤。

在这一系列串联的单元步骤中，可能存在着相当大的差异，其中控制着整个电极过程速率的单元步骤，称为电极过程的速率控制步骤。只有提高速率控制步骤的速率，才能提高整个电极过程的速率。根据电极过程的基本历程，引起极化的常见类型是浓差极化和电化学极化。所谓浓差极化是指液相传质步骤成为速率控制步骤时引起的电极极化现象，其过电位叫浓差极化过电位；所谓电化学极化则是反应物质在电极表面得失电子的电化学反应步骤成为速率控制步骤时所引起的电极极化现象，又被称为活化极化，其过电位称为电化学极化过电位或活化极化过电位。

根据电极反应的特点，以电化学反应为核心的电极过程具有如下动力学特征：

① 电极过程服从一般异相催化反应的动力学规律。首先，反应是在两相界面区发生的，反应速率与界面面积的大小和界面特性有关；其次，反应速率在很大程度上受电极表面附近很薄的液相层中反应物和产物的传质过程的影响。从这一角度出发，电池设计中合理选择电极材料的粒径、电极成型工艺、极板厚度，电解质溶液的组成、浓度及用量，以及电极与电解液之间的相溶性等均是从电化学动力学角度提出的基本要求。

② 电极/溶液界面的界面电场对电极过程进行的速率有很大影响。在不同的电极电位（即不同的界面电场）下，电极反应的速率不同。凡是影响界面电场的一切因素，都可能影响到电极反应的速率。另外，由于双电层结构决定着电极表面附近的电位分布与反应物离子的浓度分布，所以电极反应的速率也会受到双电层结构的影响。

（3）电化学极化

① 交换电流密度（J_0） 对于只有一个电子参加的氧化还原反应

$$A + e^- \Longrightarrow D \tag{3-29}$$

根据过渡态理论及电位与吉布斯自由能之间的关系，A 的还原反应速率 $\vec{J}$ 和 D 的氧化反应速率 $\overleftarrow{J}$ 可表示为

$$\vec{J} = F k_1 \alpha_A \exp\left(-\frac{\beta F \varphi}{RT}\right) \tag{3-30}$$

$$\overleftarrow{J} = F k_2 \alpha_D \exp\left[\frac{(1-\beta)F\varphi}{RT}\right] \tag{3-31}$$

式中，F 为法拉第常数；k_1、k_2 为反应速率常数；α_A、α_D 为电荷转移系数；β 为与反应机理有关的参数，与电荷转移过程的能垒相关；φ 为电位；R 为理想气体常数；T 为绝对温度。

在平衡电极电位下，正逆反应速率相等，即 $\varphi=\varphi_e$ 时，$\overleftarrow{J}=\overrightarrow{J}$，用 J_0 表示之，称为交换电流密度，它表示平衡电位下正逆两反应的交换速率，即

$$J_0 = Fk_1\alpha_A\exp\left(-\frac{\beta F\varphi_e}{RT}\right) = Fk_2\alpha_D\exp\left[\frac{(1-\beta)F\varphi_e}{RT}\right] \tag{3-32}$$

宏观上没有任何变化发生的平衡系统，仍存在着数量相等、方向相反的粒子交换作用。交换电流密度表示的是平衡电位下电极与溶液界面间粒子的交换速率。也就是说，交换电流密度代表着平衡条件下的电极反应速率，可见凡影响反应速率的因素，如溶液组成和浓度、温度、电极材料的本性、电极表面状态等，也都必然会影响到交换电流密度的大小。交换电流密度与正逆反应特性及反应物、产物的浓度的关系为

$$J_0 = F(k_1 c_A)^{1-\beta}(k_2 c_D)^\beta \tag{3-33}$$

根据阿伦尼乌斯方程 $k=A\mathrm{e}^{-\frac{E_a}{RT}}$（温度与反应速率常数关系式），温度升高，反应速率常数增大，因此，J_0 增加。交换电流密度 J_0 和平衡电极电位 φ_e 是从不同角度描述平衡状态的两个参数。φ_e 是根据静态性质（热力学函数）得出的，而 J_0 则是系统动态性质（反应速率）的反映。对于电极活性材料而言，在一定的电解质溶液中，其 J_0 值越大，说明其电化学活性越高；反之，活性越低[6]。

② 稳态极化电流通过电极时的动力学公式　在一定大小的外电流通过电极时，单位时间内输送过来的电子来不及全部被还原反应消耗，或单位时间内移走的电子不能及时被氧化反应补足，因而电极表面出现了额外的剩余电荷，使得电极电位偏离了平衡电位，出现了电极的极化。这种变化一直延续到 $\overleftarrow{J}$ 与 $\overrightarrow{J}$ 之间的差值与外电流密度 J 即极化电流密度相等时，才达到稳态。电化学极化下，极化电流与极化电位之间的关系符合巴特勒-福尔默（Butler-volmer）公式：

$$J = J_0\left\{\exp\left(-\frac{\beta F\Delta\varphi}{RT}\right) - \exp\left[\frac{(1-\beta)F\Delta\varphi}{RT}\right]\right\} \tag{3-34}$$

在高过电位（单电子反应的 $|\Delta\varphi|>0.12\mathrm{V}$）下，极化电流密度（$J$）的对数与极化过电位（$\Delta\varphi$）之间呈线性关系。

$$|\Delta\varphi| = a + b\lg|J| \tag{3-35}$$

$$a = -\frac{2.3RT}{\beta F}\lg J_0 \text{ 或者 } a = -\frac{2.3RT}{(1-\beta)F}\lg J_0 \tag{3-36}$$

$$b = \frac{2.3RT}{\beta F} \text{ 或者 } b = \frac{2.3RT}{(1-\beta)F} \tag{3-37}$$

式（3-35）就是著名的塔费尔（Tafel）公式。a、b 被称为 Tafel 常数，严格来说，a、b 被视为常数是有条件的，并非在任何条件下均为常数。

在低过电位下（$|\Delta\varphi|<10\mathrm{mV}$），极化电流密度与过电位关系的近似公式如下：

$$\Delta\varphi = -\frac{RT}{F}\times\frac{J}{J_0} \tag{3-38}$$

应当注意：以上提出的电子转移步骤的动力学公式，其前提条件是忽略双电层中分散层的影响，只有在溶液很浓和电极电位远离零电荷电位的条件下才是如此。但是在许多情况下，特别是存在表面活性物质吸附时，不能忽视分散层电位 ψ_1 对电子转移步骤反应速率的影响，这种影响作用叫 ψ_1 效应。

另外，为了方便，在不少场合将 n 个电子参与电极反应的电化学极化动力学公式表示为

$$J = J_B \left\{ \exp\left(-\frac{\beta n F \Delta \varphi}{RT} \right) - \exp\left[\frac{(1-\beta)n F \Delta \varphi}{RT} \right] \right\} \tag{3-39}$$

（4）浓差极化

浓差极化也称为浓度极化，是在电极反应过程中产生的，经常与电化学极化重叠在一起的现象。在电极反应过程中，紧靠电极表面处离子浓度的变化程度：对于阴极还原过程来说，依赖于主体溶液中的离子向电极表面运动补充消耗的程度；对于阳极氧化溶解过程来说，则依赖生成物从电极表面附近疏散的速度。粒子在溶液中从一个位置到另一个位置的运动叫作液相中物质的传递，简称液相传质。

液相传质有三种方式。

① 离子的扩散：在稳定条件下，i 组分沿 x 轴垂直于电极表面的扩散流量，用电流表示时为

$$J = z_i F j_{id} = -z_i F D_i \frac{c_i^b - c_i^s}{\sigma} \tag{3-40}$$

式中，J 为电流密度，A/cm^2；j_{id} 为 i 组分的扩散流量，$mol/(s \cdot cm^2)$；D_i 为 i 组分的扩散系数，m^2/s；c_i^b 为 i 组分在主体溶液中的浓度，mol/m^3；c_i^s 为 i 组分在靠近电极表面处的浓度，mol/m^3；σ 为 i 组分传递的距离，即扩散层的厚度，cm；z_i 为 i 组分所带的电荷数；F 为法拉第常数。

② 离子的电迁移：电场存在时，在电位梯度作用下，溶液中带正、负电荷的离子会分别向两极运动，带正电荷的阳离子向阴极移动，带负电荷的阴离子向阳极移动。这种带电离子在电位梯度作用下的运动叫电迁移。电迁移流量与迁移数有关：

$$j_{ie} = \frac{t_i I}{z_i F} \tag{3-41}$$

式中，j_{ie} 为 i 组分的电迁移数量，$mol/(s \cdot cm^2)$；t_i 为 i 组分的离子迁移数；I 为通过的总电流，A；z_i 为 i 组分离子所带的电荷；F 为法拉第常数。

③ 对流：反应物随着流动的液体一起移动而引起的传质过程，称为对流传质。溶液中局部浓度和温度的差别或电极上有气体形成，均会对溶液有一定的搅动，引起自然对流，也可能是机械搅拌溶液产生强制对流。

对流流量为

$$j_{ic} = u_x c_i \tag{3-42}$$

式中，j_{ic} 为对流流量，$mol/(s \cdot cm^3)$；u_x 为与电极垂直方向的液流速度，cm/s；c_i 为组分 i 的浓度，mol/L。

电流通过电极时，三种传质方式总是同时存在。但是在紧靠电极表面处，因为扩散和电迁移传质的主导作用，对流的速度很小。式（3-40）是指稳定条件下的扩散，即指主体溶液的浓度不变条件下的扩散。然而主体溶液浓度随时间变化的情况更多，这时为非稳态扩散。在非稳态扩散条件下浓度极化表达式将随电极的形式、极化的方式而变化。另一个极端情况

是 c_i^b 不变，但 $c_i^s=0$，即电极表面反应物粒子的浓度降到零，这时的浓度梯度最大，达到极限值。扩散电流表示为 I_d，称为极限扩散电流，浓度极化电位（超电位）表示为：

$$\eta=\frac{RT}{nF}\ln\left(1-\frac{I}{I_d}\right) \tag{3-43}$$

3.4.2 金属的阳极过程

金属元素在化学电源设计当中的应用主要有：a.作为电池负极活性物质，如锂、钠、钾、锌、铅等；b.作为电极集流体，如镍、铅、铜、铝等。作为电池负极活性物质的金属元素，当电池放电时，电池中含有 H^+、O^{2-}、金属离子等去极化物质时，以及荷电态电池正极金属集流体受正极活性材料的氧化作用时，均会导致金属的阳极过程发生。金属阳极溶解过程分为通电情况下的金属阳极正常溶解过程和无外加电流作用时金属阳极的自溶解过程。对于电池而言，负极放电过程为阳极正常溶解过程，负极自放电为阳极自溶解过程。所以，电池设计时要充分考虑金属的阳极过程。

3.4.2.1 通电时金属的阳极溶解过程

图 3-5 是典型恒电位金属阳极溶解极化曲线。在曲线 AB 段电位范围内，所发生的电极反应是金属以离子形式进入溶液的阳极溶解反应，或叫阳极的正常溶解阶段。金属的阳极溶解只有在比其平衡电位更正的电位下才能进行，电位越正，阳极溶解速度越大。影响阳极溶解速度的因素还有：金属本性、溶液组成及浓度、pH 值、温度等。当极化电位达 B 点数值后，随着电极电位向正方向移动，极化电流密度急剧下降，即曲线 BC 段，这个区间是非稳定状态，称为活化-钝化过渡区。其含义是指在这段电位范围内金属将由活化状态向钝化状态转变，B 点电位叫作临界钝化电位 φ_p，其对应的电流密度叫作临界钝化电流密度（或称致钝化电流密度，J_p）。

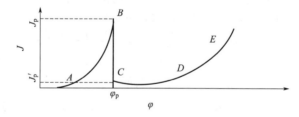

图 3-5 恒电位金属阳极溶解极化曲线

曲线 CD 段的特点是阳极电流密度很小，且随电极电位正移，阳极电流密度几乎不变，叫作维钝电流密度 J_p'。引起电流密度急剧下降并在一定电极电位范围内阳极极化电流几乎不变的原因有两种解释。

① 成相膜理论：由于金属表面形成一层紧密的、完整的、有一定厚度的氧化物、氢氧化物膜或某些难溶盐膜，这些膜的存在机械地隔离了金属与电解质溶液的接触，从而使金属的氧化反应速率急剧变小，导致电流密度急剧下降；当膜的形成与膜的溶解速率近似相等时，膜厚度不再随时间改变，而是以一个几乎不随电位改变的、很小的阳极溶解速率溶解。例如金属铅的阳极钝化，低温下铅酸电池启动时负极形成绝缘性致密的 $PbSO_4$ 层，导致负极的钝化现象等。

② 吸附膜理论：当电极电位变正时，金属电极表面形成 O^{2-} 或 OH^- 的吸附层，该吸附层增加了金属氧化为金属离子反应所需的活化能，降低了金属阳极溶解反应的交换电流密

度，使电极进入钝态。如铁-镍电池中的铁电极在碱性溶液中因氧吸附产生的钝化。

总之，当阳极极化时，由于金属电极表面状态的变化，电极表面形成吸附层和成相层，从而引起阳极溶解速率急剧降低至几乎完全停止的现象，叫金属的钝化。钝化现象也可以是由电解质溶液中某些钝化剂（一般为氧化剂）的作用所引起的，叫化学钝化。

在曲线上的 DE 段，随电极电位正移，阴极电流密度又不断增大。这种现象的出现，对于不同的金属可能有两种情况：a. 当电极电位继续正移，有些金属以高价离子形式进入溶液，因而阳极极化电流增加，一般称为过钝化；b. 有些处于钝态的金属，电极电位正移时并不发生金属的溶解，而是析出氧气，DE 段叫作析氧区[7]。

从广义上说，当金属因阳极极化或受钝化剂的作用时，在其表面形成膜层，从而降低表面活性的现象，均可视为钝化现象。从这个角度出发，以金属材料为负极活性物质或含有金属导电集流体的电池均存在钝化现象。这种钝化现象在不同的电池中或起着稳定电池性能的作用，或起着降低电池性能的作用。例如，在锌系列电池中，无论电解质溶液是碱性的 KOH 溶液，还是弱酸性的 NH_4Cl、$ZnCl_2$ 溶液，锌的热力学性质都是不稳定的，如果没有钝化膜的存在，锌负极始终存在自放电的倾向。但是，由于电池中氧化剂（O_2——正极区干孔中、空气室中以及电解液中的溶解氧）的作用，锌表面形成结构相对疏松的弱钝化层，一方面使锌的性能稳定下来，另一方面也使锌的稳定电位正移，导致开路电压下降。在锂离子电池中，正极集流体是金属铝，在铝的表面易形成致密的钝化膜层，该膜层的存在可防止体相中铝的继续氧化，使集流体性能相对稳定，而且铝表面上较薄的氧化膜层并不影响铝的导电性能，这是由于薄的氧化铝膜因隧道效应的存在而具备良好的导电性能。

3.4.2.2　金属的自溶解过程

（1）金属的自溶解速率与稳定电位

将金属 M（如 Zn）置于含有 M^{2+}（如 Zn^{2+}）的溶液中，在两相界面上便发生物质转移和电荷转移，最后建立了电荷平衡和物质平衡[见图 3-6（a）]，其电极电位即平衡电位。两相界面上除金属 M^{2+} 交换外，无其他过程，其交换速率就是交换电流密度。

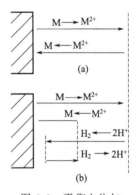

图 3-6　平衡电位与稳定电位

如果在上述溶液中加入氧化剂，如加入一定量的 H_2SO_4，这时两相界面上除了金属氧化为金属离子的反应及金属离子还原为金属的反应外，还有另一对反应进行，即氢的析出反应与氢氧化为氢离子的反应。达到稳态时电荷从金属迁移到溶液和从溶液迁移到金属的速率相等，即电荷的转移达到平衡，而物质的转移并不平衡，如图 3-6（b）所示。对应于这个稳定状态下的电位叫稳定电位，它是一个不可逆电位。根据电荷转移平衡条件，则

$$\overrightarrow{J}_M + \overrightarrow{J}_H = \overleftarrow{J}_M + \overleftarrow{J}_H \tag{3-44}$$

或

$$\overrightarrow{J}_M - \overleftarrow{J}_M = \overleftarrow{J}_H - \overrightarrow{J}_H \tag{3-45}$$

所以

$$-J_M = J_H \tag{3-46}$$

即金属溶解速率 J_M 和 H^+ 的还原速率 J_H 相等。这一对电极反应在同一电极上进行，有着相同的反应速率，而在其他方面又不相互依赖，称为共轭反应。金属 M 以一定的速率溶解，而氢气的析出也以同样的速率进行着，这种稳定电位下的金属溶解速率即自溶解速率。电

池贮存时，负极自溶解造成负极容量的减小，是电池负极自放电的重要方式。另外，氢的析出与金属的自溶解在同一金属表面同时发生，处于同一电极电位下，这个电位既不是金属的平衡电位，也不是氢的平衡电位，而是介于二者之间的电位，称为混合电位，服从于动力学规律。

（2）影响金属自溶解的因素

金属的自溶解过程包括一对共轭反应，只要使其中一个反应的反应速率发生变化，则另一个反应的反应速率也必然跟着改变。其主要影响因素有：金属的本性、溶液的浓度与组成、氧化剂性质、外加电流等。金属本性对其自溶解速率的影响主要指金属电极反应交换电流密度的大小。下面分两种情况进行分析。

① 金属电极反应的交换电流密度 J_0 较大的情况。例如铅酸电池中的负极金属铅电极在 H_2SO_4 溶液中的自溶解过程。其自溶解速率 J_s 远小于 J_0，此时铅电极的电化学平衡并未遭到严重破坏，其稳定电位近似等于平衡电位，而氢在 Pb 上析出的 J_0 又很小，这种情况下，金属自溶解速率仅与氢析出反应的动力学有关，即自溶解过程受析氢过程控制。为了减小像 Pb 这类金属的自溶解速率，必须设法提高氢在其上析出的过电位，如提高金属的纯度或使金属合金化。氢在锌表面的析出过电位较高，在锌电池中，降低可溶性金属杂质（主要指电位比锌正的金属离子杂质）的数量和浓度，负极锌中加入 Pb、Cd、Hg 等高析氢电位金属，就可有效防止锌的自溶解（锌电池负极自放电）。当然也可以从改变溶液组成入手，设法降低氢的析出反应速率。

② 金属电极反应交换电流密度较小的情况。例如 Fe 在酸中的自溶解过程。由于 Fe 电极反应的交换电流密度 J_0 较小，而氢在 Fe 上析出反应的交换电流密度又不大，二者的平衡电位又相差较远，因此其稳定电位处于析氢及金属溶解这一共轭反应的平衡电位之间，此时，金属的自溶解速率则是由一对共轭反应的动力学参数联合决定的。要减小这种系统金属的自溶解速率，除了提高氢在其上的析出过电位外，也可以设法降低金属电极反应的交换电流密度。表 3-6 列出了氢在不同金属上析出时 Tafel 方程中的 a、b 值。通常按照氢在不同金属表面的析出过电位的大小，将金属分为高析氢过电位金属（$a=1.0 \sim 1.5V$），如 Pb、Hg、Cd、Zn；低析氢过电位金属（$a=0.1 \sim 0.3V$），如 Pt、Pd 等；介于二者之间的叫中析氢电位金属（$a=0.5 \sim 0.7V$），如 Ni、Fe、Co 等。

表 3-6　氢在不同金属上析出时 Tafel 方程中的 a、b 值　　　　单位：V

金属	酸性溶液		碱性溶液	
	a	b	a	b
Ag	0.95	0.10	0.73	0.12
Cd	1.40	0.12	1.05	0.16
Cu	0.87	0.12	0.96	0.12
Fe	0.70	0.12	0.76	0.11
Hg	0.41	0.11	1.54	0.11
Mn	0.80	0.10	0.90	0.12
Ni	0.63	0.11	0.65	0.10
Pb	1.56	0.11	1.36	0.25
Pt	0.10	0.03	0.53	0.13
Sn	1.0	0.11	—	—
Zn	1.24	0.12	1.20	0.12

3.5 电池设计中的表界面原理

由于电化学反应是发生在非均相界面上（固-液界面、固-液-气界面）的电化学过程，因此影响这种非均相界面性质的一切因素，均会直接或间接地影响到电化学反应过程。本节将对化学电源电池设计和生产中相关的一些表界面现象与原理加以说明。

3.5.1 表界面的含义与分类

体系中存在两个或两个以上不同性质的相，表界面是由一个相过渡到另一个相的过渡区域。根据物质聚集态的不同，表界面通常分为以下五类：固-气、液-气、固-液、液-液、固-固。

气体和气体之间总是均相体系，因此不存在表界面，习惯上把固-气、液-气的过渡区域称为表面，而把固-液、液-液、固-固的过渡区域称为界面。实际上两相之间并不存在截然的分界面，相与相之间是逐步过渡的区域，所以，表界面不是几何学上的平面，而是一个结构复杂、有一定厚度的准三维区域，因此常把界面区域当作一个相或层来处理，称作界面相或界面层。根据研究的角度和目的的不同，表界面可分为物理表面和材料表面。

（1）物理表面

物理学中一般将表面定义为三维的规整点阵到体外空间之间的过渡区域，这个过渡区域可以是一个原子层或多个原子层。在表面下数十个原子层深的区域称为"次表面"，次表面以下才是被称为"体相"的正常本体。物理表面又分为以下 3 种。

① 理想表面　即除了假设确定的一套边界条件外，系统不发生任何变化的表面。理想表面实际上是不存在的。

② 清洁表面　不存在任何污染的化学纯表面，即不存在吸附、催化反应或杂质扩散等物理化学效应的表面。在原子清洁表面上可以发生多种与本体内部结构不同的结构与成分变化，如弛豫、重构、台阶化、偏析和吸附等。所谓弛豫就是表面附近的点阵常数发生明显的变化；重构就是表面原子重新排列，形成不同于体相内的晶面；台阶化是指出现一种比较有规律的非完全平面结构的现象；吸附和偏析则是指化学组分在表面区的变化。

③ 吸附表面　即吸附有外来原子或分子的表面。吸附原子或分子可以形成无序的或有序的覆盖层，其可以具有和体相相同的结构，也可以形成重构的结构。

（2）材料表面

材料科学研究的表面包括各种表面作用和过程所涉及的区域，其空间尺寸和状态决定于作用范围的大小和材料与环境条件的特性。最常见的材料表面类型按照其形成途径划分为以下几种。

① 机械作用界面，即受机械作用而形成的界面。

② 化学作用界面，即因表面反应、氧化、腐蚀、黏结等化学作用而形成的界面。

③ 面体黏合界面，即由两个面体直接接触，通过真空、加热、加压、界面扩散和反应等途径所形成的界面。

④ 黏结界面，由无机或有机黏合剂使两个面体相结合而形成的界面。

⑤ 焊接界面，在固体表面造成熔体相，然后两者在凝固过程中形成冶金结合的界面。

⑥ 粉末冶金界面，通过热压、热锻、热等静压、烧结、热喷涂等粉末工艺，将粉末材料转变为块体所形成的界面。

⑦ 凝固共生界面，两个固相同时从液相中凝固析出时共同生长所形成的界面。

⑧ 液相或气相沉积界面，物质以原子尺寸形态从液相或气相中析出而在固态表面形成的膜层或块体的界面。

以上不同的材料表面在电池中均有体现，不过，不同的电池体系对材料表面的要求不同，视具体情况而定。

3.5.2 液体表面

任何一个相均可分为体相和表（界）面。在体相内部分子间存在弱的相互作用力，称为范德瓦耳斯力（van der Waals force），这种分子间作用力在体相内部是对称的，且相互抵消，如图 3-7 中 A 所示。

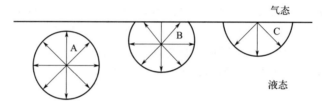

图 3-7　表面分子与体相分子不同受力

但处于表面的分子，没有受到同种分子的包围，在气液表面上受到指向液体内部的液体分子的吸引力，也受到指向气相的气体分子的吸引力，由于气体方面的吸引力比液体方面的吸引力小得多，因此气液表面的分子受到净指向液体内部并垂直于气液表面的引力，如图 3-7 中的 B、C。这种液体分子间的引力主要是范德瓦耳斯力，它与分子间距的 7 次方成反比，所以表面分子所受到相邻分子的引力只限于第一、第二层分子，离开表面几个分子直径的距离，分子受到的力基本上是对称的。从液相内部将一个分子移到表面层要克服这种分子间引力而做功，从而使系统的自由焓增加；反之，系统自由焓下降。因为系统的自由焓越低越稳定，故液体表面具有自动收缩的能力。把一部分分子由体相内部移到表面上来，克服向内的拉力所做的功称为表面功，即扩展面所做的功。表面扩散完成后，表面功转化为表面分子的能量。因此，表面分子比内部分子具有更高的能量。

恒温恒压下，对于一定的液体来说，扩展表面所做的表面功 dW 应与增加的表面积 dA 成正比，若以 σ 表示比例系数，则

$$dW = dG_{T,p} = \sigma dA \text{ 或 } \sigma = \sigma \left(\frac{\partial G}{\partial A} \right)_{T,p} \tag{3-47}$$

由式（3-47）看出，σ 的物理意义是：恒温恒压下，增加单位表面积引起系统吉布斯自由能的增量。也就是单位表面积上的分子比相同数量的内部分子"超额"的吉布斯自由能，因此，σ 称为比表面吉布斯自由能，简称比表面能，单位为 J/m^2。由于 $J = N \cdot m$，所以 σ 的单位也可以为 N/m，此时 σ 称为液体的表面张力，其物理意义是相表面切面上，垂直作用于表面上任意单位长度切线的表面紧缩力。

表面张力或比表面能是强度性质，其值与物质种类、共存的另一相的性质、温度、压力等因素有关。温度升高，液体分子间力减弱，故表面分子的吉布斯自由能减小，表

面张力减小。表面张力与物质的本性有关，不同的物质，分子间相互作用力不同，相互作用力越大，表面张力越大。纯液体的表面张力通常指液体与其饱和蒸气的空气相接触时的界面张力。

3.5.3 固体表面

所谓固体是指能承受应力的刚性物体。在室温下它的分子或原子处在相对固定的位置上振动，但不可自由流动。因此，固体有一定的体积和形状。

（1）固体表面分子（原子）的运动受缚性

固体表面的特性之一是表面分子（原子）的运动受到束缚，不能像液体分子那样自由移动。固体表面分子同液体表面分子一样，其受力也是不对称的，表面分子同样受到指向固体内部的力。一种由分子（原子）组成的固体物质，在形成新表面的过程中，可以认为包括以下两个步骤：首先，体相被分开露出新表面，分子或原子仍保持原来的体相位置；其次，表面的分子或原子重排，迁移到新的平衡位置。对于液体，分子可自由移动，新表面很快转变为平衡位置，这两个步骤实际上同步发生。但对于固体，由于固体分子（原子）很难迁移，构成新表面后，分子或原子难以达到平衡构型，仍保留在原来的位置上。显然，当分子或原子处于体相时，受周围分子或原子间的作用力是平衡的。但当变为新表面时，分子或原子处于受力不平衡的状态，也就是说，固体表面的分子或原子受到应力，这种力称为表面应力。在表面应力的作用下，固体表面分子或原子缓慢向平衡位置迁移，应力逐渐减小，当表面应力趋近于表面张力时，分子或原子达到了新的平衡位置。所以，固体的形状不像液体那样取决于表面张力，而是取决于材料形成的加工过程。

固体表面分子或原子的相对定性，并不是说固体分子或原子不能移动，事实上，固体也具有表面流动性。如两块金属接触的界面上会发现原子的相互扩散现象。因此，固体表面的分子或原子在一定条件下还是具有迁移性的。

（2）固体表面的不均一性

固体表面的另一突出特性是其不均一性。固体表面的不均一性表现在：a. 表面凹凸不平，即使宏观看起来非常光滑的表面，微观上也是凹凸不平且粗糙的；b. 多面体中晶体晶面的不均一性，晶体表面可能存在晶格缺陷、空位、位错、台阶等；c. 固体表面几乎总是被外来物质所污染，外来分子或原子可占据不同的表面位置，形成无序或有序的排列，从而影响固体表面的均一性。

（3）固体表面分子（原子）的吸附性

固体表面分子或原子具有剩余力场，当气体分子趋近其表面时，受到固体表面分子或原子的吸附力，气体分子在固体表面聚集，产生吸附现象，这种吸附只限于固体表面，包括面体孔隙中的内表面。如果吸附物质穿入固体体相中，则称为吸收。吸附与吸收往往同时发生，很难区分。如金属氢化物电极充电时，氢原子形成于储氢合金表面，即发生吸附，然后扩散进入合金体相中，即发生吸收。根据吸附力的本质，可将固体表面的吸附作用分为物理吸附与化学吸附。物理吸附作用力是范德瓦耳斯力，而化学吸附作用力与化合物形成化学键的力相似，这种力远大于范德瓦耳斯力。物理吸附往往是可逆的，易于脱附，而且只要条件合适，任何固体可以吸附任何气体，可以是多分子层吸附。而化学吸附时固体表面与吸附质之间要形成化学键，所以吸附有选择性且总是单分子层的。固体的吸附性能与其表面能密切相关，表面能越大，越易发生吸附现象。

3.5.4　高分散体系的表面能

由于表面分子与体相内部分子性质不同，所以严格来说完全均匀一致的相是不存在的，表面分子总是比体相内部分子具有更高的能量。一个分散低的物系，其表面分子在所有分子中占的比例不大，系统的表面能对系统总吉布斯自由能的影响很小，可以忽略不计。但是，如果增大物系的分散度，表面分子数量逐渐增加，物系的表面能不断增加，这时系统的表面能对系统的总吉布斯自由能的影响就随分散度的升高而不断加大，使系统的自由能升高。例如，1g 水作为一个球滴存在时，表面积为 $4.85 \times 10^{-4} \, \mathrm{m}^2$，表面能约为 $3.5 \times 10^{-5} \mathrm{J}$，这是一个微不足道的数值。但如将 1g 水分散成半径为 $10^{-7} \mathrm{cm}$ 的小液滴时，可得到 2.4×10^{20} 个小液滴，表面积共计 $3.0 \times 10^3 \, \mathrm{m}^2$，表面能约为 218 J，相当于 1 g 水温度升高 50℃所需的能量。所以，高分散体系会使表面能大幅度增加，而过高的表面能会使系统处于一种不稳定状态。在电池中，通常通过增加活性材料的分散度（减小颗粒半径）以增加其表面积的方法来提高其电化学的表观活性，但如果分散度过高，又会带来活性材料的自动"团聚"现象，在生产中不易分散，导致电池均匀率的下降等后果。所以合理选择分散度，即合理选择高分散体系的分散工艺和方法是必要的。

3.5.5　固-液界面现象

3.5.5.1　浸润现象及其影响因素

（1）浸润现象

当液体与固体接触时，液体的附着层将沿固体表面延伸。当接触角 θ 为锐角时，液体润湿固体；若 θ 为零时，液体将延展到全部固体表面上，这种现象叫作"浸润现象"。浸润现象的产生与液体和固体的性质有关，液体对固态表面的浸润作用反映了液体与固体表面的亲和状况。一般来说，在组成均匀的光滑表面上，液体若能浸润固体表面，会呈现凸透镜状 [见图 3-8 （a）]；若不浸润，则会呈现椭球状 [见图 3-8 （b）]。

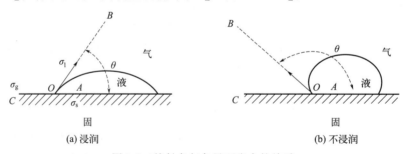

图 3-8　接触角与各界面张力的关系

图 3-8 （a）为气（g）、液（l）、固（s）三个相界面的投影图，图中 O 点为三个相界面投影的交点。浸润的程度可用接触角（或浸润角）来衡量。所谓接触角就是固-液界面与气-液界面在 O 点切线的夹角 θ。一般以 $\theta = 90°$ 为分界线，$\theta < 90°$ 时为能浸润，$\theta = 0°$ 为完全浸润，$\theta > 90°$ 为不浸润，$\theta = 180°$ 时为完全不浸润。在固体表面为光滑表面时，接触角与三个相界面张力的关系由杨氏（Young）方程表示：

$$\cos\theta = \frac{\sigma_{s\text{-}g} - \sigma_{s\text{-}l}}{\sigma_{l\text{-}g}} \tag{3-48}$$

能被某液体浸润的固体称为该种液体的亲液性固体；反之，则称为该种液体的憎液性固体。某种液体的浸润与不浸润往往与固液分子的结构有无共性有关，例如水是极性分子，所以极性固体皆是亲水性的，而非极性固体大多是憎水性的。在化学电源的设计过程中，电解液与电极之间的浸润性对于电池整体性能具有非常大的影响，是发展高性能化学电源必须考虑的重要因素。例如，在传统有机电解液体系的锂离子电池当中，电解液与石墨负极不均匀地浸润会导致电流密度的不均匀分布和固体电解液界面（SEI）膜的不稳定生成，甚至造成负极上金属锂的析出，从而造成安全隐患。

（2）浸润现象的影响因素

① 固体表面能的影响　固体的表面能越高，表面张力越大，越容易被一些液体所浸润，一般液体的表面张力除汞外均在 100mN/m 以下。据此把固体表面分为两类：一类为低能表面，如有机固体及高聚物表面，其自由焓为 $25\sim100\,\mathrm{mJ/m^2}$，它们的浸润性能与液固两相的表面组成及性质相关；另一类是高能表面，有较高的表面自由焓，每平方米在几百至几千毫焦之间，例如，常见的金属及其氢氧化物、硫化物、无机盐等，它们易为一般液体所浸润。

② 表面粗糙性的影响　许多实际表面都是粗糙表面或是不均匀的表面，静置在这种表面上的液滴可以是处在稳定的平衡态（即最低能量态），也可以是处在亚稳平衡态，出现接触面的滞后现象。一般来说，相对于光滑表面，粗糙表面使接触角增大，浸润现象降低。

③ 表面污染的影响　无论是液体还是固体表面，表面污染往往来自液体和固体表面的吸附，表面污染会导致表面张力的变化，从而使浸润性及接触角发生显著变化。

④ 温度的影响　通常温度升高，表面张力下降，浸润作用加强。在化学电源中，很多电极活性物质及相关材料均为不均匀表面或粗糙表面，为了增加这些材料与电解液的相容性，即增加电解液对活性物质的浸润作用，形成电化学活性表面，一般有两种方法：其一是加入亲水性物质，如聚酰胺（PA）、聚马来酸（HPMA）、聚乙烯醇（PVA）等，改善固体材料的表面性质，达到加强浸润作用的目的；其二是改善环境条件，如干电池中正极材料拌粉后，需密闭保存一定时间，实现粗糙表面电解液的均匀分布及电解液对固体材料的充分浸润。镍-氢电池封口后活化分容前，要在一定温度下存放一定的时间，也是为了实现电解液对粗糙表面充分浸润和电解液在粗糙表面均匀分布的目的。

3.5.5.2　毛细现象

当毛细管浸入液体中，如果液体能完全浸润毛细管壁，则会发生液体沿毛细管上升的现象，管内液面呈凹液面；反之，则液面下降，管内液面呈凸液面，这种现象叫毛细现象（又称毛细管作用），如图 3-9 所示。

毛细现象是由液体表面张力引起的，同时与固液表面的性质有关。液体的上升或下降高度 h 与表面张力 σ、弯曲液面曲率半径 r、毛细管曲率半径 R 之间的关系为：

$$h=\frac{2\sigma}{\rho gr}\text{ 或者 }h=\frac{2\sigma\cos\theta}{\rho gR} \qquad (3\text{-}49)$$

式中，ρ 为液体密度；g 为重力加速度；θ 为液体与毛细管壁的接触角。

由式（3-49）可知表面张力越大，弯曲液面半径与毛细管曲率半径越小，液面上升或下降高度越大。

在化学电源中，由于电极材料多为粉状体，由此构成的电极均为多孔电极，毛细现象受

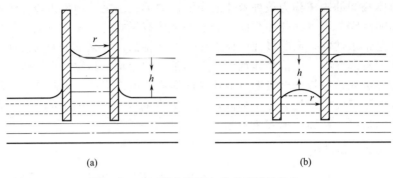

图 3-9　毛细管中液面上升或下降的现象

多孔电极中孔的尺寸（孔径）及其分布的影响，从而影响到电解液在电极内部的渗透深度与电解液的分布。对于低载量电极，电解液可充分渗透到电极内部，且电极本身内外电解液距离短，有利于电解液的扩散，从而使大电流工作时不致出现严重的浓差极化。而高载量电极受电极结构及电解液渗透深度影响，电极内部易产生较大的浓差极化，所以不适于大电流放电。在设计电极时，应充分考虑电极结构性质及电解液性质对毛细现象的影响。

3.5.6　电极/溶液界面的双电层现象

当电极与溶液接触时，在各种界面因素的作用下，电极和溶液相之间会形成一个在结构和性质上与本体溶液不同的过渡相。当电极与溶液相接触时，来自体相中的游离电荷或偶极子在固-液界面附近重新排布，形成一个性质跟电极和溶液自身均不相同的三维空间，可称为界面区，如图 3-10 所示。溶液一侧的界面区称为电解质双电层区，固体一侧的界面区称为空间电荷区。根据两相界面区双电层在结构上的特点，可将它们分为三类：离子双电层、偶极双电层和吸附双电层[8-10]，如图 3-11 所示。

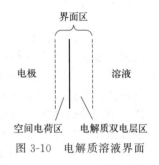

图 3-10　电解质溶液界面

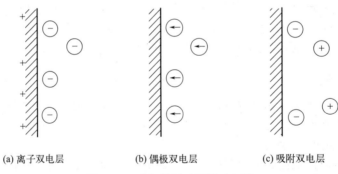

(a) 离子双电层　　　　(b) 偶极双电层　　　　(c) 吸附双电层

图 3-11　两相界面区不同双电层

　　电极反应发生在电极与溶液界面之间，界面的性质显然会影响到电极反应的速率。这种影响一方面表现为界面区存在电场所引起的特殊效应，另一方面表现在电极的催化作用上。首先，在电极/溶液相界面间存在双电层所形成的界面电场，由于双电层中符号相反的两个电荷层之间的距离非常小，因而能给出巨大的电场强度。例如，双电层电位差（即电极电位）为 1V，界面两个电荷层间距为 10^{-8} cm 时，其电场强可达 10^8 V/cm。而电极反应是电荷在相间转移的反应，因此，在巨大的界面电场作用下，电极反应速率发生极大的变化，甚至在某些场合下难以发生的化学反应也得以进行。例如，金属的高温氧化反应速率很慢，但是在金属表面存在电解质溶液时，因界面电场的作用，金属的氧化速率（金属的腐蚀速率）相较前者却很大，前者属化学反应，而后者则是电化学反应。特别有意义的是，电极电位可以被人为连续地加以改变，因而可以通过控制电极电位来有效地连续改变电极反应速率，这也是电极反应区别于其他化学反应的一大优点。其次，电解液性质和电极材料及其表面状态均会影响电极/溶液界面的结构和性质，从而对电极反应性质和反应速率产生影响。例如，在同一电极电位下，同一种溶液中，析氢反应 $2H^+ + 2e^- \longrightarrow H_2$，在铂电极上进行的速率比在汞电极上进行的速率快 10^7 倍以上。

3.6 电池成组原理

电池单体单独使用时，电压和容量参数与用电器一致即可，而对于电压更高、容量要求更大的用电设备，则需要将若干电池单体进行串、并联后才能获得适合的电压和容量，此过程涉及的技术称为电池成组技术。将电池单体进行串、并联组合不仅可以获得较大的容量和功率，而且合适的电池成组技术还可以有效提升电池的使用寿命与电池的安全性。目前新能源汽车当中的动力电池就涉及电池的成组技术，它是电池规模化应用的重要基础，通过复联的形式来提高工作电压，达到输出高功率、大容量的目的。

对于动力电池成组技术的要求如下所述。

① 高能量密度：满足电动汽车行驶里程。

② 结构可靠：能承受电动汽车行驶过程中的碰撞、振动而不会导致电池发生位移或变形。

③ 安全性：保证在遇到极端情况时（如撞击、漏液、高温、短路等）电池包不会发生危害人身安全的事故。

④ 热管理：能适应不同气候下的正常运行，如在高温时开启制冷系统降低电池包温度，低温时开启热系统保证电池的正常充放电等。

一般电池包采用三元 18650 电池单体，由模组串联组成，电池包内设有电池管理系统、电池热管理系统，可有效保护电池包安全。

3.6.1 电池的串联

如果有 S 个单体电池串联，如图 3-12 所示，每个电池的开路电压为 U，内阻为 ρ，串联后电池组的开路电压为 SU，电池组的内阻为每个串联电池的内阻之和，故串联电池组的电流 I 为：

$$I = \frac{SU}{R + S\rho} = \frac{SU}{R} \times \frac{1}{1 + \frac{S\rho}{R}} \qquad (3-50)$$

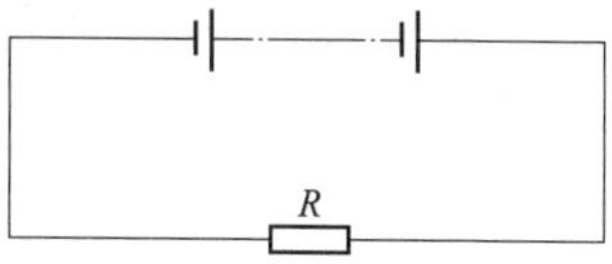

图 3-12　S 个单体电池串联

式中，R 为负载电阻。

由式（3-50）可见，如果电池组的总内阻 $S\rho$ 比外电阻 R 小很多，则增加串联电池数 S，可以增大电池组的放电电流。降低单体电池的内阻与提高电极材料的活性（降低极化内阻）是提高串联电池组输出电流的重要方法，反之，电流是缓慢增加的。由此可见，串联的目的是增加电压，在设计中可根据工作电压要求，来选择串联单体电池的数目。在串联的电池组合中，受法拉第定律的要求，电池充放电时，同一时间每一个电极（池）上通过的电量相等，所以要求电池设计时，单体电池之间、正极与正极之间、负极与负极之间实际容量一致。为了保证实际容量的一致，要求活性材料的放电活性和内阻一致。当电池组充电或放电时，对于容量不一致的串联电池组，容量较小的单体电池过放电，从而会导致电池组性能的下降。对于内阻不一致的串联电池组，内阻大的单体电池升温快，发热严重，不仅影响电池组的能量转换效率，而且可能导致整个电池组出现热失控现象。对于某一系列的电池生产，生产工艺的稳定性与均匀性及工装水平的稳定性是保证活性材料放电活性及电阻均匀一致的基本条件和要求。否则，串联的电池中，某一个单体电池或某一个电极性能恶化，就会造成电池组性能的下降或寿命的终结。总之，串联电池组对单体电池的基本要求是容量一致和内阻一致。

3.6.2 电池的并联

P 个单体电池并联如图 3-13 所示，这时电池组的开路电压等于单个单体电池的开路电压 U，而并联电池组的总内阻为 ρ/P，并且电池组的电流 I 应为：

$$I = \frac{U}{R + \dfrac{\rho}{P}} = \frac{U}{R} \times \frac{1}{1 + \dfrac{\rho}{PR}} \tag{3-51}$$

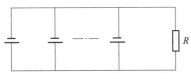

图 3-13　P 个单体电池并联

由式（3-51）可知，当并联电路中外电阻 R 不变时，通过线路的电流随并联的电池数 P 的增加仅有缓慢的增加。并联的目的主要是增加电池的容量，使通过每个单体电池的电流减小，这时要想增大电流只有将 R 减小，电池是完全可以承受较大的电流，且并联电池数越多承受能力越大。在设计电池时，要根据需要来选择并联单体电池的数目，用以保证电池组的输出电流和额定容量。从并联的组合电池电路可以看出，不同单体电池之间构成了闭合的回路，单体电池电压不同时，电压高的单体电池就会给电压低的单体电池充电，如果这时电压高的单体电池的容量大于电压低的单体电池的容量，这种充电作用就会加强，一方面使容量大的单体电池容量损失，另一方面使容量小的单体电池可能产生过充电现象，从而使电池组性能下降。所以，并联的电池组中单体电池容量和电压的一致是基本要求。另外，对于内阻不同的单体电池进行并联组合时，根据并联电路支路分流与各支路电阻的关系，流经内阻大的支路电流小于流经内阻小的支路的电流，从而造成单体电池间的放电电流或充电电流的不同，引起并联电池组中单体电池之间的不均衡充电或放电，加速并联电池组的性能下降或寿命的缩短。通电时，电化学电池的内阻包括极化内阻和欧姆内阻，极化内阻与活性材料有关，保证单体电池内阻活性材料活性的一致，如工艺稳定、投料均匀、工装一致等，是极化内阻一致的基本要求。总之，并联电池组实现性能稳定的基本要求是单体电池的容量一致、电压一致、内阻一致。

3.6.3 电池的复联（串并联）

由 S 个单体电池串联，然后由 P 个串联电池组并联，如图 3-14 所示，整个复联电池组通过的电流为：

$$I = \frac{SU}{R + \dfrac{S\rho}{P}} = \frac{SU}{R} \times \frac{1}{1 + \dfrac{S\rho}{PR}} \tag{3-52}$$

由式（3-52）可知，想要获得较大的电流，必须使得 $\frac{S\rho}{PR}$ 较小，且提高电池组的电压，也就是增大单电池串联数、并联电池组并联数，以及降低单体电池内阻是提高电池复联输出电流的基本措施。具体进行电池的组合时，要根据用电器的要求、运用场合及所选用电池的性能综合考虑和设计。应当指出，组合的电池数越多，电池组的可靠性越差，如需要瞬间大电流放电能力强的启动型铅酸电池，往往是由于一个极板破损后，就会增加其他极板的负载，加快了其他极板

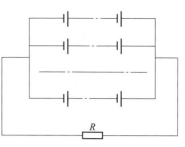

图 3-14　电池的复联

的损坏，最后导致单体电池的失效，致使整个电池不能使用。一般在组合电池时应采用同一系列、同一规格尺寸的电池。对于贮备电池，在电池组合时，还必须考虑电池本身的贮液罐、瞬时加液装置、保温设备和加固设备等。所以电池的组合，并不是简单的串、并联，而应理解为包括适用要求的一整套装置，在设计中应予以全面考虑、合理设计。

思考题

1. 什么叫电子导体和离子导体？影响离子导体的主要因素有哪些？如何比较离子导体之间导电能力的强弱？

2. 举例说明法拉第定律在储能设计中的应用？

3. 化学储能电源设计中表界面因素对于电池性能有何影响？

4. 电极过电位是如何产生的？在电化学储能电源设计中有哪些应用？

参考文献

[1] 王力臻. 化学电源设计[M]. 北京：化学工业出版社，2008.
[2] 程新群. 化学电源[M]. 2 版. 北京：化学工业出版社，2018.
[3] 胡勇胜，陆雅翔，陈立泉. 钠离子电池科学与技术[M]. 北京：科学技术出版社，2020.
[4] 陆天虹. 能源电化学[M]. 北京：化学工业出版社，2014.
[5] Bard A，Faulkner L. 电化学原理和应用[M]. 北京：化学工业出版社，2005.
[6] 谢德明. 应用电化学基础[M]. 北京：化学工业出版社，2013.
[7] 查全性. 电极过程动力学导论[M]. 3 版. 北京：科学出版社，2015.
[8] Horiuti J，Polanyi M. The basis of a theory of proton transfer. Electrolytic dissociation；prototropy；spontaneous ionization；electrolytic evolution of hydrogen；hydrogen-ion catalysis[J]. Acta Physicochim URSS，1935，2：505-532.
[9] 傅献彩，侯文华. 物理化学[M]. 6 版. 北京：高等教育版社，2020.
[10] Paul D. Double layer and electrode kinetics[J]. Journal of Chemical Education，1966，43(1)：54.

第 4 章

电化学储能设计过程

电化学储能设计是实现物质效用最大化的过程，合理的设计有利于满足当代能源需求及科学技术的发展。本章详细讨论和分析了电化学储能设计的目标、基本程序以及电化学储能设计的一般步骤，通过介绍电化学储能设计中所涉及的相关国家标准及储能器件的使用条件，对电化学储能设计的目标进行了总结；为达到最优化设计的目标，在本章中对电化学储能器件的性能、结构、成本以及安全性设计等各方面进行了综合分析；此外，本章还分析了如何按照合理的设计步骤来确定能够满足需求的基本参数及工艺设计。旨在帮助读者了解电化学储能设计的过程，明确设计的目标和基本程序以及一般步骤。最后，通过本章的学习，希望读者能够拓展应用于不同储能器件的设计中，为电化学储能技术的迭代发展提供指导和见解。

4.1 电化学储能设计的目标和电化学储能器件标准

4.1.1 电化学储能设计目标

电化学储能设计的目标是满足储能领域市场的各种需求。电化学储能设计要兼顾成本、性能、生产效率、安全性等，设计的储能器件应该具备较低的制造成本、优异的性能、简单的生产工艺、较低的投料损失率、较高的生产效率、高安全、低污染等特点。针对不同的用途所需，电化学储能设计存在差异，不能一概而论。例如对于电网储能、航空航天或军工设备、电动汽车、手机等电子设备、家用电器等不同的应用场景，应提供最佳使用性能的工作电源[1-2]。近年来，储能行业发展迅速，其中电化学储能技术更是在各种新兴市场和科研领域引起了广泛的关注，国家也先后出台了各项相关政策和标准推动电化学储能的发展。以电池为例，国家针对不同行业出台了不同的电池国家标准，因此电化学储能最基本的设计目标是在符合相关规范和监管标准的前提下，满足特定储能应用场景的需求。

4.1.2 电化学储能器件标准

随着储能市场体系的逐渐完善，我国各类电化学储能器件标准的制定越来越详尽。以目前使用最为广泛的锂离子电池为例，国内有国家强制标准（GB），此外还有国家推荐标准（GB/T）和各种行业标准（SJ/T、YD、QC/T 等）。根据锂离子电池的使用场景，例如电动汽车、电动自行车、移动通信设备等，逐步制定并更新了详细的标准，表 4-1 列举了部分锂离子电池相关的标准。

（1）国家强制标准

在一定范围内通过法律、行政法规等强制性手段加以实施的标准，具有法律属性。我国锂离子电池综合标准化技术体系主要包括基础通用、材料与部件、设计与制程、制造与检测设备、电池产品等 5 大类，18 个小类，涵盖的标准项目共 231 项，如图 4-1 所示。例如，《便携式电子产品用锂离子电池和电池组安全要求》（GB 31241—2022），是我国第一部有关锂离子电池安全性的强制性标准。

表 4-1 锂离子电池部分标准

发布时间	标准号	标准名称
国家标准		
2021	GB/T 40583—2021	生态设计产品评价技术规范 电池产品
2021	GB/T 40098—2021	电动汽车更换用动力蓄电池箱编码规则
2021	GB 40165—2021	固定式电子设备用锂离子电池和电池组 安全技术规范
2020	GB 38031—2020	电动汽车用动力蓄电池安全要求
2020	GB/T 38661—2020	电动汽车用电池管理系统技术条件
2019	GB/T 38331—2019	锂离子电池生产设备通用技术要求
2023	GB/T 36558—2023	电力系统电化学储能系统通用技术条件
2024	GB/T 36547—2024	电化学储能电站接入电网技术规定
2015	GB/T 31484—2015	电动汽车用动力蓄电池循环寿命要求及试验方法
2015	GB/T 31486—2015	电动汽车用动力蓄电池电性能要求及试验方法
2023	GB/T 31467—2023	电动汽车用锂离子动力电池包和系统电性能试验方法
2022	GB 31241—2022	便捷式电子产品用锂离子电池和电池组 安全技术规范
2013	GB/T 18287—2013	移动电话用锂离子蓄电池及蓄电池组总规范
2008	GB 21966—2008	锂原电池和蓄电池在运输中的安全要求
2005	GB 19521.11—2005	锂电池组危险货物危险特性检验安全规范
行业标准		
2022	SJ/T 11807—2022	锂离子电池和电池组充放电测试设备规范
2022	SJ/T 11808—2022	电动工具用锂离子电池和电池组安全技术规范
2022	SJ/T 11885—2022	动力锂离子电池行业绿色供应链管理规范
2022	SJ/T 11798—2022	锂离子电池和电池组生产安全要求
2022	SJ/T 11797—2022	锂金属蓄电池及电池组总规范
2014	QC/T 989—2014	电动汽车用动力蓄电池箱通用要求
2023	QB/T 4428—2023	电动自行车用锂离子电池产品规格尺寸
2003	YD 1268.1—2003	移动通信手持机锂电池的安全要求和试验方法

（2）推荐性标准

不具有强制性，任何单位均有权决定是否采用，违反这类标准不构成经济或法律方面的责任。但是，推荐性标准一经接受并采用，或各方商定同意纳入经济合同中，就成为各方必须共同遵守的技术依据，具有法律上的约束性。例如，《移动电话用锂离子蓄电池及蓄电池组总规范》（GB/T 18287—2013），其中包括外观尺寸、安全性能、电性能、环境适应力、质量评定程序以及标志包装、运输储存等标准制定。《电动汽车用动力蓄电池循环寿命要求及试验方法》（GB/T 31484—2015），对电动汽车用动力蓄电池的标准循环寿命、试验方法、

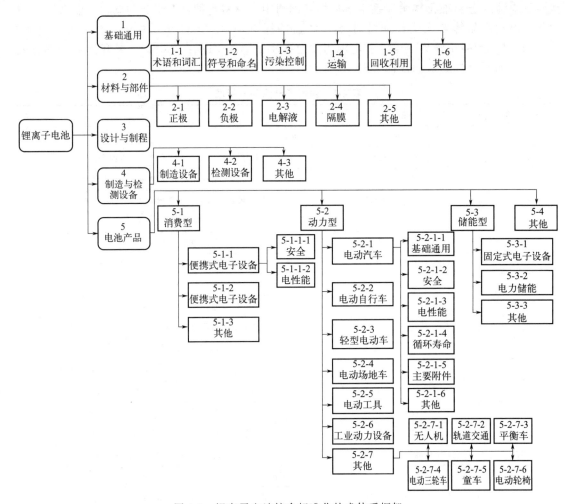

图 4-1　锂离子电池综合标准化技术体系框架

检验规则和工况循环寿命试验方法和检验规则等进行了规定，部分内容见表 4-2。室温放电容量项中，需要对容量的差异进行判定，国家标准对电池、模组及系统生产的一致性提出了要求。循环工况测试车型范围涵盖了混合动力、纯电动、插电式和增程式各类电动车类型。纯电动车只有电池和电动机一套驱动系统，而混合动力车的驱动系统至少由一台耗油的发动机及一台电动机组成，故测试工况中区分混合动力车和纯电动车。插电式/增程式电动车的汽油发动机并没有使用任何机械结构连接到车轮，还是由电能驱动车轮，并未用到发动机的机械能，可认为是无动力的混合，故增程式电动车循环工况测试的方法和判定条件与纯电动车基本一致。因此，在进行电动汽车的电池设计时，最先考虑的是电池是否符合电动汽车行业的各项国家规定。

（3）行业标准

在全国某个行业范围内统一的标准。行业标准由国务院有关行政主管部门制定，并报国务院标准化行政主管部门备案。当同一内容的国家标准公布后，则该内容的行业标准即行废止。例如 SJCPZT 2017—2017 为《分布式储能用锂离子电池和电池组性能规范》。

因此，电化学储能设计的终极目标是在满足相关标准的前提下，最大化地平衡储能器件的性能和成本，以安全性为前提，实现物质效用最大化。对用户来说，储能器件具有最好的性价比；对生产商来说，储能器件制造的利润最大化。

表 4-2　《电动汽车用动力蓄电池循环寿命要求及试验方法》(GB/T 31484—2015)（部分内容）

检验项目名称	适用范围	检验判定条件
室温放电容量/A·h	单体	单体：实测容量在额定容量的 $100\%\sim110\%$ 之间，单体容量差异不超过 5%
室温放电能量/W·h	模组、系统	模组/系统：实测容量在额定容量的 $100\%\sim110\%$ 之间，单体容量差异不超过 7%
室温功率	单体、模组、系统	（未明确规定）应满足产品规格书要求
标准循环寿命 (1C 充放电循环)	单体、模组	① 500 次循环后放电容量保持率大于 90%； ② 1000 次循环后放电容量保持率大于 80%（二者满足其一即可）
混合动力乘用车用功率型 蓄电池工况循环寿命	模组、系统	按工况进行循环，总放电能量/初始额定能量＞500 时，计算放电容量和 5s 放电功率（应满足产品规格书要求）
混合动力商用车用功率型 蓄电池工况循环寿命	模组、系统	按工况进行循环，总放电能量/初始额定能量＞500 时，计算放电容量和 5 s 放电功率（应满足产品规格书要求）
纯电动乘用车用功率型 蓄电池工况循环寿命	模组、系统	按工况进行循环，总放电能量/初始额定能量＞500 时，计算放电容量（应满足产品规格书要求）
纯电动商用车用功率型 蓄电池工况循环寿命	模组、系统	按工况进行循环，总放电能量/初始额定能量＞500 时，计算放电容量（应满足产品规格书要求）

4.2　电化学储能设计的基本程序

电化学储能设计一般需要从性能、成本和安全性等方面进行分析，因此在设计时一般会进行成本以及电化学储能应用场景的分析，根据所需满足的性能和环境条件完成性能设计和结构设计，在整个设计过程中最不容忽视的是对电化学储能的安全性设计[3]。

4.2.1　设计理念标准化

电化学储能设计需要采用标准化设计思路，对电化学储能器件按照功能区域划分基本模块，各基本模块统一技术标准、设计图纸，实现模块、设备通用互换，减少备品备件种类。设计方案尽可能覆盖各种类型电化学储能器件，满足绝大多数器件的需要，最大限度实现统一。另外，电化学储能设计需要符合国家的各项标准，例如通用技术条件、设计规范、技术导则、接入电网技术规定、接入电网测试规范，应一体化通盘考虑[4]。

4.2.2　综合分析

根据电化学储能器件与电化学储能应用场景所需之间的关系，综合分析以下三个方面的问题。

① 电化学储能设计所需的技术水平可行性与制造成本之间的衡量，即目前是否能够达到制造储能器件所需的工业技术水平，如何更优质的控制制造成本来满足储能场景的最低需求。

② 电化学储能应用场景要求的主要性能（技术）指标。如实际工作方式（工作方式为连续或间歇、固定或移动等）、实际工作电压范围、电压精度、工作电流大小及稳定程度、工作时间长短、使用寿命、机械负荷、工作时环境的压力和温度范围以及对气氛的要求等。

③ 不同的电化学储能还应考虑其存在的具体关键问题，即针对不同应用场景的个性化需求进行特殊分析设计。

例如，进行动力型锂离子电池设计时电池的安全性问题应放在首位；启动型及动力型铅酸电池对环境温度极为敏感，因此尤其需要注意低温影响；高电压大容量电池组发生热失控会造成严重的事故，因此应尤为注意单体电池的一致性及大电流放电时环境温度的影响。

4.2.3　性能设计

根据综合分析得到电化学储能设计需解决的关键问题，在以往积累的设计生产经验、试验数据的基础上进行电化学储能的性能设计，主要内容包括：工作电压、工作电流、容量、寿命等方面的设计。性能与性能之间存在相互依存、相互影响的关系，设计时要综合考虑，不可忽略任何一个方面。

① 工作电压　依据电化学储能应用场景对电化学储能器件电压的要求，确定电化学储能器件（如电池组、单体电池）的开路电压与指定放电制度下的工作电压以及工作电压精度。

② 工作电流　依据电化学储能应用场景等的电流要求，确定电化学储能器件（如电池组、单体电池）峰值电流以及指定放电制度下的工作电流、工作电流精度。如汽车启动电源和手机电池在启动、工作与待机等不同状态下要求的电流不同。汽车发动、爬坡以及手机接打电话时的要求电流为电源的峰值电流，而汽车普通照明、手机待机时要求的电流为工作电流。

③ 容量　依据电化学储能应用场景等所要求指定放电制度下的最低容量值，确定电化学储能器件（如电池组、单体电池）的额定容量、设计容量。进而由电化学储能器件容量设计确定活性物质用量。

④ 寿命　依据电化学储能应用场景等所要求指定放电制度下的寿命，确定电化学储能器件（如电池组、单体电池）的贮存寿命、循环使用寿命等。寿命设计是选择相关电化学储能材料及其性能、纯度的基础。

以电池为例，由于电池是由电极材料、电解液、隔膜、壳体四大部分组成的，各个组成部分的性能直接或间接影响着电池的整体性能，故电池的性能一般从电池的四大组成部分出发进行优化设计。一般地，对电池的电极材料、电解液、隔膜、壳体的设计要求如下所述。

① 活性物质　采用优选法、正交设计法等对可选择的电极工艺配方、活性物质与添加剂和导电剂的比例、活性物质的粒径和氧化度以及成型电极的孔隙率等进行选择。例如，活性物质的粒径和纯度均会对电池的性能产生一定影响。通常粒径较小时，电极表面积较大，利用率也较高；但粒径过小时，颗粒会因具有较高的表面能而易于团聚，从而影响其电化学性能。此外，电极活性物质应具备较高的纯度，以防止造成自放电和析氢现象。但有时候则需要进行适当的掺杂，从而可以提高过电位、提高活性材料导电性等。

② 集流体　集流体是传导电流和支撑活性物质的介质，因此集流体必须具备良好的导电性能和足够优良的机械强度。同时，集流体还应具备较长的使用寿命，保证在电池

使用寿命以内不发生变形和断裂。一般地，集流体应设计成均匀的网格结构，以保证电极的电流和电位均匀分布。特别是对于正极使用的集流体，还应考虑到集流体对正极活性物质的抗氧化能力。此外，集流体在电解液中或者在电极极化时应能够保持稳定，不发生额外的反应。

③ 隔膜　必须具有良好的电子绝缘性和离子穿透性，能够物理分隔电池正负极而避免短路。同时隔膜需耐受生产或者应用过程中的机械加工或者环境应力的影响，有着足够的机械强度和化学稳定性等。

④ 电解液　应具备高电导率（导电性能好）、电阻小的特点。电解液的浓度和用量要适当，一方面电解液的用量不能成为电池容量的限制因素，另一方面也要考虑电池密封的稳定性和成本。同时，电解液的选择还应适配正负极，电解液直接影响正负极表面是否发生副反应、固体电解液界面（SEI）的组成和稳定性，从而极大地影响电化学性能。必要时，添加合理的电解液添加剂也是解决部分问题的方法之一。

电化学储能性能设计是目标设计，即性能指标是电化学储能设计的应达值，性能设计必须通过电化学储能的结构设计来实现。

4.2.4　结构设计

根据电化学储能性能设计的要求以及电化学储能应用场景等对储能器件体积及尺寸或者质量（重量）的要求，电化学储能结构设计是为了实现合理有效的投料，以及降低电化学储能器件内阻而进行的单体电池结构、电池组结构、封口结构等方面的设计。以电化学电源为例进行介绍。

（1）单体电池结构设计

主要包括电极结构设计、正负极排列方式设计、隔膜结构设计、电解液用量设计、电池壳设计、封口结构设计等。

电极结构设计的目的与电化学储能性能设计类似，电极结构设计在于保证合理有效的活性物质的投料量、提高活性物质利用率以及降低电化学储能器件内阻等。一般需要进行极片的外形尺寸与质量的确定、极板孔隙率与孔结构的确定、活性物质与导电集流体之间的关系确定。在电极结构设计中，集流体的结构设计是非常重要的部分，其在很大程度上影响电池内阻、电极的电位和电流平稳分布。通常，电极厚度、比表面积、电极制造工艺方式等是设计的重点。

正负极的排列方式设计主要针对正负极之间正对面积和电极间距两个方面。常见的两极排列方式主要有两种：平板式电极以集群形式正负极交错平行排列方式和带式极板以卷绕形成的圆弧平行排列方式。如叠层锌-锰电池两极的叠片方式属于平板式电极以集群形式正负极交错平行排列方式。采用带式极板以卷绕形成的圆弧平行排列方式的典型实例有：圆柱形锂离子电池、镍-氢电池、镉-镍电池。单体锌-锰电池正负极排列方式则为内正外负、圆柱体与环柱体同心同轴的平行方式，碱性锌-锰电池则相反。

隔膜的结构设计依据不同的电池体系存在较大差异，隔膜的作用是将电池的正、负极分隔开，尤其是防止两极的活性物质相互渗透与扩散，避免电池内部短路。但隔膜置于两极之间，而电池内部电荷的移动靠离子迁移完成，这就要求隔膜具备良好的离子传导率。因此，隔膜结构一般是高孔隙率、低孔径、孔分布均匀的结构。

（2）电池组结构设计

主要包括单体电池结构设计以及单体电池间连接方式的设计。单体电池的结构设计直接影响单体电池内阻，要求在有限的电池内空间里，进行不同组成部分的合理空间分配与尺寸设计。单体电池间的连接方式设计主要为确保组合电池组的体积和尺寸满足电池应用场景的要求，并使连接造成的电路电阻最小化。一般的连接方式有内连接方式和外连接方式，同时应该考虑在峰值电流下电池放电产生发热甚至熔断的问题。

（3）其他部件设计

包括盖帽、极柱、导电板、包装等的设计。要求选择合适的尺寸和外形，达到一定的要求后还需兼顾轻巧、美观、实用。对于大功率的电池要保证其散热的性能，对需要低温工作的电池则要有保温设计。

（4）电池体积设计

在结构设计时要考虑电池体积的偏摩尔效应。电池在充放电过程中会发生一定的体积变化，从而会导致电池容量的迅速衰减。体积膨胀会引起电池外壳破裂、密封性被破坏和集流体破坏。因此，在进行结构设计确定电池内体积时必须考虑电池装配松紧度参数。偏摩尔效应是指物质在化学过程中的体积变化，偏摩尔效应的表达式如下所示：

$$V = \sum i V_i \tag{4-1}$$

式中，V 为 i 种物质混合前后总体积的变化；V_i 为 1mol i 物质在混合过程中的体积变化。

电池的总体积变化是由正负极的体积变化和电解液的体积变化组成的，总体积变化为：

$$\Delta V_{电池} = \Delta V_a + \Delta V_c + \Delta V_s \tag{4-2}$$

式中，$\Delta V_{电池}$ 为电池总体积变化；ΔV_a 为负极的体积变化；ΔV_c 为正极的体积变化；ΔV_s 为电解液的体积变化。

需要特别注意的是，如果电池放电的产物是不溶性的，且该物质比容增大，则 ΔV_a、ΔV_c 为正数，反之为负数。电池正负极体积变化在充放电过程中是相反的，如果正负极体积膨胀发生在电池充电过程中，那么在放电时正负极体积会收缩；相反，如果充电时体积发生收缩，那么放电时则体积膨胀。在调节电池体积膨胀对电池的影响时，应同时考虑充电与放电过程，尤其是两极体积变化率的差异。

4.2.5 安全性设计

电化学储能的安全性是指在正常使用以及合理的、可以预见的误用情况下，电化学储能器件的安全使用性能。随着新能源产业的发展，锂电池安全隐患问题开始集中显现。近年，手机、电动自行车、电动汽车因电池燃烧爆炸事故频发，引起国家相关部门及业界的高度重视。电化学储能的安全性设计是实现储能器件具备高安全性的过程，是电化学储能设计中的关键步骤。一般安全性设计应满足：通过设计控制电池温度，防止温度异常升高，超过安全范围规定值；通过设计控制电池内部温度升高的速度和升高后的温度值；通过设计能够释放过高的电池内压（电池内部气体所产生的压强）。

安全性设计可以从材料设计、安全结构设计、后续问题应对设计等方面进行。进行电池材料设计时，可以对材料进行包覆掺杂，提高原材料的热稳定性，以及使用不燃电解液、防过充添加剂等；同时添加安全部件设计，如电池盖上的防爆阀设计、反转阀设计等；以及后续使用时出现问题的应对设计、电池管理系统（BMS）采样精度的控制、及时报警等，均可有效降低电池的安全性风险。

4.3 电化学储能设计的一般步骤

4.3.1 了解电化学储能的性能指标及使用条件

为了顺利完成电化学储能器件的设计和生产，最优化所有的设计目标，在设计电化学储能器件之前，需要进行一些必要的准备。第一，必须了解该电化学储能器件的基本性能要求；第二，了解电化学储能器件的使用场景条件；第三，了解材料来源、电池制造工艺、经济效益和环保等基本需求[5]。

以设计一款锂离子电池为例，通常包括如下内容。

① 锂离子电池的工作电压范围和要求的电压精度。

② 锂离子电池的工作电流：需要考虑正常放电电流以及峰值电流。

③ 电池的工作时间：包括间歇或连续放电时间、日历寿命或者循环寿命。

④ 该电池的工作环境：包括电池的工作状态和环境温度等。

⑤ 电池应用场景所允许的最大体积和质量。

⑥ 材料来源：经济、实用、环保、易于生产。

⑦ 电池性能的决定因素：活性物质、电解液及电池结构、形状、尺寸。

⑧ 锂离子电池的性能：工作电压平稳、工作温度宽、贮存性能好、循环使用寿命长。

⑨ 锂离子电池的制造工艺选择：电极制造与选择［片、多孔、压成、涂膏、烧结、发泡、黏结、电沉积、纤维式、气体扩散电极（锌-空气电池、燃料电池等）］、电池的装配（单电池、电池组等）。

⑩ 经济效益：经济效益最大化。

⑪ 环保生产：环境友好、回收利用方便、生产和使用无污染。

⑫ 特殊要求：如振动、碰撞、重物碰撞、热冲击、过充电、短路等。

4.3.2 确定电化学储能的基本参数及工艺设计

电化学储能设计主要包括电化学储能参数计算和电化学储能工艺制定两个方面。本节主要介绍一般的基本计算和设计步骤。

① 确定电化学储能器件组中的单体电化学储能器件的数目、工作电压、工作电流密度。主要根据电化学储能器件实际应用要求的工作总电压、工作电流等指标，以电池为例可参考选定的电池系列（如镍-氢电池、锂离子电池、铅酸电池、燃料电池、银-锌电池等系列）的伏安曲线（试验所得数据、经验数据和理论数据等）确定。

a. 单体电化学储能器件数目的确定：由电化学储能器件组的工作总电压和单体电化学储能器件的工作电压来确定。

$$单体电化学储能器件数目 = \frac{电化学储能器件组的工作总电压}{单体电化学储能器件的工作电压} \tag{4-3}$$

b. 选定的单体电化学储能器件工作电压和工作电流密度的确定：根据选定系列电化学储能器件的伏安曲线，确定单体电化学储能器件合适的工作电压和工作电流密度。同时还需要进行多重考虑，如制造工艺（制造方式、装配工艺、电极结构等）的影响，以及电流密度的大小对工作电压及活性物质利用情况的影响等[6]。

② 电化学储能器件电极总面积、电极数目的计算。根据要求的工作电流和工作电流密度计算电极总面积；根据要求的电化学储能器件整体结构的最大尺寸，即电化学储能器件的总体积，选择合适的电极尺寸，计算电极数目。注意，方形电化学储能器件电极片还应考虑长宽比。电极总面积和电极数目的计算公式如下：

$$电极总面积（cm^2）=\frac{工作电流（mA）}{工作电流密度（mA/cm^2）} \tag{4-4}$$

$$电极数目=\frac{电极总面积}{电极面积} \tag{4-5}$$

③ 电化学储能器件的容量计算。首先确定电化学储能器件的额定容量和设计容量。额定容量（A·h，安时）由工作电流和工作时间决定。通常情况下，为了保证电化学储能器件的可靠性和使用寿命，电化学储能器件的设计容量应为额定容量的 $110\%\sim120\%$，即计算设计容量时需要对额定容量乘以 $1.1\sim1.2$。特别地，如果针对银-锌电池进行设计，则设计容量应大于额定容量的 $20\%\sim50\%$。具体的计算公式如下：

$$额定容量＝工作电流×工作时间 \tag{4-6}$$

$$设计容量＝(1.1\sim1.2)×额定容量 \tag{4-7}$$

4.3.3　确定正负极活性物质的用量

根据限制电极活性物质的电化学当量、设计容量及活性物质的利用率，计算单体电化学储能器件限制电极活性物质的用量（决定电池容量大小、高低的电极，一般为正极的活性物质用量）。

$$单体电化学储能器件限制电极活性物质用量=\frac{设计容量×电化学当量}{利用率} \tag{4-8}$$

单体电化学储能器件非限制电极活性物质用量计算：

$$单体电化学储能器件非限制电极活性物质用量=\frac{设计容量×电化学当量}{利用率}×过剩系数 \tag{4-9}$$

其中，非限制电极活性物质过量，一般过剩系数范围是 $1\sim2$。

电极活性物质利用率的确定。第一，极板厚度对活性物质利用率也有影响，随极板厚度的增加活性物质利用率降低。由于极板没有理想的孔隙率，电解液不能充分扩散到电极内部，因此随极板厚度增加对活性物质利用率降低。极板容量与厚度的关系受到放电倍率的限制，在相同的放电倍率下放电，随极板厚度增加，活性物质总量增加，但活性物质深处越来越难以参加反应，所以利用率变低。第二，不同放电倍率条件下，活性物质利用率不同。低倍率利用率高，反之利用率低，应综合考察电极活性物质利用率。随着放电倍率增加，活性物质利用率下降越快。这是由于在高倍率放电时，电解液向极板孔内的扩散低于放电的速度，反应仅在极板表面进行。此外，如果电化学储能器件在发生电极反应时生成难溶性产物（例如铅酸电池放电时，生成难溶性的 $PbSO_4$），将会堵塞极板的孔隙，进而使得极板内部活性物质难以进行反应，从而降低电极活性物质利用率[7-8]。反之，在用小电流缓慢放电时，电解液会得到充分扩散，从而能够实现在增加极板厚度时，容量也能够得到提升。表 4-3 是不同放电倍率下铅酸电池极板厚度与活性物质利用率的关系。

表 4-3　不同放电倍率下铅酸电池极板厚度与活性物质利用率的关系

极板	极板厚度/nm	活性物质质量/g	理论容量/A·h	1h 放电倍率		5h 放电倍率	
				实际容量/A·h	利用率/%	实际容量/A·h	利用率/%
正极板	2.1	63	14.1	6.8	47	4.3	31
	3.8	110	24.6	8.6	35	5.1	21
	5.3	160	35.9	9.6	27	5.9	16
	6.8	209	46.8	10.5	23	6.4	14
	8.3	253	56.7	12.0	21	7.0	12
负极板	2.1	55	14.2	9.2	65	6.1	43
	3.5	94	24.4	13.9	57	8.2	34
	5.1	139	36.0	17.3	48	9.3	26
	6.6	183	47.4	18.5	39	10.2	22
	8.2	225	58.3	19.2	33	11.2	19

4.3.4　确定正负极板的平均厚度

根据，

$$每片极板物质用量 = \frac{单电池物质用量}{单电池极板数} \qquad (4\text{-}10)$$

那么，极板平均厚度为：

$$每片极板的平均厚度 = \frac{每片极板物质用量}{物质密度 \times 极板面积 \times (1 - 孔隙率)} + 集流体厚度 \qquad (4\text{-}11)$$

$$集流体厚度 = \frac{集流体质量}{物质密度 \times 集流体网络面积} \qquad (4\text{-}12)$$

如果电极活性物质不是单一物质而是混合物时，物质密度应换成混合物质的密度。

例：选定锌负极工艺为压成式，则负极物质为 Zn、ZnO 及 HgO 的混合物，混合物密度为：

$$d_{混} = \frac{W}{V} \qquad (4\text{-}13)$$

式中，W 为混合物质量；V 为混合物实体积；$d_{混}$ 为混合物密度，g/cm^3。

混合锌粉的密度（g/cm^3）为

$$d_{混} = \frac{W}{\dfrac{xW}{d_{Zn}} + \dfrac{yW}{d_{ZnO}} + \dfrac{zW}{d_{HgO}}} = \frac{1}{\dfrac{x}{d_{Zn}} + \dfrac{y}{d_{ZnO}} + \dfrac{z}{d_{HgO}}} \qquad (4\text{-}14)$$

式中，x 为混合物中 Zn 的质量分数；y 为混合物中 ZnO 的质量分数；z 为混合物中 HgO 的质量分数；d_{Zn} 为 $7.14g/cm^3$；d_{ZnO} 为 $5.58g/cm^3$；d_{HgO} 为 $11.14g/cm^3$。

4.3.5　确定隔膜材料及相关参数

不同的电化学储能器件，应选用不同的隔膜材料。作为电化学储能器件的关键组成部分，隔膜对于其性能有着重要的影响。筛选合适的隔膜材料时，应该考虑多种因素，如下所述。

① 具有优良的电子绝缘性，以保证正负极之间有效的物理隔离。

② 具有适当的孔径大小和孔隙率，确保离子正常传输以降低阻抗，提高离子导电性。

③ 能够耐电解液腐蚀，在高极性有机溶剂中具有良好的化学和电化学稳定性。

④ 优异的电解液浸润性（即充分的液体吸收和保湿能力）。

⑤ 具有良好的力学性能，包括穿刺强度、拉伸强度等，但在此基础上隔膜要尽可能得薄。

⑥ 优异的热稳定性和自动关机保护性能。

⑦ 大规模工业化生产成本低。

目前常用隔膜有聚乙烯隔膜、玻璃纤维隔膜等。根据隔膜本身性能、电化学储能器件特性以及具体设计电化学储能器件的性能要求确定隔膜的层数、厚度。以锂电池为例，隔膜材料可采用织造膜、微孔膜、隔膜纸、碾压膜、无纺布、复合膜等几类。应用最为广泛的是聚烯烃材料，其相对廉价又具有优异的化学稳定性和力学性能，主要以聚乙烯、聚丙烯微孔膜为主。此外，目前对聚烯烃材料的改性甚至取代研究也在不断进行[9-10]。

以锂电池为例，隔膜相关性能增加或提升与电池性能之间的变化关系可以参考表 4-4。

表 4-4　隔膜部分性能与电池性能之间变化关系

隔膜性能	电池性能					
	安全性	容量	倍率性能	循环性能	电池质量	电池体积
厚度↑	↑	↓	↑	↓	↑	↑
孔隙率↑	↓	—	↑	↑	—	—
透气阻力↑	↑	—	↓	↓	—	—
内阻↑	↑	—	↓	—	—	—
穿刺强度↑	↑	—	—	—	—	—
机械强度↑	↑	—	—	—	—	—
孔径↑	↓	↑	↑	—	—	—
一致性↑	↑	↑	↑	↑	—	—

注："↑"代表性能的提升或改善；"↓"代表着性能的减弱或变差；"—"代表隔膜性能的变化对于电池性能无影响或者影响可忽略。

4.3.6　确定电解质种类及用量

在电化学储能器件或系统正常工作时，电解质主要起离子导电作用。对于不同的电化学储能，选用的电解质也不相同。电解质作为电化学储能器件的重要组成部分，在正负极之间传导离子、参与正负极表面氧化还原反应中起着重要作用，强烈影响电化学储能器件的循环稳定性、倍率性能、安全性等关键指标。电化学储能器件的正极和负极的化学性质决定了能量输出，而在大多数情况下，电解质通过控制离子传输速率调控着能量输出的快慢[11]。

电解质并非只有液体形式。电化学储能的电解质根据其物理性质可分为液体电解质和固体电解质。液体电解质按照溶剂种类可分为有机电解质、离子液体电解质和水系电解质。在有机电解质中，常用的溶剂主要为酯类溶剂和醚类溶剂，对应的电解液称为酯类电解液和醚类电解液。酯类溶剂中最常用的为碳酸酯类溶剂，包括环状和链状碳酸酯。固体电解质具有良好的安全性和电化学稳定性，在电池中，固体电解质既作隔膜也作离子传导介质。不同于液体电解质中的离子以溶剂化形式流动，在固体电解质中，离子以链段运动或者空位迁移机制进行输运。且由于固体电解质相较于液体电解质更难以流动，因此，固体电解质离子电导率较低，这是阻碍固体电解质应用的瓶颈问题。固体电解质材料主要分为无机固体电解质材料、聚合物固体电解质材料和复合固体电解质材料。无机固体电解质材料具有较高的室温离子电导率、较大的离子迁移数以及较高机械强度，从而能够抑制枝晶形成，进一步提升长循环性能。然而，电极和电解质之间存在高界面电阻，会显著降低电化学储能器件的循环稳定性。聚合物固体电解质材料柔性好、易成膜、质轻，能够减小电解质与电极之间的界面接触阻抗，适合大规模生产，能量密度高，在固态电池领域具有很好的应用前景。复合固体电解质材料结合了二者的优点，可以实现较高的离子导电性、机械强度以及良好的界面浸润性[12]。

只利用电解质导电作用的电化学储能，主要需要考虑的是电解质的电导率和稳定性。由于温度对电导率和稳定性有较大影响，因此还需特别注意选择电解质的适用温度范围。对于低温放电要求的电化学储能，特别要注意冰点的影响。例如为降低电解液的冰点，可以采用改进电解液体系组分与浓度的方式，如加入氯化钙、氯化锂等来提高电解液的低温性能。

电化学储能器件特性以及储能器件的使用条件（如工作电流、工作稳定性等）是确定电解质浓度和用量的重要指标，或者也可以根据经验数据选定合适的电解质浓度和实际用量。通常情况下，以达到最佳工作性能的电解质用量为宜。电解质并不是越多越好，电解质过多时，过量的成膜添加剂会使电化学储能器件容量衰减加速；而电解质量过少，则会导致部分活性物质无法参与反应，严重影响电化学储能器件循环寿命。

4.3.7 确定电化学储能器件的装配松紧度及单体电化学储能器件容器尺寸

装配电化学储能器件松紧度，由单体电化学储能器件极板总厚度、隔膜厚度及单体电化学储能器件内径决定。

$$松紧度 = \frac{单体电化学储能器件极板总厚度 + 隔膜厚度}{单体电化学储能器件内径} \times 100\% \qquad (4\text{-}15)$$

特别地，如圆柱形电池，可以通过横截面积计算。

$$松紧度 = \frac{极板总长度 \times 极板厚度 + 隔膜总长度 \times 隔膜厚度}{电池横截面积} \times 100\% \qquad (4\text{-}16)$$

由于电化学储能器件充放电过程中有类似偏摩尔效应的现象存在，因而在设计电化学储能器件时，必须保证电化学储能器件在体积上有一定的松紧度。具体数值需根据选定的系列电化学储能器件特性及设计电化学储能器件的厚度确定，一般经验值为 $80\% \sim 90\%$ 为宜。单体电化学储能器件或者电化学储能器件组容器的尺寸，要根据器件的内径及电极尺寸来确定。

思考题

1. 电化学储能设计的基本目标有哪些？
2. 电化学储能设计包含哪些基本程序？各程序具体涉及哪些内容？

3.以设计一款锂离子电池为例,介绍电化学储能设计的一般步骤。

4.电化学储能的安全性设计应满足哪些基本要求?

5.以电池为例,说明电化学储能器件各个主要部件的设计分别有何种具体的要求?

6.如何做好电化学储能设计前的准备工作?如何满足电化学储能设计的实际条件?

参考文献

[1] 李先锋,张洪章,郑琼,等.能源革命中的电化学储能技术[J].中国科学院院刊,2019(4):7.

[2] 许敬涛,蔡晓燕,王柳.电化学电源发展趋势探讨[J].中国氯碱,2012(01):4-6.

[3] 王力臻.化学电源设计[M].北京:化学工业出版社,2008.

[4] 李建林.大型电化学储能电站设计的10条准则及实施建议[J].电气时代,2020(4):3.

[5] 史鹏飞.化学电源工艺学[M].哈尔滨:哈尔滨工业大学出版社,2006.

[6] 马紫峰.电化学储能系统电极设计及其制造过程工程研究[C].2013中国化工学会年会论文集,2013:519-520.

[7] 毛三伟.电化学储能材料在储能技术的应用[J].中国化工贸易,2019,011(031):127.

[8] 程新群.化学电源[M].2版.北京:化学工业出版社,2018.

[9] Zhang H,Zhou M Y,Lin C E,et al. Progress in polymeric separators for lithium ion batteries[J]. RSC Advances,2015,5(109):89848-89860.

[10] Rajagopalan Kannan D R,Terala P K,Moss P L,et al. Analysis of the separator thickness and porosity on the performance of lithium-ion batteries[J]. International Journal of Electrochemical Science,2018:1-7.

[11] Eshetu G G,Elia G A,Armand M,et al. Electrolytes and interphases in sodium-based rechargeable batteries:Recent advances and perspectives[J]. Advanced Energy Materials,2020,10(20):2000093.

[12] Li Y,Wu F,Li Y,et al. Ether-based electrolytes for sodium ion batteries[J]. Chemical Society Reviews,2022,51(11):4484-4536.

第 5 章

各类化学电源设计

随着清洁能源的逐步发展，化学电源作为先进的储能系统，广泛应用于民用、军用、航天系统等各大领域，其商业化进程处于飞速发展阶段。科技的不断进步以及储能需求的不断提升对化学电源的性能提出了较高的要求，包括结构性能、电化学性能等诸多方面，电池结构参数和性能参数已在前面的章节中做了详细介绍。在加速储能设备商业化进程、引领新能源市场发展方向乃至优化世界范围的能源结构等诸多方面，化学电源的设计都至关重要。本章对化学电源的设计进行介绍，针对锂离子电池、钠离子电池、锂-硫电池和锌-空电池等，主要围绕电池性能设计、结构设计、工艺设计等方面进行阐述，并列举了实际设计案例；针对锂-空电池、锌-空气电池、水系离子电池、液流电池以及超级电容器，主要从电极材料、电解质、隔膜等电池组件性能优化的角度进行阐述，并列举了实验室规模的应用案例，旨在为各类化学电源的合理设计提供指导与借鉴。

5.1 锂离子电池设计

5.1.1 锂离子电池概述

水系电解质具有较窄的电化学工作窗口，导致电池的能量密度较低，实际应用受限。因此，拓宽工作电压窗口、提升二次电池的能量密度成为研究热点。随着研究的不断深入，具有高容量、高能量密度、高功率密度、较长循环寿命的锂离子电池得到了广泛的应用，不仅能为便携电子设备供能，还可作为动力电源应用到电动汽车、国防军工和航空航天等领域。

（1）锂离子电池的反应机理

作为"摇椅电池"，锂离子电池通过 Li^+ 在正负极之间的穿梭以及嵌入为外界提供能量。在充电时，正极材料上发生 Li^+ 的脱出，Li^+ 进入电解质并穿过隔膜到达负极，嵌入电极中并与负极上的电子发生反应，此时正极贫锂负极富锂。放电过程则是充电过程的逆反应，负极中的 Li^+ 脱出后进入电解质经过隔膜嵌入正极中，并与正极上的电子结合，正负极恢复充电前状态。电解质中的 Li^+ 在正负极之间来回传输，与外部电子发生反应，同时构成电流回路，实现化学能和电能的相互转换，为外界提供能量。锂离子电池的充放电过程机理如图 5-1 所示[1]。锂离子电池正负极反应方程如式（5-1）和式（5-2）所示，总反应方程如式（5-3）所示。

正极： $$Li_x A \Longleftrightarrow Li_{x-y} A + y Li^+ + y e^- \tag{5-1}$$

负极： $$B + y Li^+ + y e^- \Longleftrightarrow Li_y B \tag{5-2}$$

总反应： $$Li_x A + B \Longleftrightarrow Li_{x-y} A + Li_y B \tag{5-3}$$

其中，Li_xA 为能够实现 Li^+ 嵌入脱出反应的正极材料，B 为能够嵌入脱出 Li^+ 的负极材料。

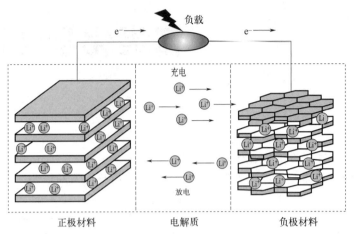

图 5-1　锂离子电池充放电过程机理[1]

（2）锂离子电池的关键材料

① 正极材料　锂离子电池的性能主要受正极材料选取和优化的影响。锂离子电池正极材料通常能够实现较大程度的 Li^+ 嵌入/脱出，具有较高的放电平台和工作电压，具有较大的容量和较高的能量密度。同时，正极材料需要具有较大 Li^+ 扩散系数和较大的电导率，能够适应较大电流的工作条件。此外，稳定的晶体结构和电化学性能也十分重要，有利于延长锂离子电池的工作寿命。目前，广泛研究的锂离子电池正极材料包括：钴酸锂（$LiCoO_2$）、锰酸锂（$LiMn_2O_4$）、磷酸盐（$LiMPO_4$，M 为 Mg、Mn、Co、Ni、V）。锂离子电池正极材料的原料较为丰富，但价格相对较高，因此目前研究主要围绕成本的降低与性能的提升两方面。

② 负极材料　作为锂离子电池的重要组成部分，负极材料对电池性能同样具有较大影响。电极材料的工作电位决定电池的工作电压窗口，负极的氧化还原电位越低，锂离子电池的输出电压越高，能量密度越大。可逆的 Li^+ 嵌入/脱出行为和较高的电导率能够提升负极材料的容量和倍率性能。同时，负极材料在电解质中要具有良好的化学稳定性，且充放电过程中 Li^+ 嵌入/脱出不会引发晶型结构的转变。此外，负极材料还需要具有较低的成本。目前，针对锂离子电池电化学性能的进一步提高，负极材料的研究主要集中在碳材料性能的优化，包括石墨、碳纳米管等，此外还包括 Si 基负极、金属（Sn 基）合金负极和金属氧化物负极（钛酸锂 $Li_4Ti_5O_{12}$）等。

③ 电解质　锂离子电池的电解质由三部分构成，分别为作为电解质的锂盐、作为溶剂的有机物以及添加剂。电解质的组成浓度、电化学稳定窗口、Li^+ 的扩散速率、电解质的化学稳定性等都是影响锂离子电池的关键因素。较高的离子扩散速率和较宽的电化学稳定窗口有利于提升锂离子电池的倍率性能和能量密度，较好的化学稳定性有利于提升电池的循环寿命。因此，合理的电解质优化能够提升锂离子电池的电化学性能。

（3）锂离子电池的用途

锂离子电池的应用领域较为广泛，根据功能的不同，可划分为：便携电子设备供电电池、电动汽车的动力电池和大型设备的储能电池。为便携电子设备供电的锂离子电池需要具有较小的体积、较轻的质量和较大的能量密度，通常采用 $LiCoO_2$ 作为正极材料。电动汽车的动力电池需要具有较高的功率密度、较好的安全性和较平稳的工作电压，应用的正极材料主要有两种，分别为三元材料和 LiFePO$_4$。与 LiFePO$_4$ 相比，三元电极材料具有较高的能量密度和较好的低温性能，同时在装配过程中协同性更好。然而，以 LiFePO$_4$ 为正极材料的锂离子电池在循环稳定性和安全性方面具有优势。在储能电池的应用方面，锂离子电池主要应用于通信和大规模集成电网中，作为通信基站供电系统以及风力光伏发电储能电源等。因此，在锂离子电池的应用过程中，根据实际需求进行合理选择非常重要[2]。

（4）锂离子电池的优缺点

① 优点　锂离子电池具有较宽的工作电压窗口（3.6V）、较高的能量密度和功率密度，同时具有较好的循环稳定性（循环寿命长达 1000 周以上），甚至在较低放电深度下循环超过几万周后仍具有稳定的电容值。此外，无"记忆效应"且较低的自放电率也极大地推动了锂离子电池在各个领域的应用。

② 缺点　锂离子电池的性能受温度影响较大，工作温度区间较窄，在不适宜温度下的循环寿命迅速衰减，这限制了其应用范围。在过充和过放电条件下，过量 Li$^+$ 的嵌入/脱出容易造成电极材料的变形和坍塌，造成容量迅速衰减和电化学活性下降。由于有机电解质的易燃特性，在长时间循环后，锂离子电池内的热量积累容易引发爆炸等安全事故。单体锂离子电池的一致性差，成组后的容量衰减也不能避免。此外，与其他二次电池相比，锂离子电池的成本相对较高。

5.1.2　锂离子电池性能设计

通常，在锂离子电池的设计过程中，在充放电过程、工作环境等参数确定的前提下，根据特定的应用领域和实际的供电需求，对电池的容量、内阻以及相关制造与装配工艺的性能参数进行设计，再根据计算得到的性能参数进行电池结构参数设计，以实现锂离子电池性能的最优化。

锂离子电池尺寸与容量、放电电流等要求相关，可由式（5-4）和式（5-5）表述：

$$性能参数 = F(功能需求、充放电制度、材料、\cdots) \tag{5-4}$$

$$结构参数 = F(尺寸约束、性能参数、工艺条件、\cdots) \tag{5-5}$$

通常情况下，实现电池性能的最优化需要权衡各个参数，包括原材料的选取、充放电制度、工作环境以及经济效益和环境要求等，因此合理的性能参数设计和结构参数设计对于研发性能优异的锂离子电池至关重要。本节将围绕锂离子电池性能参数设计展开，锂离子电池的结构参数设计将在下一节进行讨论。

（1）电池容量以及正负极容量配比计算

首先根据供能需求，确定电池组的额定容量；再根据电池单体的数量，获得单体电池的额定容量；根据设计容量与额定容量之间的系数关系，最终获得单体电池的设计容量。通常，锂离子电池的设计容量是以正极材料为基础进行计算，因此负极容量的设计需要参考正极容量，关系如式（5-6）和式（5-7）所示。

$$容量 = 正极活性物质质量 \times 质量比容量 \times 利用率 \tag{5-6}$$

其中，

$$正极活性物质质量 = 正极质量 \times 正极活性物质占比 \tag{5-7}$$

其中，利用率受放电制度的（放电温度、放电倍率）影响，温度越高，放电倍率越小，利用率越高。

在充电过程中，Li^+ 从正极脱出传输到负极。一旦负极容量小于正极容量，传输到负极表面的 Li^+ 无法全部嵌入负极活性物质中，会在电极表面被还原为金属 Li，形成 Li 枝晶，导致电池极化，加剧了电池性能的衰减。同时，负极表面 Li 枝晶逐渐积累，最终刺穿隔膜，导致电池发生短路，因此应遵循负极可逆容量大于正极容量的原则。实际设计过程中的正负极容量配比可根据式（5-8）计算获得：

$$容量平衡系数 = \frac{单位面积的负极容量}{单位面积的正极容量} \tag{5-8}$$

根据式（5-8），平衡系数值一定大于 1.0，但实际值的选取还受诸多因素影响，包括工序能力、活性材料的利用率以及裸电芯结构、充放电制度等因素。平衡系数常用的范围为 1.04～1.20。其中，工序能力较低，应需选取较大的平衡系数；若工序能力越高，平衡系数可适当降低，但原则上需要满足平衡系数大于 1.0。正负极裸电芯结构设计会对正对面积造成影响，较大的结构差异也可能导致平衡系数小于 1.0。

（2）正负极配方确定

表 5-1 列举了锂离子电池正负极配方的常见参数。

表 5-1　锂离子电池正负极主要配方

电极	材料	作用	质量分数 /%	真实密度 /(g/cm³)	质量比容量 /[(mA·h)/g]	要求
正极	LiCoO₂	正极活性物质	96.0	4.97	140	a.正极浆料黏度控制在 6000cps； b.N-甲基吡咯烷酮（NMP）占比需适当调整，达到黏度要求为宜； c.特别注意温度、湿度对黏度的影响
	聚偏二氟乙烯（PVDF）	黏合剂	2.0	1.78	—	
	导电炭黑（Super-P）	导电剂	2.0	2	—	
	N-甲基吡咯烷酮（NMP）	稀释浆料溶剂				
负极	C	负极活性物质	94.5	2.2	330	a.负极浆料黏度控制在 5000～6000cps； b.NMP 占比需适当调整，达到黏度要求为宜； c.特别注意温度、湿度对黏度的影响
	羧甲基纤维素（CMC）	增稠剂	2.25	1.3	—	
	丁苯橡胶（SBR）	黏结剂	2.25	1	—	
	Super-P	导电剂	1.0	2	—	

（3）正负极活性材料涂覆量计算

根据单体电池的设计容量和电极活性材料的质量比容量，正极活性材料涂覆量和负极活性材料涂覆量可由式（5-9）与式（5-10）计算获得：

$$正极活性材料涂覆量 = \frac{正极设计容量}{正极活性材料的质量比容量 \times 正极活性材料利用率} \tag{5-9}$$

$$负极活性材料涂覆量=\frac{负极设计容量}{负极活性材料的质量比容量\times 负极活性材料利用率} \tag{5-10}$$

（4）电解质用量计算

电解质起到传输离子的作用。在电池中，电子经外电路进行传导，离子在电解质中进行传输，构成电流的闭合回路。电解质的用量是十分重要的参数，对电池的循环效率、倍率性能、能量密度、功率密度以及循环稳定性具有较大影响。除了满足电化学反应的需求，电池内部空间也会影响电解质的用量设计，正负极极板以及隔膜之间的空隙都应被电解质完全填充，电解质的用量可由式（5-11）和式（5-12）计算获得：

$$理论电解质体积=正负极板孔隙体积+隔膜孔隙体积 \tag{5-11}$$

其中，

$$隔膜孔隙体积=隔膜总体积\times 隔膜孔隙率 \tag{5-12}$$

$$正负极板孔隙体积=正负极板总体积\times 极板孔隙率 \tag{5-13}$$

其中，隔膜的孔隙率较容易获得，而正负极极板的孔隙率，可通过式（5-14）进行计算：

$$极板孔隙率=1-\frac{极板的冷压密度}{材料的平均真实密度} \tag{5-14}$$

由于电池内部残余空间的存在，实际电解质的用量可通过式（5-15）计算：

$$实际电解质的体积=理论电解质体积+电池内部残余空间 \tag{5-15}$$

同时，实际电解质也可根据系数关系，由式（5-16）计算获得：

$$实际电解质的体积=理论电解质体积\times 系数 \tag{5-16}$$

实际生产设计中，通常采用电解质的质量来衡量用量的多少，因此需要根据式（5-17）将电解质的体积转化为质量。

$$实际电解质质量=\frac{实际电解质体积}{电解质密度} \tag{5-17}$$

（5）内阻计算

在核电荷数处于 50% 时，1kHz 下测得的交流阻抗是电池的内阻。电池的内阻由两部分构成，分别为电子传导内阻和离子传导内阻。其中，电子传导内阻主要集中在电极板上，包括集流体和极耳上的电阻和各种（集流体与极耳之间、活性材料与集流体之间、粉状材料之间）接触电阻。离子传导内阻包含电解质电阻和隔膜电阻两部分。其中，在电池内阻中，电解质和隔膜的电阻占比较大，电极板电阻的占比相对较小。根据电极材料的电导率、面积与长度，内阻可由式（5-18）和式（5-19）获得：

$$内阻=电导率\times \frac{长度}{面积} \tag{5-18}$$

$$长度=\frac{集流体长度}{2} \tag{5-19}$$

此外，在电极板、电解质和隔膜确定的情况下，单位面积离子电阻可以通过试验获得。

5.1.3 锂离子电池结构设计

5.1.3.1 锂离子电池基本结构

锂离子电池是由正负极材料、集流体、隔膜、电解质、电池壳、密封材料以及一些附属部件（包括安全阀、密封垫圈、顶盖、绝缘片、正负极耳等）组成的，结构如图 5-2 所示。正极材料活性物质和电解质的性质是影响锂离子电池性能的关键。电池的内阻还与隔膜的性质有关，因此可以通过隔膜的改性来提升锂离子电池的容量。此外，电池壳和其他附属部件的材料选取、结构设计以及安装位置都会对锂离子电池的性能造成影响。

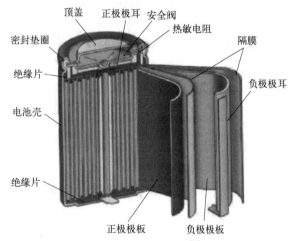

图 5-2　锂离子电池结构[3]

5.1.3.2 电池壳设计

商业单体锂离子电池的电池壳形状有圆柱形、棱柱形以及扁平形，电池壳材料包括钢制材料、铝制材料、镀镍铁制材料以及铝塑膜。根据用途的不同，常见的电池壳有圆柱形不锈钢电池壳、圆柱形铝电池壳、棱柱形不锈钢电池壳、棱柱形铝电池壳或铝层压板软包电池壳。

锂离子电池的电池壳，不仅能容纳内部组件，还具有密封作用，防止外部环境中的水和氧气进入电池致使内部组件受到腐蚀，同时保证单体电池的正负极之间绝缘。此外，电池壳能够缓冲因过充、放电导致的激增的内部压力，可维持电池模块单元的机械强度，保障电池的安全使用。其中，钢制材料具有较强的承载力，但是安全性较低，在电池热失控时容易发生爆炸。铝层压板软包电池壳的硬度较低，机械强度较差。此外，由于内部空间的差异性及空间的利用率不同，软包电池壳与钢/铝制电池壳的设计也有差别。如表 5-2 所示，不同类型的电池壳具有不同的特性，因此需要根据电池应用或设计要求对电池壳类型进行合理选择[4]。

表 5-2　锂离子电池壳的形状和特征[4]

参数	圆柱	棱柱	平板式
电极布置	卷绕式	卷绕式	堆叠式
横截面			
电池壳	罐	罐	铝塑膜
机械强度	++	+	±
比能量	+	+	++
热辐射	±	+	+
能量密度	+	++	+

注："＋＋"代表"强"；"＋"代表"中"；"±"代表"弱"。

电池壳材料的选取也会影响电极结构。在钢制电池壳中，锂离子电池的负极采用 Cu 箔进行包尾；在铝制电池壳中，对正极进行 Al 箔包尾处理；在软包锂离子电池中，包尾处理只需确保内部聚丙烯（PP）层不破损即可。电池壳的内部是由正极、隔膜、负极以卷绕或堆叠形式构成的电极组件，不同的构成方式具有不同的空间利用率。卷绕方式的选取也会影响卷绕式锂离子电池的形状、大小和容量。卷绕方式通常以包尾电极和极耳位置进行区分。

5.1.3.3　极板设计

（1）极板的面密度

锂离子电池的电极具有多孔结构，由多种物质堆积构成，包括活性物质、黏结剂和导电添加剂。单位面积极板上所含有的电极材料总质量被定义为极板的面密度，面密度越大，单位体积所含有的活性物质越多，电池的体积能量密度越大。与电极活性物质相比，黏结剂和导电添加剂的密度较低，因此电极材料的物质配比也会影响电极极板的面密度。

（2）极板面积计算

在极板面积的计算中，已知电极活性物质涂覆量，选定电极涂覆面密度，极板的面积可通过式（5-20）计算获得：

$$极板面积 = \frac{电极活性物质涂覆量}{电极涂覆面密度} \tag{5-20}$$

式（5-20）中，极板面积是基于电极活性物质涂覆量得到的，不涉及电池的设计容量，因此可对正负极板面积分别进行计算。

通常，锂离子电池容量以正极容量为基准。采用设计容量计算极板面积时，计算获得的为正极极板面积。如式（5-21）所示：

$$正极极板面积 = \frac{电池设计容量}{电极涂覆面密度} \tag{5-21}$$

负极极板面积计算时，还需考虑容量平衡系数。

（3）极板尺寸计算

在设计过程中，锂离子电池的尺寸通常是预先确定的，根据电池尺寸进一步确定极板的尺寸。如上所述，根据电池容量要求以及电极涂覆面密度，计算可得极板的面积，再以电池的长、宽、高为参考，最终确定极板的长和宽。以相对复杂的方形卷绕式结构极板的设计为例，极板尺寸的计算方法如下。

卷针侧面的厚度随着卷绕的不断进行而逐渐增加，卷轴半径逐渐增大，不同层卷绕的半径不一致。包尾结构的正极集流体和折数比负极多 1，且在负极膜片包覆正极膜片结构的交界处，负极膜片的余量更大。正、负极极板尺寸示意图如图 5-3 和表 5-3 所示。

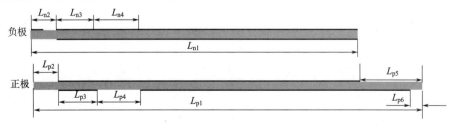

图 5-3　正、负极极板尺寸

表 5-3　正、负极极板尺寸

负极	正极
$L_{n2}=W_{ne}$	$L_{p2}=W_{pe}+1$
$L_{n3}=\dfrac{C_{rn}}{2}-L_{n2}-\dfrac{L_{n4}}{2}$	$L_{p3}=\dfrac{C_{rn}}{2}-L_{p2}-\dfrac{L_{p4}}{2}$
$L_{n4}=W_{pe}\times2$	$L_{p4}=(W_{ne}+2)\times2$
—	$L_{p5}=C_{rb}+l_{nc}+3$
—	3

注：1. W_{ne} 为负极极耳宽度；W_{pe} 为正极极耳宽度。

2. C_{rn} 为卷针周长，C_{rb} 为卷边周长。

3. l_{nc} 为第 n 折转角半圆长度。

① 第 n 折长度（l_n）：

$$l_n=C_{rn}/2+l_{nc} \tag{5-22}$$

② 第 n 折转角半圆长度（l_{nc}）：

$$l_{nc}=\pi+\frac{第\ n\ 折电芯厚度}{2} \tag{5-23}$$

③ 第 n 折负极电芯厚度（d_{nn}）：

$$d_{nn}=d_{op}+d_{im}+\frac{d_{on}}{2}+(n-1)\times(d_{op}+d_{on}+2\times d_{im}) \tag{5-24}$$

其中，d_{op} 为烘烤后正极板厚度；d_{on} 为烘烤后负极板厚度；d_{im} 为隔离膜厚度。

④ 第 n 折正极电芯厚度（d_{np}）：

$$d_{np}=d_{on}+2\times d_{im}+d_p+(n-1)\times(d_{op}+d_{on}+2\times d_{im}) \tag{5-25}$$

式中，d_p 为烘烤后正极单折膜片厚度。

⑤ 负极总长度（L_{n1}）：

$$L_{n1}=l_1+l_2+\cdots+l_{n-1}+\frac{C_{rn}}{2} \tag{5-26}$$

其中，l_n 为第 n 折长度。

⑥ 正极总长度（L_{p1}）：

$$L_{p1}=l_1+l_2+\cdots+l_{n-1}+\frac{C_{rn}}{2} \tag{5-27}$$

收尾位置在电芯表面的位置不同，正负极的尺寸不同。

综上所述，则有：

$$L_{n1}=\frac{n\times C_{rn}}{2}+\frac{\pi}{2}\times\left[2\times\left(d_{op}+d_{im}+\frac{d_{on}}{2}\right)+(n-2)\times(d_{op}+d_{on}+2\times d_{im})\right]\times\frac{n-1}{2} \tag{5-28}$$

$$L_{p1}=\frac{(n+1)\times C_{rn}}{2}+\frac{\pi}{2}\times\left[2\times\left(d_{on}+2\times d_{im}+\frac{d_{op}}{2}\right)+(n-1)\times(d_{op}+d_{on}+2\times d_{im})\right]\times\frac{n}{2} \tag{5-29}$$

上述计算是基于某一特定理想的卷绕方式，实际卷绕过程中还需要考虑张力等因素，应加一个修正系数。卷绕后的极板还会经冷压处理，因此冷压后的延伸通常也需要考虑。

（4）集流体

作为正负极的重要组成部分，集流体材料的选取、厚度以及表面性质会影响电极上活性材料之间的相互作用、电池的内阻和外形尺寸。锂离子电池正极电位较高，集流体容易在高电位下发生氧化。铝箔上的致密氧化铝层作为保护层，能够有效抑制进一步氧化，因此正极采用铝箔作为集流体。然而，在负极较低电位下，铝箔并不适用，通常选用铜箔作为负极的集流体。集流体的厚度会影响电池的质量，集流体越厚，电池质量越大，锂离子电池的质量能量密度越低。集流体的厚度还会影响电极上活性材料的装配空间，集流体越厚，活性物质的可装配空间越小，锂离子电池的体积能量密度越低。与铝箔相比，铜箔的密度更大，因此铜箔厚度的调控对电池性能的影响更显著。在降低锂离子电池成本和提升性能上，超薄集流体的选用发挥了重要作用，但同时也对电极的制备工艺提出更高的要求。目前降低集流体厚度的方法有压延工艺以及穿孔工艺，但额外制造工艺的引入增加了电极的制造成本。然而，集流体厚度的降低会导致锂离子电池内阻增加，增加了充放电过程中的产热，降低了电池的工作效率。为了提升电池的热安全性，在采用较薄集流体的锂离子电池中通常配有较好的散热系统。

（5）电极压实密度

压实密度影响电极材料中各组分间的相互作用，是电极制造中的关键参数。在适当的区间内，增大压实密度能够缩短颗粒间距、增大活性物质之间接触面积、加快电子传输、提升极板电导率、降低电池的内阻。当压实密度超出适宜区间，粒子之间的接触过于紧密，离子扩散受到阻碍，极化程度增大，导致电池容量衰减、电压降增加。当压实密度降低，颗粒间距加大，离子扩散通道被拓宽，电解质与电极的接触更充分。但过低的压实密度导致活性物质之间接触面积较小，电子传输被抑制，极板的电导率降低，同时放电极化程度加大。在不做任何特殊处理的情况下，涂覆在集流体上的电极活性材料相互堆积，具有较大的空隙率，具有很好的浸润性，与电解质有良好的接触。然而，自然堆积状态下的材料之间具有较大的接触电阻，不利于活性物质的利用，会增加电池的热损失而导致能量密度降低。因此，通常会对涂覆好活性材料的电极进行辊压处理，通过压缩电极的体积增加压实密度。电极材料的组成也会影响压实密度，当导电剂和黏结剂的占比增加，电极的压实密度也会随之降低。

$$电极涂层厚度 = \frac{电极面密度}{电极压实密度} \tag{5-30}$$

电极压实密度与电极涂层厚度成反比关系，在电极面密度不变时，电极压实密度越大电极涂层越薄，锂离子电池的体积能量密度增加；在电极压实密度不变时，电极面密度越大电极涂层厚度越大，电池质量和体积能量密度增加。

（6）单层电池厚度

压实后正负极板厚度和单层电池厚度可通过式（5-31）和式（5-32）计算：

$$压实极板厚度 = 电极涂层厚度 + 集流体厚度 \tag{5-31}$$

$$单层电池厚度 = 单层正极厚度 + 单层负极厚度 + 2 \times 隔膜厚度 \tag{5-32}$$

5.1.3.4 隔膜设计

锂离子电池的隔膜存在于正、负极之间，是锂离子电池重要的内部组件之一。隔膜的性质会影响正、负极界面结构和电池内阻，因此，可以通过优化隔膜提升锂离子电池容量、延长循环寿命。为了确保电池不发生短路，隔膜需要具有较好的电子绝缘性，保证正、负极之间没有电流导通。隔膜与电极以一定的装配方式存放在电池壳内部，不与有机电解质发生副反应，具有良好的稳定性；且需要具有良好的浸润性、较快的离子扩散速率，以实现电池的较小内阻。隔膜具有多孔结构，孔径的大小和分布情况影响离子的选择透过性，应在实现 Li^+ 自由扩散的同时抑制其他离子和颗粒的传输。在电极的制备中，不成熟的工艺和锂枝晶的生长会破坏电极材料表面的平整度，隔膜可能被刺穿，导致电池短路。因此，隔膜需要具有一定的机械强度来抵抗外界的不可抗力。为了确保电池能在较宽的温度区间工作，且最大程度降低热效应带来的不利影响，隔膜需要具有较好的热稳定性。

通常使用聚烯烃树脂作为锂离子电池的隔膜材料，目前广泛研究的材料包括单层或多层的聚丙烯（PP）和聚乙烯（PE）微孔膜。隔膜的制备工艺分为湿法和干法两种，制备工艺会影响隔膜微孔的形状和物理性质。在以湿法制备的隔膜上，生成各向同性的孔，具有树枝状结构。然而，在以干法制备的隔膜上，微孔在机械和横向方向上的长度不一致，具有各向异性。此外，采用不同方法制备的隔膜具有不同的物理性质，主要体现在各个方向的张力表现和抗刺强度上。

5.1.3.5 装配空间设计

在锂离子电池的组装过程中，电极与电池壳的尺寸匹配时还需要将装配空间考虑在内。为了合理利用电池内部空间，提升空间利用率，实现电池性能的最优化，装配空间的设计至关重要。装配空间通常应在合理的范围内，避免过大或过小。不适宜的装配空间设计会给电池装配过程带来困难，导致电池尺寸不符合要求，还会影响锂离子电池性能。软包电池的电极与电池壳是完全贴合的，以电极与电池壳的总体积为基础，因此，软包电池的体积受装配空间的影响较大。

在装配空间设计过程中，需要考虑两个问题：一个是能否为电极提供充足的容纳空间，另一个是能否为充电后发生的电池膨胀提供充足的容纳。因此，在装配空间的厚度方面，需要满足容纳电极的需要。硬壳电池和软包电池的装配空间设计具有一定差异，硬壳电池需要为电极膨胀留有一定空间，软包电池的设计厚度要大于膨胀厚度。电池的装配空间涉及两个方面，分别为电池的长度和电池的厚度。对于圆柱形电池，电池长度即为高度，电池厚度即为圆柱直径大小。通常认为，电池长度方向不会发生膨胀，在密封型电池长度设计中需将气室空间考虑在内。电池厚度的大小才是装配空间设计的关键，需在同时考虑上述两个问题的基础上，计算出膨胀率和膨胀空间。厚度方向的装配空间可由式（5-33）和式（5-34）计算：

$$V_d = d_{sp} + d_{sn} = d_p \times S_p + d_n \times S_n \tag{5-33}$$

$$S = \frac{d_c - d_i}{d_i} \times \frac{C_a}{C_t} \tag{5-34}$$

式中，V_d 为厚度方向的装配空间；d_{sp} 为正极总膨胀厚度；d_{sn} 为负极总膨胀厚度；d_p 为正极压片后厚度；d_n 为负极压片后厚度；S_p 为正极总膨胀率；S_n 为负极总膨胀率；d_c 为满电状态下的电极膨胀率；d_i 为初始状态下的电极膨胀率；C_a 为实际状态下的容量；C_t 为理论容量。

5.1.4 锂离子电池工艺设计

锂离子电池制备工艺较为复杂，包含多个关键步骤，单独工序中每一个参数的选取都对电池性能至关重要。因此，为了保证锂离子电池的生产质量，制备工艺需要在特定的环境下进行，包括合适的温度、湿度等。如图5-4的锂离子软包电池生产制备工艺流程所示，制备流程主要分为三步，包括制板、电池装配以及电池性能检测。制板工艺主要涉及电极材料的处理，包括活性物质的预处理、浆料搅拌、活性物质涂覆（涂布）、辊压以及分切。电池装配过程主要是零部件的合理组合配置，包括极耳焊接、卷绕、冷热压、入壳、顶侧封、注液、预封、静置、化成、抽真空封口等。电池性能检测工艺的目的是对电池性能进行考量，包括老化、容量分选、内阻、电压测试，从而得到成品单体电池[5]。

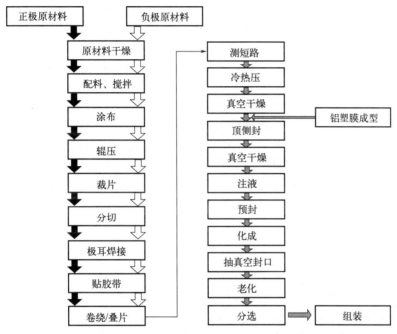

图 5-4　锂离子软包电池生产制备工艺流程

工艺过程中使用的原材料及辅助材料包括正负极活性物质、导电添加剂、黏结剂、去离子水、铜箔和铝箔集流体、胶带、绝缘胶、极耳、锂离子电池终止胶带、隔膜、铝塑膜、电解质、工业氮气等。

工艺过程中使用的主要设备及辅助设备包括真空高速搅拌机、黏度计、涂布机、游标卡尺、螺旋千分尺、电子天平、真空干燥箱、空压机、真空泵、辊压机、分切机、超声波点焊机、卷绕机/叠片机、铝塑膜成型机、热封机、手套箱、高精度海霸泵、抽真空热封机以及化成柜等。

5.1.4.1 制板工艺

（1）配料及搅拌

各物质实际用量计算需要参考活性物质、导电剂与黏结剂的比例、固含量以及电池预计生产数量。将去离子水、黏结剂、导电剂和活性物质依次装入真空搅拌机，并尽可能实现无气泡（真空）的均匀搅拌。对于锂离子电池，搅拌会对电池的性能产生较大影响，因此搅拌工艺是电池生产中的关键一步。搅拌工艺使用的设备包括干燥箱、真空高速搅拌机、黏度计、电子天平以及玻璃杯等。

搅拌的目的是制备分散均匀的浆料，使活性物质、黏结剂以及导电剂均匀分散，可以通过调节搅拌速度、搅拌方式、搅拌棒与搅拌桶之间的空隙以及搅拌时长、搅拌温度等来优化分散效果。在实际生产过程中，搅拌桨、搅拌棒与搅拌桶之间的空隙由搅拌机的设备参数决定，参数调节主要集中在搅拌棒的搅拌速度、真空度、浆料浓度以及温度等。根据材料和分散程度选择不同形状的搅拌桨，当材料较难分散时，选择蛇形、蝶形或者桨形；反之，对分散度要求比较低时，则选用球形或者齿轮形。较快的搅拌速度能够加快材料的分散，但对材料结构以及设备的损伤较大。分散速度也受浆料浓度影响，浓度越小，分散速度越快，但浆料容易沉淀分层，造成浆料损失。此外，浆料浓度还与柔制强度和黏结强度有关。浆料黏度随搅拌时间延长而降低，在搅拌达到一定时间后，黏度达到并稳定在最低值。环境真空度越高，材料表面和空隙内的气体更容易溢出，更有利于液体的吸附；材料在失重状态下的均匀分散较容易。温度会影响浆料的流动性，在过低温度下，浆料的流动性降低；温度过高时，浆料容易结皮。

配料和搅拌是影响电池性能的重要因素，工艺参数很难通过宏观上的观察精准确定，合适的配料比需要通过大量的试验结果才能得到。配料比指的是活性物质、黏结剂、导电剂以及少量添加剂的比例。尽管电池原材料相同，不同厂家采取的配料比例不一致，制造出来的电池成品也存在差异，性能也不同。活性物质过多，极片易剥落掉粉，导致电池内阻大，循环性能差；黏结剂过多，电池内阻偏大；导电剂过多，电池容量低。搅拌不充分会导致配料中各种物质分散不均匀，且比例不一致，降低电池性能的一致性。

（2）涂布工艺

涂布工艺是将制备好的浆料涂覆在电极板上的过程，经烘箱干燥去除溶剂，得到正负极板。涂布工艺用到的材料包括浆料和正负极集流体（铜箔/铝箔），用到的设备包括涂布机、上料系统、无尘纸、米纸、游标卡尺、圆形取样器、电子天平等。

辊式涂布方式的应用较为广泛，使用辊式转移涂布机完成相应的工艺流程。首先，将浆料倒入料槽，背辊上的浆料通过背辊和涂布辊的同时转动转移到含有电极板的涂布辊上，浆料转移量可通过调整刮刀和背辊之间的空隙来调节。涂布质量受多种因素影响，包括机器运行速度、精度、平稳性、干燥方式以及温度等。

涂布工艺在电池制造中较为关键，电池内阻的大小、电池容量的高低、电池安全性的好坏都受涂布质量影响。评价涂布质量的参数包括涂布干燥温度、涂布面密度、涂布的尺寸等，选择适宜的参数能够优化电池的性能。影响锂离子电池性能的涂布参数有以下几个。

① 涂布干燥温度。干燥温度过低，干燥速率较慢，相同的时间内极板的干燥效果较差；干燥温度过高，干燥速率过快，容易造成活性材料脱落以及电极干裂。

② 涂布面密度。面密度过小，电池容量无法满足设计要求，并且电池循环稳定性较差；面密度过大，电池较厚，活性材料的利用率降低；当正负极面密度不匹配导致正极容量过量时，还可能引发枝晶生长刺穿隔膜，造成电池短路。

③ 涂布的尺寸。正负极尺寸不匹配（正极大于负极，正极未被负极完全包裹），导致电池运行的安全性较差。未经负极包裹的情况下，一部分从正极脱出的 Li^+ 进入电解质中，没有嵌入负极，正极容量未被充分利用，可能诱发枝晶生长，造成电池短路；涂布的厚度会对辊压过程的厚度均匀性造成影响。

④ 涂布面定位。涂布的第一面与第二面具有特定的定位关系，不齐或者错位也会导致出现负极无法完全包裹住正极的情况。

（3）辊压

辊压能够确保极板厚度均匀，同时使活性物质与集流体之间紧密结合。为了避免在辊压过程中膜层或活性物质脱落，应确保经涂布干燥后的极板处于干燥状态。辊压过程中用到的设备包括辊压机和螺旋千分尺。

在涂布均匀情况下，压实密度受辊压影响，可以通过控制辊压厚度来调节压实密度。对涂布后的整片极板进行辊压处理，极板厚度的均匀程度会直接影响电池的性能，均匀性差则会导致压实密度不一致。

5.1.4.2 装配

电池装配是指将制备好的电池极板与电解质、极耳、隔膜等组件以一定的装配方式放置于电池壳中，最终制造成锂离子电池的工艺过程。在电池制备过程中，电池装配工艺较为复杂，且环境中的水分含量、氧气含量需要满足特定要求，同时应在无尘的环境中进行装配，以免污染电芯和极板。

（1）卷绕/叠片

电池芯体通常分为两种，分别为卷绕式和叠片式。电芯制造是电池装配过程中的核心工艺，是将正负极板和隔膜分别按卷绕或堆叠的形式制成电芯的工艺，对电池的质量和安全性影响显著。叠片式电芯是将负极板、隔膜、正极板依次堆叠而获得的；卷绕式电芯则是由正极板、负极板以及隔膜卷绕而成的。电芯制造是将已完成贴胶和极耳焊接等工艺操作的极板经卷绕机或者叠片机制成卷绕式或堆叠式电芯的工艺过程。此外，还需要使用短路测试仪对制备好的电芯进行短路测试，确保符合工艺要求。

叠片式与卷绕式电芯具有不同的特点。叠片式电芯中，极耳的极板并联，内阻较小；由于使用单一极耳，卷绕式电芯的内阻相对较高。由于单一极耳的使用，卷绕式电芯在大电流下的倍率性能较差，因此电流不宜过大。卷绕式电芯的电池外壳通常为长方形，叠片式电芯的电池形状相对多样。卷绕式电芯制造工艺较为成熟，时间成本较低，目前已出现完成度较好的半自动化生产工艺。然而，叠片式电芯的生产工艺过程相对复杂，操作难度较高，生产效率低，主要采用人工叠片，机械化程度低，且极耳焊接质量较差。综上所述，卷绕式电芯的制备工艺相对简单，但叠片式电芯性能较好，因此需要根据不同供能需求选择合适的电芯制造方式。

电芯对锂离子电池性能具有显著影响，主要集中在以下几个方面。

① 极板与隔膜的距离。降低正负极板与隔膜的间距，能够缩短 Li^+ 的传输距离，进而降低电池的内阻。在卷绕式电芯制备过程中，需要对施加于隔膜上的拉力进行调控，适宜的拉力是优化锂离子电池性能的关键。在拉力过大的情况下，电芯结构过于紧凑，不利于电解质的浸润，导致锂离子电池容量较低；当拉力过小，正负极板之间的距离增大，Li^+ 的传输距离增大，导致锂离子电池具有较大的内阻。此外，在充放电过程中，电芯体积的膨胀也是需要考虑的因素，对极板与隔膜的距离进行合理调控，尽量避免电池内阻的进一步增大。在卷绕式电芯与叠片式电芯的制备工艺中，除了对间距提出要求外，还要求隔膜与极板保持完整且不产生形变，以期降低电池内阻。

② 正负极与隔膜的尺寸。为了防止电池发生短路，确保电池运行安全，需要确保正极

与负极之间没有接触。在正负极与隔膜的尺寸上，需要满足两点要求，即负极能够被隔膜完全包裹，以及正极能够被负极完全包裹。无论是在卷绕式还是叠片式电芯的制造过程中，都要求负极板的长宽大于正极板，且隔膜的长宽大于负极板，避免电池短路，保证锂离子电池的安全运行。

③ 电芯性能。通常对锂离子电池采用高压测试的方法，判断电芯是否存在微短路或者短路。电芯的内阻应无穷大，但由于电芯制造工艺中可能存在杂质引入、隔膜刺穿、活性物质脱落等现象，电芯的绝缘性能可能受到影响，导致锂离子电池的安全性下降。

（2）注液

将电芯装入电池壳经顶侧封和真空干燥处理后，再向电池中加入电解质，完成注液工艺。注液工艺需要隔绝空气，且环境中的水分和氧气需要满足特定要求，通常在氮气气氛的手套箱中进行。干燥后的电芯进入手套箱中，通过泵注入适量的电解质，并把真空操作箱中的压力调整到 $-0.06MPa$，以确保电解质的完全浸润，经封口机预封后离开手套箱。

正负极之间的 Li^+ 传输需要在电解质中进行，为了实现活性物质的充分利用，作为电荷传输载体的电解质应填满电芯中的各个区域，因此需要在精确控制工艺参数的基础上合理设计电解质的用量。当电解质添加量未满足需求时，电芯中的活性物质未能被完全浸润，阻碍了 Li^+ 的迁移，导致锂离子电池的容量较低、内阻增大；当电解质过量时，一部分电解质未被利用，不仅导致原材料的浪费还增加了制造成本。在调整操作箱压力过程中，未被电芯完全吸收的过量电解质可能会进入设备中，造成机器损坏和工作环境污染等问题。此外，过量的电解质会导致正负极之间的离子传输距离增大，同时还可能加剧气体析出副反应，导致电池内部压力增大，不利于锂离子电池的循环稳定性和安全性。

5.1.4.3　化成和分选

（1）化成

电池化成相当于电池的激活过程，因此，电池化成工艺对锂离子电池性能具有重要影响。锂离子电池的化成即为首次充电过程，Li^+ 第一次从正极材料上脱出，进入电解质经传输到达负极表面，并随后嵌入负极材料中。

首次充电过程中会生成固体电解液界面（SEI）膜，参与 SEI 膜生成的 Li^+ 未嵌入负极材料当中，且不参与后续的充电反应，因此化成工艺过程中的电化学反应不可逆。在化成工艺中，充放电制度不同，SEI 膜的组成不同。当充电电流过大时，SEI 膜较难生成且不稳定；当充电电流过小时，充电时长增加，且会形成致密的 SEI 膜，导致电池内阻增加。

在维持化成电流均匀的情况下，锂离子电池化成柜的使用能够保证电池所处环境和预充制度的一致性，有利于形成分布均匀、稳定且致密的 SEI 膜。

（2）分选

以容量作为主要参考标准，电池分选工艺是通过化成柜对符合容量要求的单体电池成品进行筛选，同时还需配合辅助分选，包括内阻分选和电压分选等。电池容量分选需要采用锂离子电池化成柜，电池内阻和电压分选则采用锂离子电池内阻仪，最终获得容量、电阻、电压均满足设计要求的锂离子电池。

5.1.5　软包锂离子电池设计

基于软包锂离子电池设计原则和方法[6]，本节介绍了软包锂离子电池结构参数的设计过程。

5.1.5.1 软包锂离子电池设计过程

以正极包尾的卷绕式电芯为例,已知电池尺寸,计算软包锂离子电池的相关设计参数。主要包括:充电状态下裸电芯尺寸、卷绕层数、正负极厚度、正负极面密度、裸电芯厚度、铝塑膜冲膜深度、卷针周长、极板尺寸、隔膜尺寸和电芯质量。每一个参数的计算如下所述。

(1)带电状态裸电芯尺寸

已知电池铝塑膜的结构,如图 5-5 所示,可以计算获得裸电芯的尺寸。考虑到带电状态下电芯的膨胀,裸电芯尺寸的计算均是基于带电状态下的。

$$d_{C(b\text{-}cell)} = d_{cell} - 2 \times d_{Al} \tag{5-35}$$

$$L_{C(b\text{-}cell)} = L_0 \tag{5-36}$$

$$W_{C(b\text{-}cell)} = W_0 \tag{5-37}$$

式中,$d_{C(b\text{-}cell)}$ 为带电状态裸电芯厚度;d_{cell} 为电池厚度;d_{Al} 为铝塑膜厚度;$L_{C(b\text{-}cell)}$ 为带电状态裸电芯长度;$W_{C(b\text{-}cell)}$ 为带电状态裸电芯宽度;L_0 为冲膜内坑长度;W_0 为冲膜内坑宽度。

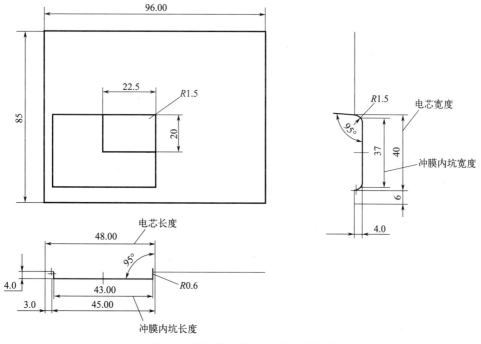

图 5-5 软包锂离子电池铝塑膜冲膜

(2)卷绕层数和正负极面密度

已知正极最大面密度(ρ_{cmax})的情况下,可获得负极最大面密度(ρ_{amax}),如式(5-38)所示:

$$\rho_{amax} = \frac{\rho_{cmax} \times w_c \times C_c \times K_b}{w_a \times C_a} \tag{5-38}$$

其中，w_c 为正极活性物质在正极材料中的百分比；w_a 为负极活性物质在负极材料中的百分比；C_c 为正极活性物质的质量比容量；C_a 为负极活性物质的质量比容量；K_b 为平衡系数。

卷绕层数（n）的计算如式（5-39）所示：

$$n = \frac{d_{C(b\text{-}cell)} - d_{铝箔}}{d_{C(0)}} \tag{5-39}$$

式中，$d_{C(0)}$ 为充电状态下的单层卷绕厚度。如果计算出非整数，则近似为较大整数即可。

$$d_{C(0)} = d_{C(c)} + d_{C(a)} + 2 \times d_{im} \tag{5-40}$$

其中，$d_{C(c)}$ 为充电状态下正极厚度；$d_{C(a)}$ 为充电状态下负极厚度；d_{im} 为隔膜厚度。

$$d_{C(c)} = \frac{\rho_s}{\rho_p} \times 2 \times K_s + d_{cc} \tag{5-41}$$

式中，ρ_s 为单面密度；ρ_p 为冷压密度；K_s 为充电状态极板膨胀系数；d_{cc} 为集流体厚度。

$$\rho_a = \frac{\rho_c \times w_c \times C_c \times K_b}{w_a \times C_a} \tag{5-42}$$

式中，ρ_c 为正极面密度，ρ_a 为负极面密度。

（3）正负极板厚度

已知正、负极面密度的情况下，可计算出冷压以及烘烤后的正负极板厚度。

冷压后正极极板厚度（d_{pc}）的计算如式（5-43）所示：

$$d_{pc} = \frac{\rho_s}{\rho_p} \times 2 + d_{cc} \tag{5-43}$$

冷压后负极极板厚度（d_{pa}）的计算如式（5-44）所示：

$$d_{pa} = \frac{\rho_s}{\rho_p} \times 2 + d_{cc} \tag{5-44}$$

烘烤后正极极片厚度（d_{oc}）的计算如式（5-45）所示：

$$d_{oc} = \frac{\rho_s}{\rho_p} \times 2 \times K_o + d_{cc} \tag{5-45}$$

烘烤后负极极片厚度（d_{oa}）的计算如式（5-46）所示：

$$d_{oa} = \frac{\rho_s}{\rho_p} \times 2 \times K_o + d_{cc} \tag{5-46}$$

式中，K_o 为烘烤后膜板反弹系数。

（4）裸电芯厚度和铝塑膜冲膜深度

烘烤后单层卷绕厚度（d_{o0}）的计算如式（5-47）所示：

$$d_{o0} = d_{oc} + d_{oa} + 2 \times d_{im} \tag{5-47}$$

裸电芯厚度（$d_{\text{b-cell}}$）和铝塑膜冲膜深度（d_x）的计算如式（5-48）所示：

$$d_{\text{b-cell}} = d_x = d_{o0} \times n + d_{\text{Al}} \tag{5-48}$$

（5）卷针周长

$$C_{\text{rn}} = (W_0 - d_{\text{b-cell}}) \times 2 \tag{5-49}$$

（6）极板和隔膜尺寸

隔膜和极板的宽度受裸电芯的影响。

隔膜的宽度（W_{im}）计算如式（5-50）所示：

$$W_{\text{im}} = L_{\text{b-cell}} - x \tag{5-50}$$

式中，$L_{\text{b-cell}}$ 为裸电芯长度；x 为隔膜压缩尺寸，通常取 $0 \sim 0.5\text{mm}$。

负极和正极的宽度计算分别如式（5-51）和式（5-52）所示：

$$W_a = W_{\text{im}} - y \tag{5-51}$$

$$W_c = W_a - z \tag{5-52}$$

式中，W_a 为负极的宽度；W_c 为正极的宽度；y 为负极与隔膜错位宽度，通常取 2mm；z 为正极与负极错位宽度，通常取 1mm。

隔膜的长度计算如式（5-53）所示：

$$L_{\text{im}} = (L_a + a) \times 2 \tag{5-53}$$

式中，L_a 为负极总长度；a 为设计余量。

5.1.5.2 软包锂离子电池设计实例

本节以设计 304049 软包装电池为例，设计结果为电池的平均值。设计过程中正负极配方以及所需材料的相关参数见表 5-4 和表 5-5。容量平衡系数为 1.08；正、负极冷压密度为 3.5g/cm^3 和 1.5g/cm^3；烘烤后正负极膜板反弹系数均为 1.02；半电状态正极膜板总反弹系数为 1.08；半电状态负极膜板总反弹系数为 1.15。

表 5-4　软包锂离子电池正负极配方

电极	材料	质量分数/%	真实密度/(g/cm³)	质量比容量/[(mA·h)/g]
正极	LiCoO₂	94.0	4.97	140
	PVDF	3.0	1.78	—
	Super-P	3.0	2	—
负极	C	94	2.2	330
	CMC	2	1.3	—
	SBR	3.0	1	—
	Super-P	1.0	2	—

（1）电池最终尺寸计算

电池厚＝3mm，电池宽＝40mm，电池长＝48mm。此电池的设计长、宽、厚均为负公差。

表 5-5　软包锂离子电池（304049）材料性质

材料	宽/mm	厚/mm	密度/(g/cm³)	电导率/10⁻⁸Ω·m	孔隙率/%
Al 箔	—	0.016	2.6	2.6548	—
Cu 箔	—	0.012	8.6	1.6780	—
Al 极耳	4	0.08	2.7	2.6548	—
Ni 极耳	4	0.08	8.9	6.8400	—
PP 隔膜	—	0.016	0.92	—	45
铝塑膜	—	0.115	1.563	—	—

（2）带电状态裸电芯尺寸

① 带电状态裸电芯厚：$3-2\times0.115=2.77$（mm）；

② 带电状态裸电芯长为 43mm；

③ 带电状态裸电芯宽为 37mm。

（3）卷绕层数计算

设计中取正极最大面密度为 23mg/cm²，正极冷压密度为 3.5g/cm³，负极冷压密度为 1.5g/cm³。

负极最大面密度=$(1.08\times23\times140\times0.94)/(330\times0.94)=10.5$（mg/cm²）

正极冷压厚度=$23\div3.5\div100\times2+0.016=0.147$（mm）

负极冷压厚度=$10.5\div1.5\div100\times2+0.012=0.152$（mm）

正极半电状态厚度=$(0.147-0.016)\times1.08+0.016=0.157$（mm）

负极半电状态厚度=$(0.152-0.012)\times1.15+0.012=0.173$（mm）

对应半电状态一层卷绕厚度=$0.157+0.173+2\times0.016=0.362$（mm）

对应卷绕层数=$\dfrac{2.77-0.016}{0.362}=7.61$（层）

因此卷绕层数取 8 层。

（4）正负极面密度计算

对应半电状态一层卷绕厚度=$\dfrac{2.77-0.016}{8}=0.344$（mm）

带电状态正极膜板厚度+带电状态负极膜板厚度=$0.344-2\times0.016-0.012-0.016=0.284$（mm）

$\dfrac{正极面密度}{3.5\times100}\times2\times1.08+\dfrac{负极面密度}{1.5\times100}\times2\times1.15=0.284$（mm）

$\dfrac{负极面密度\times330\times0.94}{正极面密度\times140\times0.94}=1.08$

则：正极面密度=21.56mg/cm²，负极面密度=9.87mg/cm²，层数=8 层。

（5）裸电芯、电池厚度计算

冷压后正极极板厚度=$\dfrac{21.56}{3.5\times100}\times2+0.016=0.139$（mm）

$$烘烤后正极极板厚度 = \frac{21.56}{3.5 \times 100} \times 2 \times 1.02 + 0.016 = 0.142(\text{mm})$$

$$半电状态正极极板厚度 = \frac{21.56}{3.5 \times 100} \times 2 \times 1.08 + 0.016 = 0.149(\text{mm})$$

$$冷压后负极极板厚度 = \frac{9.87}{1.5 \times 100} \times 2 + 0.012 = 0.144(\text{mm})$$

$$烘烤后负极极板厚度 = \frac{9.87}{1.5 \times 100} \times 2 \times 1.02 + 0.012 = 0.146(\text{mm})$$

$$烘烤后一层卷绕厚度 = 0.142 + 0.146 + 2 \times 0.016 = 0.32(\text{mm})$$

$$半电状态负极极片厚度 = \frac{9.87}{1.5 \times 100} \times 2 \times 1.15 + 0.012 = 0.163(\text{mm})$$

$$裸电芯厚度 = (0.142 + 0.146 + 2 \times 0.016) \times 8 + 0.016 = 2.58(\text{mm})$$

$$半电状态裸电芯厚度 = (0.147 + 0.165 + 2 \times 0.016) \times 8 + 0.016 = 2.77(\text{mm})$$

$$电池厚度 = (0.149 + 0.163 + 2 \times 0.016) \times 8 + 0.016 + 2 \times 0.115 = 3(\text{mm})$$

（6）卷针计算

$$卷针周长 = (37 - 2.77) \times 2 = 68.46(\text{mm})$$

假设卷针为长方形卷针，卷针总厚度为1mm。则：

$$卷针长度 = 68.46 \div 2 - 1 = 33.23(\text{mm})$$

（7）极板、隔离膜尺寸计算

其中，隔离膜压缩尺寸为0.4mm，隔膜超出负极宽度为2mm，隔膜超出正极宽度为1mm。余量1取2mm，余量2取2mm，余量3取4mm。

$$隔离膜宽度 = 43 + 0.4 = 43.4(\text{mm})$$

$$负极宽度 = Cu箔宽度 = 43.4 - 2 = 41.4(\text{mm})$$

$$正极宽度 = Al箔宽度 = 41.4 - 1 = 40.4(\text{mm})$$

$$L_{p1} = Al箔宽度 = \frac{(8+1) \times 68.46}{2} + \frac{3.14}{4} \times \left[2 \times \left(\frac{0.142}{2} + 0.016 \times 2 + 0.146 \right) + \right.$$
$$\left. (8-1) \times 0.32 \right] \times 8 = 325.3(\text{mm})$$

$$L_{p2} = 3 + 2 = 5(\text{mm})$$

$$L_{p4} = (2+2) \times 2 = 8(\text{mm})$$

$$L_{p3} = \frac{68.46}{2} - 5 - \frac{10}{2} = 24.23(\text{mm})$$

$$L_{p5} = 68.46 + \frac{3.14}{4} \times \left[(8+1) \times 0.32 - \frac{0.142}{2} \right] + 4 = 74.67(\text{mm})$$

$$L_{p6} = 4\text{mm}$$

$$L_{n1} = Cu\ 箔宽度 = \frac{8 \times 68.46}{2} + \frac{3.14}{4} \times \left[2 \times \left(0.142 + 0.016 \times 2 + \frac{0.146}{2} \right) + \right.$$
$$\left. (8-2) \times 0.32 \right] (8-1) = 287.1(mm)$$

$$L_{n2} = 4mm$$

$$L_{n4} = 4 \times 2 = 8(mm)$$

$$L_{n3} = \frac{68.46}{2} - 4 - \frac{8}{2} = 26.23(mm)$$

$$L_{im} = 287.1 \times 2 + 10 = 584.2(mm)$$

（8）电解质质量计算

$$正极膜板真实密度 = \frac{1}{\dfrac{94\%}{4.97} + \dfrac{3\%}{2.00} + \dfrac{3\%}{1.78}} = 4.525(g/cm^3)$$

$$正极膜板孔隙率 = 1 - \frac{3.5}{4.525} = 22.7\%$$

$$正极膜板孔体积 = 40.4 \times (2 \times 323.7 - 2 \times 5 - 10 - 74.67 - 4) \times$$
$$(0.139 - 0.0016) \times 22.7\% = 691.44(mm^3)$$

$$负极膜板真实密度 = \frac{1}{\dfrac{94\%}{2.2} + \dfrac{2\%}{1.3} + \dfrac{3\%}{1} + \dfrac{1\%}{2}} = 2.09(g/cm^3)$$

$$负极膜板孔隙率 = 1 - \frac{1.5}{2.09} = 28.2\%$$

$$负极膜板孔体积 = 41.4 \times (2 \times 287.1 - 2 \times 4 - 8) \times 0.144 \times 28.2\% = 938.4(mm^3)$$

$$隔离膜孔体积 = 584.2 \times 43.4 \times 0.016 \times 45\% = 182.6(mm^3)$$

$$裸电芯孔总体积 = 691.44 + 938.4 + 182.6 = 1812.44(mm^3)$$

$$电解质量 = 1812.44 \times 1.2 \div 1000 \times 1.06 = 2.31(g)$$

（9）电芯质量计算

$$Al\ 箔质量 = \frac{325.3 \times 40.4 \times 0.016}{1000} \times 2.6 = 0.55(g)$$

$$Cu\ 箔质量 = (287.1 \times 41.4 \times 0.012)/1000 \times 8.6 = 1.23g$$

$$正极膜板质量 = \frac{21.56 \times 40.4 \times (2 \times 325.3 - 2 \times 6 - 12 - 74.67 - 4)}{1000 \times 100} = 4.77(g)$$

$$负极膜板质量 = \frac{9.87 \times 41.4 \times (2 \times 287.1 - 2 \times 4 - 8)}{1000 \times 100} = 2.28(g)$$

$$隔膜质量 = \frac{584.2 \times 43.4 \times 0.016 \times (1 - 0.45) \times 0.92}{1000} = 0.205(g)$$

$$铝塑膜质量 = \frac{97 \times (43.4 + 3) \times 2 \times 0.115 \times 1.563}{1000} = 1.62(g)(两侧封宽均为3mm)$$

假设极耳总长度为60mm且忽略极耳胶质量影响，则有：

$$Al极耳质量 = \frac{60 \times 3 \times 0.08 \times 2.7}{1000} = 0.039(g)(假设极耳长度为60mm)$$

$$Ni极耳质量 = \frac{60 \times 3 \times 0.08 \times 8.9}{1000} = 0.128(g)(假设极耳长度为60mm)$$

$$电芯质量 = 0.55 + 1.23 + 4.77 + 2.28 + 0.205 + 1.62 + 0.039 + 0.128 + 2.31 = 13.10(g)$$

（10）容量和内阻计算

$$容量 = 4.77 \times 0.94 \times 140 = 627.7(mA \cdot h)$$

此体系单位面积离子电阻为620000mΩ/mm^2

$$离子电阻 = \frac{620000}{41.4 \times 2 \times 287.1} = 26.1(mΩ)$$

$$Cu箔电阻 = 1.678 \times \frac{287.1}{2 \times 0.012 \times 41.4 \times 100} = 4.85(mΩ)$$

$$Al箔电阻 = 2.6548 \times \frac{325.3}{2 \times 0.016 \times 40.4 \times 100} = 6.68(mΩ)$$

$$Al极耳电阻 = 2.6548 \times \frac{48}{2 \times 0.08 \times 3 \times 100} = 2.65(mΩ)$$

$$Ni极耳电阻 = 6.84 \times \frac{48}{2 \times 0.08 \times 3 \times 100} = 6.84(mΩ)$$

$$电芯内阻 = 26.1 + 4.85 + 6.68 + 2.65 + 6.84 = 47.12(mΩ)$$

5.1.6　固态锂离子电池

5.1.6.1　固态锂离子电池概述

由于具有不易燃、不含易挥发物质、能够有效抑制电子传输的特点，固态电解质的研究在锂离子电池领域得到了广泛的关注。固态锂离子电池与液态锂离子电池具有相似的结构，如图5-6所示，都包含正极、负极以及电解质，且使用相同的正极材料，区别在于固态锂离子电池中采用均为固体的固态电极与固态电解质的组合方式。基于固态电解质类型的不同，固态锂离子电池分为无机固态电解质电池和聚合物固态电解质电池，且固态电解质对固态锂离子电池性能具有重要的影响。固态电解质需要具有较高的电导率和较好的电化学稳定性，

图5-6　固态锂离子电池结构

并且与电极具有良好的接触，能够有效降低界面电阻，加快电荷传输，实现较高电化学性能固态锂离子电池的应用需求。

固态锂离子电池具有诸多优势。首先，固态锂离子电池的设计相对灵活，不用考虑使用液态电解质面临的泄漏问题。同时，避免了硬度较高、质量较大的密封型金属外壳的使用，超薄的多层箔式材料的使用显著提升了单体电池以及电池组的比质量能量密度和比质量功率密度。固态锂离子电池的厚度可以很薄，能够满足便携式电子设备的应用需求，并且设计参数较为灵活，能够适应不同空间限制。其次，区别于成本较高的卷绕工艺，固态锂离子电池的连续辊压制备工艺大大降低了电池的生产成本。固态电解质不易挥发，不会发生泄漏，因此在过充放电、短路等极限工作状态下，固态锂离子电池的安全性较高。固态电解质的柔韧性较高，与正负极材料能够良好贴合，且对电极材料的体积变化具有缓冲作用，因此无需考虑包装松紧度问题。

然而，固态电解质的实际应用和商业化还面临一些问题，室温下的电导率较低、电化学窗口较窄，以及与电极材料界面处易发生副反应等问题，导致固态锂离子电池的工作温度区间较窄，安全性还有待提高，并且在能量密度以及功率密度等方面仍无法满足实际应用的需求。目前，有关固态电解质的研究还处于逐步发展阶段，并在性能方面提出了具体的要求。固态电解质不具有电子导通性，能够阻隔电池内部的电子传输，避免电池内部发生短路。在室温下，固态电解质需要具有较高的离子电导率、较好的离子扩散能力，能够实现较快的 Li^+ 传输。较宽的电化学工作窗口也十分重要，固态电解质能否在较大的电压范围内保持稳定，是保证固态锂离子电池长期循环稳定性的关键。此外，固态电解质与电极材料还需具备较好的兼容性，保证界面处良好的电化学性能，从而适应充放电过程中电极材料的膨胀。优异的热稳定性、耐酸耐碱以及耐腐蚀能力和抗机械稳定性也是固态电解质不可缺少的，以抵抗外界环境对于固态锂离子电池性能的影响。因此，原材料丰富、成本低、制造工艺简单、具有优异电化学性能的固态电解质得到了越来越多的关注。

固态锂离子电池电化学性能主要受电极材料与固态电解质界面的影响，电池的能量密度与电极的容量和电化学窗口有关。通常选用具有较高容量的高电位正极和低电位负极相互匹配，提升电池容量，同时拓宽工作电压窗口。此外，还要求固态电解质能够在较宽的电化学窗口中保持良好的化学稳定性和优异的电化学性能。电池的功率密度主要受电解质离子电导率的影响，电解质的离子电导率越大，离子传输动力学越快，功率密度越高。与具有良好浸润性的液态电解质不同，固态电解质与电极之间的接触电阻较大，不能较好地适应电极材料的膨胀。此外，枝晶生长也是阻碍固态电解质发展的一个关键问题。

目前，固态锂离子电池已经广泛应用到便携式电子设备、生物医药以及军工领域，作为一种具有较高能量密度的轻型电池系统，其具有良好的发展前景。目前，通过优化各个设计参数，以及研究的不断推进，固态锂离子电池的商业化进程正处于飞速发展阶段。

5.1.6.2　固态锂离子电池的电解质

根据材料的性质，固态电解质包括三种，分别为无机固态电解质、有机聚合物固态电解质以及复合型固态电解质。无机固态电解质可分为氧化物固态电解质、硫化物固态电解质以及卤化物固态电解质。有机聚合物固态电解质体系包括聚环氧乙烷（PEO）和结构上具有一定相似性的聚合物（聚氧丙烯、聚偏二氯乙烯、聚偏二氟乙烯）。复合型固态电解质是由有机聚合物材料和无机材料复合而成的固态电解质，或由有机聚合物与惰性无机填料复合而成。通常认为，复合型固态电解质在离子传输上具有一定优势。此外，通过气相沉积法获得的，不以物质区分而关注其形态的薄膜型固态电解质也得到了充分发展。

（1）无机固态电解质

根据原子堆积方式的不同，氧化物固态电解质可分为钙钛矿型、反钙钛矿型、NASICON型、石榴石型及LiPON型等。钙钛矿型无机固态电解质材料具有面心立方堆积结构，离子电导率受材料本征性质影响，包括空位浓度、晶体结构以及Li$^+$在材料中的传输能垒。研究发现，可以通过金属离子掺杂提升钙钛矿的空位浓度，进而实现离子传输和界面性能的优化。掺杂工程在优化反钙钛矿型无机固态电解质材料的性能方面同样有效，能够显著提升固态电解质的离子电导率。反钙钛矿型无机固态电解质材料具有较好的热稳定性，且温度越高，其界面阻抗越低，循环稳定性越好。此外，良好的化学相容性赋予了反钙钛矿型无机固态电解质与电极之间优异的界面性能。然而，反钙钛矿型无机固态电解质材料在空气中不稳定，在含有质子的溶液中化学稳定性较差。通过Li$^+$在晶体内不同位点上取代、迁移和传递，NASICON型固态电解质进行离子传导，因此Li$^+$在晶体内部的传输速率主要受晶体结构和组成影响。立方石榴石型固态电解质具有良好的电化学稳定性，且界面电阻较低，离子电导率较高。采用异价掺杂的方法增加空位，能够显著提升载流子浓度，提升立方石榴石型固态电解质的离子传输动力学。通过N取代O制备的锂磷氧氮（LiPON）型固态电解质具有非晶结构，且随着N含量的增加，非晶结构比例增加，电解质的离子传输动力学能够得到显著改善。由于具有良好的热稳定性、较宽的电化学窗口、较高离子电导率，LiPON型固态电解质表现出优异的电化学性能，但是复杂且不可控的制备工艺还有待改进。

通过S取代氧化物固态电解质中的O，可制备得到硫化物固态电解质。与O相比，S具有较大的原子半径，且极化性质更强，因此S取代会引发晶格畸变，拓宽离子传输通道。此外，S对Li$^+$的吸附能力较弱，更容易进行离子的传输。因此，硫化物固态电解质中载流子数量较多，且传输较快，但在空气中的化学稳定性较差。卤化物固态电解质具有良好的可塑性和离子传输动力学，但在提升离子电导率的同时必须以牺牲稳定性为代价，导致其进一步发展受到限制。

（2）有机聚合物固态电解质

干燥固态聚合物电解质由聚合物和锂盐组成，纯固体溶剂中不含液体成分，因此离子导电性很差。将陶瓷、金属氧化物颗粒、沸石、纳米级氧化硅等填料引入有机聚合物基体中，制备的复合聚合物固态电解质具有较高的离子电导率。目前，根据杂原子基团不同，广泛应用的聚合物基体分为聚氧化乙烯（PEO）、聚丙烯腈（PAN）、聚甲基丙烯酸甲酯（PMMA）、聚氯乙烯（PVC）、聚偏二氟乙烯（PVDF）。聚合物基体的离子电导率较低，含有较大阴离子的锂盐和填料的引入能够拓宽离子扩散通道，增加离子传输总量，提升有机聚合物的离子传输动力学。为使碱金属盐在聚合物基体中更好地"溶解"，聚合物基体要有较强给电子能力，能够与金属阳离子形成配位结构。聚合物基体还需要具有良好的柔顺性、较高介电常数、较宽的电化学稳定窗口、较好的化学和电化学稳定性[7]。此外，还可采用分子设计工程，将有机、无机聚合物分子链相连，制备出的复合型固态电解质结合二者性质，具有较好的离子电导率，如在聚硅氧烷的侧链上引入—N—SO$_2$—CF$_3$单离子导体。

5.1.6.3 固态锂离子电池的生产工艺

固态锂离子电池的设计与生产包括多个工序。首先进行电极材料预处理，选取合适工艺进行电极浆料搅拌，并制备正、负极膜。然后，将铝箔、铜箔与正、负极膜进行复合，制备正、负极。将制备好的正、负极与聚合物膜进行热复合，获得一体化结构，之后还需要进行分切和极耳焊接。将制备好的各个组件装入铝塑膜中，经加液活化和电池化成制成电池。对电池进行化成测试，检测电池的性能是否满足工艺要求，最终完成制备工艺，得到性能优异的电池芯。此外，环境湿度的控制对固态锂离子电池的生产工艺也十分重要。

（1）固态锂离子电池组装流水线工艺

在固态锂离子电池生产中，组装工艺最为复杂和关键，影响着电池生产的总投入，决定了电池生产工艺的成熟度。目前，主要有以下四种。

① 直接将制备好的正、负极膜涂覆在预处理后的铝、铜网上，再与电解质膜复合，一同进行后续步骤（剪裁、组装、热压、萃取、加液包装）。此工艺的特点是采用了较直接的概念化工艺流水线，但对设备要求高，很难实现自动化生产。

② 分别制备正、负极和电解质膜，经剪裁后分别热压复合，再分别组装和萃取，单独进行加液包装。此工艺对设备要求较低，自动化的单机就可以实现批量地组装生产，可用于不同规格电池的低成本生产。但因采用了叠片组装工艺，无法大规模批量生产。

③ 分别制备正、负极和电解质膜，采用连续、自动化和流水线工艺（包括连续成卷剪裁、连续热压复合单一电芯、自动化萃取、自动化流水线组装、流水线加液盒式包装）。此工艺采用自动化流水线，但是电极电解质膜的卷绕分切技术不成熟，设备投资大，不适用于多型号电池生产。

④ 直接将制备好的正、负极膜涂覆在预处理过的铝、铜网上，再涂覆上制备好的胶状电解质，经过聚合、剪裁、卷绕组装、包装成胶状聚合物锂离子电池。此工艺免去了萃取和电解质活化步骤，对设备自动化程度要求不高，具有较好的发展前景。

（2）材料预处理与浆料搅拌工艺

首先，固态锂离子电池生产需要对电极材料进行预处理，并进行正、负极浆料的搅拌。将正、负极活性材料高度分散于有机溶剂中，制备均匀的聚合物浆体并涂布电极膜。由于正、负极浆料的物理性质差异较大，浆料搅拌形成非牛顿流体。有机溶剂的挥发性和易燃性可能引发安全问题，增加了搅拌工艺的难度。由于相对密度差异性的存在，预混合能够显著减小加料顺序给电化学性能所带来的负面影响。

（3）制膜与分切工艺

固态锂离子电池中的制膜工艺主要涉及正、负极和电解质，浆料为非牛顿流体，电池的极板厚度偏差不能过大，且浆料湿涂层应该较厚。锂离子电池的电极膜制备方法包括狭缝挤压涂布、辊式涂布、自然流延法和浇注法，且有各自的特点。狭缝挤压涂布上电极材料的分布较为均匀，精确度较高，但成本较高；辊式涂布的厚度均匀，工艺相对成熟；自然流延法的精度较低，但具有成本优势；浇注法适用于生产多种厚度的膜，但不适于大批量生产。

（4）化成测试工艺

在电池化成工艺中，为了在负极表面生成 SEI 膜，首先对固态锂离子电池进行小电流充电，达到某一电压后，再调为较大电流，制备出成品电池芯。其中，化成制度（包括化成次数、电流和电压值）的选取会影响 SEI 膜的密度和稳定性。低电压和低电流下，缓慢的生长速率能够提升 SEI 膜的致密性和稳定性。此外，温度也会影响 SEI 膜的生长，高温有利于加大反应的程度，提高隔膜在电解质中的浸润性，抑制副反应发生，提升电池的稳定性。低温下，缓慢的生长速率有利于形成致密且稳定的 SEI 膜。

（5）环境除湿

固态锂离子电池的制造工艺对生产环境提出了特定要求，环境温度通常在 $22\sim25℃$ 范围内，对于湿度的要求则更为严苛，且生产工段不同，要求不同。湿度在 $10\%\sim40\%$ 时，需要进行常规除湿；局部湿度要求相对湿度小于 1%，需要进行深度除湿。除湿工艺包括冷冻除湿、分子筛热再生、氯化锂转轮室除湿等。

5.2 钠离子电池设计

5.2.1 钠离子电池概述

由于具有较高的能量密度和较长的循环寿命，锂离子电池已经被广泛应用于各个储能领域，包括为小型电子设备供电、作为电动汽车动力系统以及应用于集成电网系统等。虽然锂离子电池的商业化优化了能源结构，但目前 Li 资源储备有限、运行安全性差、生产成本高等问题影响了锂离子电池商业化的进程。具有与 Li 相似的化学性质，且储量相对丰富，位于同一主族的 Na 得到了广泛的关注。近些年来，有关钠离子电池正、负极材料和电解质的研究日渐成熟，产业化进程也在逐步推进。

5.2.1.1 钠离子电池的反应机理

钠离子电池也属于"摇椅类"电池，具有与锂离子电池一样的反应机理。钠离子的反应机理如图 5-7 所示[8]。在充电过程中，正极中的 Na 以 Na^+ 的形式脱出经过电解质向负极移动，嵌入负极，外电路中的电子则通过导线由正极向负极移动，实现电荷平衡；在作为充电过程的逆过程即放电过程中，嵌入负极中的 Na^+ 脱出，经过电解质向正极移动，又回到正极材料中，外电路中的电子则通过导线由负极向正极移动，实现电荷平衡。

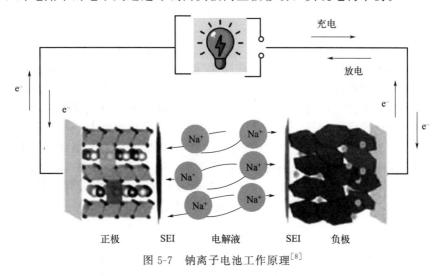

图 5-7 钠离子电池工作原理[8]

5.2.1.2 钠离子电池的关键材料

（1）正极材料

钠离子电池的正极通常选用资源丰富、环境友好、比容量较大、电化学反应活性较高同时具有较高氧化还原电位的电极材料，且充放电过程中 Na^+ 嵌入对电位的影响较小。为了实现较快 Na^+ 传输动力学，钠离子电池正极材料需要有较宽的离子扩散通道，同时在 Na^+ 的嵌入和脱出过程中具有良好的结构和电化学稳定性。在钠离子电池中，正极材料的成本占比较大。因此，钠离子电池的正极材料通常选用成本较低的原材料，且需要配备成熟的电极制备工艺。目前应用较为广泛的钠离子电池的正极材料包括层状氧化物、普鲁士蓝类似物以及聚阴离子化合物。

① 层状氧化物　层状氧化物具有较高的理论比容量，且制备工艺相对成熟。然而，充放电过程中，Na^+ 在层间的嵌入和脱出会诱发层间滑移和不可逆相变反应，导致层状氧化物正极材料结构崩塌，破坏了材料的循环稳定性。此外，层状氧化物的化学稳定性较差，对空气敏感，常温放置在空气中表面有副产物生成。根据原子堆积方式的不同，层状氧化物具有不同配位环境，可分为 O3 型、P3 型、P2 型、O2 型，其中 O3 型和 P2 型的研究较为广泛。与 P2 型相比，含钠量较高的 O3 型层状氧化物具有较高的容量和能量密度，但循环稳定性差。研究表明，通过改变原子的配位环境，如掺杂 Mn、Cu、Fe 等金属元素能够稳定晶体结构、抑制相变，延长层状氧化物正极材料的循环寿命。目前，掺杂工程已经在钠离子电池企业中得到广泛应用，包括中科海钠科技有限责任公司（铜铁锰氧化物）、宁德时代新能源科技股份有限公司（镍基层状氧化物）和海外企业 Faradian（镍基层状氧化物）等。

② 聚阴离子化合物　聚阴离子化合物的晶体结构为框架型，在 Na^+ 的嵌入和脱出过程中，能够维持良好的稳定性，具有较长的循环寿命。大质量的阴离子基团的空间位阻效应限制了 Na^+ 的快速传输，导致聚阴离子化合物具有较低的电导率、容量和能量密度。研究表明，引入导电添加剂以及制备复合材料能够显著改善材料的电导率。根据阴离子的不同，聚阴离子化合物包括硫酸盐、磷酸盐、氟磷酸盐和焦磷酸盐等。相比于磷酸盐，硫酸盐的成本较低、工作电位更高，但是化学和电化学稳定性较差。此外，金属基也会影响聚阴离子化合物的性能。由于钒离子的多价性质，钒基聚阴离子化合物的理论比容量较高。目前，已经得到实际应用的材料包括硫酸铁钠（江苏众钠能源科技有限公司）、磷酸钒钠和磷酸锰钒钠（浙江钠创新能源有限公司）以及氟磷酸钒钠（Naiades 和 Tiamat）。

③ 普鲁士蓝类似物　由于晶体中含有稳定的三维通道结构，普鲁士蓝类似物具有较好的循环稳定性、倍率性能，以及较快的 Na^+ 扩散动力学，是具有优势的钠离子电池正极材料。并且普鲁士蓝类似物的成本较低，具有较高的能量密度。然而，较低的电子电导率和氰基的毒性限制了普鲁士蓝类似物的进一步发展。研究发现，引入导电添加剂以及掺杂工程能够显著提升材料的电导率。此外，水相合成过程中引入的晶格水在充放电过程中不稳定，从晶格中脱出后，可能与电解质发生反应生成副产物，还可能造成电池短路。因此，对采用水热或共沉淀法合成的普鲁士蓝类似物进行干燥后处理，脱去结晶水，能够延长钠离子电池的循环寿命。目前，国内外企业，包括宁德时代新能源科技股份有限公司（简称宁德时代）、Natron Energy 和 Altris 等，均有针对普鲁士蓝类似物展开研究。

（2）负极材料

采用金属 Na 作为负极时，充放电过程中的不均溶解沉积会在负极表面形成 Na 枝晶，引发电池短路，因此钠离子电池采用嵌入型负极材料。由于 Na^+ 的摩尔质量和直径较大，在工作电压窗口内，负极需要实现 Na^+ 的嵌入和脱出。尽管作为锂离子电池负极材料，石墨具有优异的性能，但在钠离子电池中并不适用。通常，要求电极材料具有环境友好且储量丰富等特点，同时具有较低的成本和较成熟的制备工艺。钠离子电池负极材料的宿主结构中需要具有较多的 Na^+ 存储位点，具有较大的比容量和较高的能量密度。在 Na^+ 的嵌入和脱出过程中，负极材料的体积参数的波动应在较小范围内且具有可逆性，具有良好的循环稳定性。在循环过程中，负极的电极电位应接近于 Na^+/Na 且不受 Na^+ 行为的影响，确保电池工作电压的稳定。此外，钠离子电池负极材料还需要具有较高的离子和电子电导率，以及良好的化学和电化学稳定性，确保电池具有良好的倍率性能和循环稳定性。

目前广泛研究的负极材料有五种，分别为软碳、硬碳、合金类材料、过渡金属化合物和有机化合物。不同的材料存在不同的问题，合金类负极材料的循环稳定性较差；过渡金属氧化物的实际容量较低；有机化合物负极材料的效率较低等。硬碳负极材料结构相对无序，具有层间多孔结构，能够在较低电压下容纳更多的 Na^+，具有较高的比容量和循环稳定性，是最有研究前景的钠离子电池负极材料。目前，国内企业（如宁德时代）和国外企业（如吴羽、三菱、松下）都对硬碳负极材料展开了研究。

（3）电解质

由于电解质及电解质/电极界面性质会极大影响钠离子电池的整体性能，包括能量密度、功率密度、库仑效率、长期循环寿命、自放电率和安全性等，因此，解决电解质和界面的相关问题是钠离子电池实现商业化的关键。

在目前的电解质体系中，有机电解质具有高的离子电导率、宽的电化学窗口以及良好的界面相容性，是目前研究最成熟的电解质。传统的有机碳酸酯类电解质在钠离子电池中性能表现不佳，而醚类电解质有利于提高钠离子电池的循环稳定性、首周库仑效率和倍率性能。然而，目前在醚类电解质的研究中仍然存在一定争议。由于 SEI 的微观性与复杂性，其结构、组分及分布难以确定。醚类电解质中形成的 SEI 成分是以有机物质为主还是无机物质为主，其结构是层状结构还是有机/无机混合的结构暂无一定结论。另外，目前关于石墨表面是否存在 SEI 仍存争议。此外，由于溶剂-阴离子相互作用和溶剂化环境会强烈影响离子传输行为、界面结构以及电池性能，因此，后续可针对醚类电解质的溶剂化性质进行研究，阐明其内在结构与电池性能之间的联系。

水溶液具有较高的离子电导率和较好的安全性，因此水系钠离子电池具有较好的应用前景。聚合物电解质采用的是固态溶剂，属于固态电解质。与液态电解质相比，钠离子电池的聚合物电解质具有较好的热稳定性，耐高温，不易燃，并且应用范围较广，可作为柔性电池的电解质。然而，聚合物电解质的离子电导率较低，构成的电池具有较低的功率密度。目前，有关钠离子电池电解质的研究还处于逐步发展阶段，电解质中溶质、溶剂以及添加剂的选取尤为关键[9]。

为了推动钠离子电池的商业化进程，研究学者们对多种正、负极材料以及电解质展开研究，并从多角度出发对电极材料的性能进行优化，包括生产成本、安全性、制造工艺以及充放电性能等。不同的电极材料具有不同的优势和劣势，针对具有不同性质的材料提出专属优化方案，并通过适宜的正、负极材料的匹配来实现钠离子电池性能的最优化。此外，构效关系的重要性也逐渐被发觉，在充放电过程中不同材料的反应机理成为了研究热点。尽管钠离子电池具有较大的发展潜力，但目前对这类电池的研究仍处于中期阶段。

5.2.1.3 钠离子电池的用途

目前，尽管钠离子电池还没有得到大规模的实际应用，但性能上的优势使其具有良好的应用前景和潜在的应用市场。对于人口密度低、环境恶劣的偏远地区，钠离子电池与太阳能发电或风力发电联用代替电网的建立，不仅能够节约成本还能缓解用电压力。机械设备的电源通常需要较大的功率密度，能够在较短的时间内完成充放电反应，但对能量密度的要求不高。相比于铅酸蓄电池，钠离子电池在功率密度上具有优势，因此钠离子电池有望取代铅酸蓄电池成为最具前景的动力机械电源。钠离子电池也有望作为固定电源，广泛应用于通信基站、监控系统以及照明系统中。此外，钠离子电池产品在储能电池和低速电动车领域 [150（W·h）/kg] 也应用广泛，将成为锂离子电池的有益补充。

5.2.1.4　钠离子电池的优缺点

（1）优点

由于反应机理相似，适用于锂离子电池的一部分电极材料和电池制备工艺可以直接应用于钠离子电池中。地壳中钠资源相对丰富，且成本较低。钠离子的溶剂化能较低，且斯托克斯半径较小，能够在较窄的离子扩散通道中进行快速传输，具有较好的扩散动力学。钠盐作为溶质的电解质具有较高的离子电导率，能够实现较快的 Na^+ 传输。钠离子电池的工作温度范围较宽且安全性能较好，不易发生自燃和爆炸事故，且在短路时瞬间产热量较少，升温速率较慢，有效避免了电池的热失控。此外，在较低电位下，由于 Na 与 Al 能够稳定存在且不发生反应，因此 Al 箔可作为钠离子电池的集流体。在 Al 箔两侧分别涂布正、负极材料后堆叠构建的单体电池，不仅能够负载更多的电极活性物质，还具有较高的工作电压，因此钠离子电池具有较高的比能量密度。

（2）缺点

与 Li^+ 相比，Na^+ 的离子半径较大，这可能会加剧充放电过程中电极材料的崩塌，影响电池的循环寿命，且 Na^+ 的离子传输动力学较为缓慢，因此电极材料的选取以及性能的优化是推进钠离子电池发展的关键。

5.2.2　钠离子电池性能设计

在钠离子电池的设计中，性能的设计至关重要，要充分了解电池需要达到的性能指标以及应用条件，包括工作电压、工作电流、工作温度、工作时间以及对电池体积和形状的限制。根据用户需求，对电池的电极材料、电极容量、电芯容量、电极尺寸、涂布以及电解质用量进行设计，以满足在电压、容量等方面的供能需求，设计出具有合理尺寸（体积和质量）的钠离子电池。在电池的设计过程中，需要重点关注的参数包括容量、内阻、功率密度、能量密度、倍率性能、循环寿命、使用温度等。

（1）正负极材料

钠离子电池设计过程，为了保证混料、搅拌、涂布等工艺的顺利进行，对电极活性材料的性质也提出了要求。钠离子电池的正、负极材料需要具有规则的形貌结构、较纯的晶相、稳定的晶体结构，且在空气中具有良好的化学稳定性。钠离子电池正、负极材料需要满足的特性如表 5-6 所示。

表 5-6　钠离子电池正负极材料性质要求

电极	粒径分布/μm	振实密度/(g/cm³)	压实密度/(g/cm³)	比表面积/(m²/g)
正极	8~15	1.5~2.5	≥2.6	≤0.6
负极	10~15	≥0.9	≥1.2	≤4

注：振实密度指在规定条件下经振实而未经压实工艺的电极密度。

（2）容量匹配

通过对比正、负极材料的首周库仑效率，钠离子电池的容量匹配分为两种情况，即：a. 正极首周库仑效率＜负极首周库仑效率；b. 正极首周库仑效率＞负极首周库仑效率。

当情况 a 出现时，首周充电过程中从正极材料中脱出的 Na^+ 没有完全嵌入负极当中，会产生部分未被利用的 Na^+，因此需要增加负极活性材料的量，使脱出 Na^+ 都被有效利用。因此，钠离子电池的放电容量以正极容量为基准，则电池容量如式（5-54）所示：

$$C = C_P \quad (\eta_P < \eta_N) \tag{5-54}$$

当情况 b 出现时，首周充电过程中从正极材料中脱出的 Na^+ 全部嵌入负极当中，生成的 Na^+ 全部被利用，正极容量与负极容量相等。上述是理想情况，在实际应用中，由于存在容量损失，通常取过量的负极容量，则电池容量如式（5-55）所示：

$$C = C_P \frac{\eta_N}{\eta_P} \quad (\eta_P > \eta_N) \tag{5-55}$$

式中，C 为电池容量；C_P 为正极容量；η_P 和 η_N 分别表示正、负极首周库仑效率。由此可知，钠离子电池的首周库仑效率由 η_P 和 η_N 中较低者决定。

（3）电芯容量

电芯的设计主要受使用需求的影响。为了满足用户的需求，同时最大程度地延长电芯的使用寿命，电芯容量的计算以设备所需最小容量为基准，可由式（5-56）计算获得：

$$C_d = C_{min} D \tag{5-56}$$

式中，C_d 为电芯的设计容量，$mA \cdot h$；C_{min} 为电芯的最小容量，$mA \cdot h$；D 为过剩系数，通常取 $1.03 \sim 1.1$。

（4）压实密度

钠离子电池的设计过程中，电池的比能量密度也需要满足特定要求。经辊压处理，电极上涂覆的活性物质颗粒之间接触更加紧密，极板的体积减小，此时的极板密度被称为压实密度。适度的压实密度能够使电池内部的有限空间被合理利用，不仅能够在电池内部放入更多的活性材料，还能够优化电极材料的结构，进而提升活性材料的利用率。但是过高的压实密度也会带来不利影响，破坏活性物质结构和活性，导致电池性能衰减。

（5）正负极板层数和涂布面密度

一旦负极容量不足，从正极脱出的 Na^+ 无法全部嵌入负极当中，剩余的 Na^+ 将在负极表面被还原为 Na 金属，降低电池的工作效率；并且 Na 的不均匀沉积会形成枝晶，刺穿隔膜，容易造成电池短路。因此，在钠离子电池容量设计过程中，以正极容量作为基准，负极容量由正极容量与过量系数共同决定。过量系数的选取受正负极首周库仑效率、循环效率以及涂布情况影响。正极板层数、负极板层数以及负极过剩系数可分别根据式（5-57）、式（5-58）以及式（5-59）计算获得：

$$T_P = \frac{C_d}{C_P \times L_P \times W_P \times \rho_P \times w_P} \tag{5-57}$$

$$T_N = T_P + 1 \tag{5-58}$$

$$N/P = \frac{C_{\rm N} \times \rho_{\rm N} \times w_{\rm N}}{C_{\rm P} \times \rho_{\rm P} \times w_{\rm P}} \qquad (5\text{-}59)$$

式中，$T_{\rm P}$ 与 $T_{\rm N}$ 分别为正极板和负极板层数，当计算为小数时，取临近较大整数值；$C_{\rm P}$ 与 $C_{\rm N}$ 分别为正极活性材料和负极活性材料的质量比容量，$(\rm mA \cdot h)/g$；$\rho_{\rm P}$ 与 $\rho_{\rm N}$ 分别为正极和负极涂布的面密度，$\rm g/m^2$；$w_{\rm P}$ 与 $w_{\rm N}$ 分别为正极片和负极片中活性材料的质量分数；N/P 为负极过剩系数。

（6）电解质用量及性质

钠离子电池的电解质中包含溶剂、溶质和添加剂，根据具体的性能要求选择合适的材料和比例。电解质的用量对电池的性能有较大影响，通常需要综合电池性能以及电池结构来确定。描述电解质用量的参数有两种，分别为最低注液量和实际注液量。为了实现电池内部离子的较快传输，电解质需要浸润电极和隔膜，因此电解质的注液量与正负电极和隔膜的孔体积有关。电解质用量的理论值与正负极和隔膜的总孔体积有关，在已知电解质的密度的情况下，可以获得电解质的最低注液量。而电解质的实际注液量则受多方面影响，包括电池体系以及充放电制度。此外，在钠离子电池的实际生产过程中，对电解质的一些物理性能也提出了具体要求，如表 5-7 所示。

表 5-7 钠离子电池电解质物理性质要求

物质	电导率/(S/cm)	水分/$\times 10^{-6}$	色度（Hazen）	比表面积/$\times 10^{-6}$
电解质	$\geqslant 5 \times 10^{-3}$	$\leqslant 20$	$\leqslant 50$	$\leqslant 50$

5.2.3 钠离子电池结构设计

5.2.3.1 钠离子电池封装形式

根据应用体系和需求，钠离子电池的封装形式可分为三种，分别为圆柱型、软包型以及方形硬壳型。采用不同封装形式，钠离子电池内部会形成相应的装配结构，因此所需的制备工艺也不同。

5.2.3.2 钠离子电池基本结构

与其他电池结构相似，钠离子电池含有正极板、负极板、电解质和隔膜等关键组件，还包含铝箔集流体、极耳和外壳等辅助组件。由于封装形式会影响电池结构，下面分别对圆柱型、软包型以及方形硬壳型钠离子电池的结构进行介绍。

（1）圆柱电池

圆柱电池的电极排列方式采用卷绕式，此工艺较为成熟，自动化程度高，且制造成本相对较低。为了区分不同型号的电池，采用标号形式，如 18650。其中，18 代表圆柱壳的外径（ϕ）为 18mm，65 代表圆柱壳的高度（L）为 65mm，其结构如图 5-8 所示。因此，不同标号的电池具有不同的结构，电化学性能也不同，可根据具体的供能需求，选择不同型号的圆柱电池。

（2）软包电池

与圆柱电池相比，软包电池的内部结构也是由正负极极板、隔膜和电解质构成，区别在于封装材料的不同。软包电池的封装材料为铝塑膜，具有三层架构，由外向内分别为外阻层、阻透层和内层。外阻层也称为外保护层，由尼龙材料构成，可以抵抗外力对电池的冲击；阻透层是处于外阻层和内层之间的中间层，由铝箔构成，其在增强电池结构稳定性的同时，能够隔绝大气并防止电解质渗出；内层是具有多功能的高阻隔层，由具有较强耐腐蚀性的聚丙烯材料构成，能够保证密封效果。层与层之间由黏结剂相互连接，铝塑膜的结构如图5-9所示。

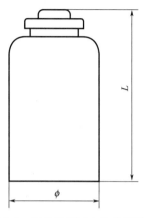

图 5-8　圆柱钠离子电池外部结构　　　　图 5-9　铝塑膜结构

在软包电池的设计过程中，对外形和尺寸没有过多的限制，可根据实际需求灵活调节。由于铝塑膜的硬度较低且拉伸性较好，当电池内部压力过大时，可通过膨胀释放压力，能够避免较大冲击的爆炸，具有较好的安全性。与钢质金属外壳电池以及铝壳电池相比，铝塑膜较轻，因此软包电池具有较轻的质量。然而，软包电池的生产成本较高，且工艺相对复杂。

（3）方形硬壳电池

采用钢质金属外壳或者铝壳作为电池壳，并具有方形结构的电池称为方形硬壳电池。由于结构简单且质量较轻，具有较高能量密度的方形铝壳电池是目前应用最为广泛的动力电池。

5.2.3.3　涂布参数

正负极板的性质受涂布工艺的影响，因此涂布工艺参数的设计在钠离子电池设计过程中至关重要。涂布工艺参数包括涂布的尺寸、面密度、厚度以及后续的干燥温度。涂布尺寸会影响负极对正极的包覆状态，需要保证正极完全被负极包裹，因此涂布尺寸不宜过大。当涂布的面密度过低时，活性物质的量较少，电池的容量较低；面密度过大时，活性物质不能被完全利用。当正极面密度过大时，负极表面生成枝晶，导致钠离子电池的库仑效率降低甚至发生短路。辊压工艺效果受涂布厚度影响，过薄或者过厚会导致极板性能的差异性。

5.2.3.4　极板设计

根据设备对电芯尺寸提出的要求，单一极板的长度和宽度可根据式（5-60）和式（5-61）分别计算获得：

$$L_P = L - A - 2 \times B \tag{5-60}$$

$$W_P = W - 2 \times (B + C) \tag{5-61}$$

式中，L_P 为正极板长度，mm；W_P 为正极板宽度，mm；L 为电芯长度，mm；W 为电芯宽度，mm；A 为电池顶部封边宽度，mm；B 为电铝塑膜厚度，mm；C 为电池单边折边宽度，mm。在负极板设计中，考虑工艺误差等因素，负极板的长度和宽度是在正极板的长度和宽度的基础上加上一个修正值，则负极板的长度和宽度可根据式（5-62）和式（5-63）分别计算获得：

$$L_N = L_P + \varphi_1 \tag{5-62}$$

$$W_N = W_P + \varphi_1 \tag{5-63}$$

式中，L_N 为负极板长度，mm；W_N 为负极板宽度，mm；φ_1 为修正值，mm，通常取 $1 \sim 5$mm。

5.2.3.5　隔膜设计

隔膜在正、负极板之间起到分隔的作用，因此隔膜的长度和宽度应分别大于负极极板的长度和宽度，确保能够包裹住负极。在钠离子电池隔膜设计过程中，还要将隔膜的收缩性考虑在内，确保余量充足，预防电池短路。

5.2.3.6　其他组件设计

在满足用户需求的基础上，还需要考虑电池内部结构的最优化以及安全性等问题。因此除了主要的组件（正极、负极、隔膜、电解质、电池壳）外，附属组件的参数设计以及合理配置也十分关键，包括圆柱电池和方形硬壳电池上安全阀的设计；电池顶部的绝缘措施；正负极耳间距；绝缘胶带的粘贴位置；极耳的焊接方式等。

5.2.4　钠离子电池工艺设计

采用不同材料体系和结构形式的钠离子电池的制备工艺基本相同，可将制造步骤划分为固定的三个工序，分别为电极极板制造工序、电池装配工序以及电池化成工序。电极极板制造工序主要针对电极活性物质的涂布以及极板的后处理，具体步骤包括正负极材料浆料制备、活性电极材料在电极上的涂布和辊压、极板后处理（真空干燥、分切）等。电池装配工序主要针对各个电池组件的安装，具体步骤包括电极叠板、极耳焊接、组件入壳封装、真空干燥、电解质注液等。电池化成工序主要针对基本构件已经安装完成的电池后处理工艺，包括电池预封、电池化成、电池二次封装、容量筛选等。不同材料和结构体系的电池具有不同的装配工序，需要根据封装形式和电池内部结构合理考量设计过程。根据不同的化成环境选择不同的化成夹具，此外还需要考虑电池外部结构以及电池容量大小等因素。

5.2.4.1　电极极板制造工序

（1）电极浆料制备

电极浆料包含正负极活性材料、导电添加剂、黏结剂以及溶剂。根据设计需求和物性参数选择合理的物质配比、搅拌速度和时间，将材料混合搅拌，制备成各组分均匀分散的电极浆料。电极浆料制备如图 5-10 所示。电极浆料的制备直接影响活性材料的电化学性能，是电池制备工艺中最重要的工序。评价电极浆料是否符合标准的参数包括细度、黏度、固含量和流变性质等。电极浆料应该具有稳定性好、黏度适中、流动性好等特点。

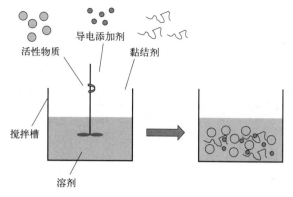

图 5-10　电极浆料制备

（2）涂布

　　以集流体为基底，将制备好的电极浆料均匀地进行涂覆，然后进行干燥处理，使浆料中的溶剂挥发，最终实现活性材料颗粒与集流体之间的紧密结合。涂布方式的选择在一定程度上会影响涂布效果，目前常用的两种方式分别为转移式和挤压式，如图 5-11 所示。转移式涂布如图 5-11（a）所示，随涂辊转动，浆料发生流动，浆料量由刮刀间隙的大小决定，通过背辊转动实现浆料到极板上的转移。挤压式涂布如图 5-11（b）所示，控制浆料的流量和施加的压力，使浆料通过涂布模具的间隙喷射到集流体上。转移式涂布方式的成本较低，但是涂布质量不如挤压式涂布方式。电极涂布通过影响电极活性材料的密度、分布情况等，进而影响电池容量、能量密度、功率密度、循环寿命以及安全性。

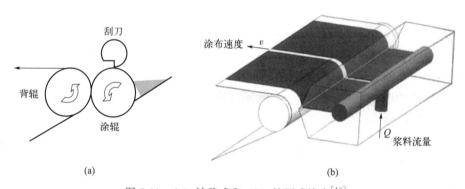

图 5-11　（a）转移式和（b）挤压式涂布[10]

（3）辊压

　　涂布工艺将活性材料涂覆在集流体上，但是材料相对分散且涂料与集流体之间的接触不够紧密。因此，需要通过辊压工艺压实电极涂层达到适宜的压实密度，加强活性材料中颗粒与颗粒以及涂层与集流体之间的接触，如图 5-12 所示。

（4）分切

　　根据电池型号以及装配工艺的需求，进行电极尺寸设

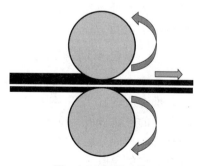

图 5-12　辊压工艺

计，然后通过电极分切达到相应的规格要求。极板分切工艺如图 5-13 所示。

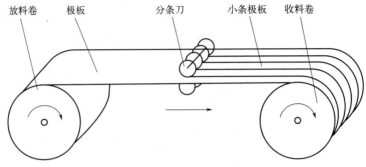

图 5-13　极板分切工艺[10]

5.2.4.2　电池装配工序

　　作为电极极板制造工序的后续步骤，电池装配工序是将制备好的正极极板、隔膜与负极极板以特定的方式连接，建立 Na^+ 的传输通道，同时防止电池短路。经隔膜卷绕或堆叠是正极板、负极板连接的两种不同方式，其中卷绕方式又包含两种结构，分别为圆柱卷绕和方形卷绕。圆柱电池（如 18650、26650 等型号）通常采用圆柱卷绕结构，软包电池和方形硬壳电池多采用方形卷绕结构或堆叠方式。由于生产设备自动化程度高、制备工艺成熟，卷绕结构电池的生产效率高，适用于大规模工业化生产。然而，卷绕工艺可能会导致极板弯折、断裂以及活性物质的脱落，这对极板的韧性以及涂布质量提出较高要求。此外，卷绕结构电池的不同面所受张力不同，内部反应的一致性也较差。与卷绕结构电池相比，堆叠结构电池内部的电流分布均匀，电化学反应一致性较好，电池具有较好的倍率性能。堆叠结构中较大的比表面积有利于散热，电池具有较高的安全性，并且电池内部空间的利用率较高，能量密度比卷绕结构电池高 5% 左右。然而，堆叠结构电极板制备过程中的冲切步骤会降低电极的平整度，可能导致电池短路。此外，堆叠结构制造工艺的生产效率和自动化程度较低。

　　（1）圆柱电池装配工艺

　　圆柱电池内部采用圆柱卷绕结构，外壳通常选用钢质金属材料，并采用一体式冲压成型工艺制备而成。将焊接有极耳的正极板与负极板通过隔膜隔开，并以圆形卷针作为卷轴绕成圆柱形结构，制备获得圆柱钠离子电池电芯，其结构如图 5-14 所示。正、负极板上的极耳分别从裸电芯的两端引出，其中负极耳与电池壳底部采用电阻点焊连接，正极耳与盖帽通过激光焊接，再依次经过滚槽、真空干燥、注液、密封等工艺步骤获得圆柱钠离子电池。

　　（2）软包电池装配工艺

　　叠片结构和方形卷绕结构在软包电池中均适用。将经过切模后的极板与隔膜组合排列后，堆叠成具有"Z"字形结构的裸电芯，然后将正负极带胶极耳分别焊接在集流体上提前预留好的正负极极耳位点。在卷绕式结构设计过程中，首先选择具有适宜尺寸的带胶正、负极极耳，然后分别焊接在正、负极极板上，并与隔膜一同围绕方形卷针卷绕，获得具有方形卷绕结构的裸电芯。最后，将裸电芯放入设计好的铝塑膜壳体中，经顶封、侧封、注液、封口等步骤获得软包钠离子电池。

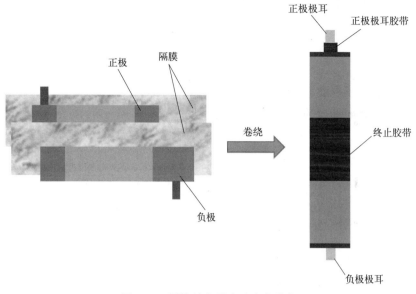

图 5-14 圆柱钠离子电池电芯卷绕

（3）方形硬壳电池装配工艺

根据所选外壳材质和制造工艺的不同，方形硬壳电池包含两种，分别为铝壳方形电池和钢壳方形电池。铝壳方形电池具有一体化电池壳结构，壳体和底板经冲压成型，无需焊接。采用钢质金属外壳的方形电池的壳体和底板则通过激光焊接，以提升电池壳的强度。与软包电池的裸电芯类似，方形硬壳电池也可分为卷绕结构和堆叠结构，只是极耳的结构略有区别。方形硬壳电池的裸电芯上的正、负极极耳采用直接引出的方式，并直接焊接在电池壳上盖的正、负极极柱上。采用激光焊接方式，将方形硬壳电池的上盖与壳体进行连接，经密封、真空干燥、注液等工艺完成方形硬壳钠离子电池的装配。

5.2.4.3 电池化成和分容

（1）化成

采用某一充放电制度，对电极的活性材料进行激活，该工艺步骤被称为电池化成。当有电流流过时，钠离子电池中有电化学反应发生，电极材料和电解质的组成在首周充电过程中都会发生变化。随着充电深度的不断加深，正、负极表面分别被正极表面电解液界面（CEI）膜和固体电解液界面（SEI）膜覆盖，电极材料组成的改变会对电池的充放电性能、循环寿命等造成影响。

（2）分容

采用某一特定放电制度，对充满电的钠离子电池进行放电操作，获得电池的放电电容的过程被称为电池分容。作为评价电池自放电率的关键参数，单位时间内钠离子电池的电压降 K 是电池分容过程需要测量的关键参数。K 值越大，电池的自放电率越高。

5.2.4.4 电池筛选

电池筛选的目标是筛选出满足同一标准的单体电池，确保组成的电池组具有较好的一致性。电池筛选工艺所需考虑的参数包括单体电池的工作电压、容量、充放电时间、自放电率等，且需根据参数制定合理的筛选标准。高效且合理的筛选工艺不仅能够提升电池工艺的生产效率、降低生产成本，还能显著提升钠离子电池的性能。除了性能参数外，还需要对电池的机械性能、外观特性等进行合理评价，包括电池壳的密封性、绝缘膜的完整性等，确保筛选标准的客观性和完备性。

5.2.5 软包钠离子电池设计

基于软包电池设计原则和方法[6]，本节介绍了软包钠离子电池结构参数的设计过程。以设计 NaCP10/64/165 软包钠离子电池为例，以电池的平均值为设计结果，本节正负极配方以及所需材料的相关参数见表 5-8 和表 5-9。容量平衡系数为 1.08；正、负极冷压密度为 $3.0g/cm^3$ 和 $1.5g/cm^3$；烘烤后正负极膜板反弹系数均为 1.02；半电状态正极膜板总反弹系数为 1.08；半电状态负极膜板总反弹系数为 1.15。

表 5-8　软包钠离子电池正负极配方

项目	材料	质量分数/%	真实密度/(g/cm³)	质量比容量/[(mA·h)/g]
正极	NaCP	95.0	5.20	145
	PVDF	2.0	1.78	—
	Super-P	3.0	2	—
负极	硬碳	95.0	1.6	300
	CMC	2.0	1.3	—
	SBR	2.0	1	—
	Super-P	1.0	2	—
电解质	NaPF₆	—	2.369	—

注：NaCP 为铜铁锰酸钠 $[Na_{0.9}(Cu_{0.22}Fe_{0.3}Mn_{0.48})O_2]$。

表 5-9　软包钠离子电池材料性质

材料	宽/mm	厚/mm	密度/(g/cm³)	电导率/10⁻⁸Ω·m	孔隙率/%
Al 箔	—	0.016	2.6	2.6548	—
Cu 箔	—	0.012	8.6	1.6780	—
Al 极耳	4	0.08	2.7	2.6548	—
Ni 极耳	4	0.08	8.9	6.8400	—
隔膜	—	0.016	0.92	—	45
铝塑膜	—	0.115	1.563	—	—

（1）电池最终尺寸计算

电池厚=10mm，电池宽=64mm，电池长=165mm。此电池的设计长、宽、厚均为负公差。

（2）带电状态裸电芯尺寸计算

① 带电状态裸电芯厚：$10-2×0.115=9.77$（mm）；

② 带电状态裸电芯长为 150mm；

③ 带电状态裸电芯宽为 60mm。

（3）卷绕层数计算

设计中取正极最大面密度为 30mg/cm²，正极冷压密度为 3.0g/cm³，负极冷压密度为 1.5g/cm³。

$$负极最大面密度 = \frac{1.08 \times 30 \times 145 \times 0.95}{300 \times 0.95} = 15.66 \text{(mg/cm}^2)$$

$$正极冷压厚度 = 30 \div 3.0 \div 100 \times 2 + 0.016 = 0.216 \text{(mm)}$$

$$负极冷压厚度 = 15.66 \div 1.5 \div 100 \times 2 + 0.012 = 0.221 \text{(mm)}$$

$$正极半电状态厚度 = (0.216 - 0.016) \times 1.08 + 0.016 = 0.232 \text{(mm)}$$

$$负极半电状态厚度 = (0.221 - 0.012) \times 1.15 + 0.012 = 0.252 \text{(mm)}$$

$$对应半电状态一层卷绕厚度 = 0.232 + 0.252 + 2 \times 0.016 = 0.516 \text{(mm)}$$

$$对应卷绕层数 = \frac{9.77 - 0.016}{0.516} = 18.903 \text{(层)}$$

因此卷绕层数取 19 层。

（4）极板面密度计算

$$对应半电状态一层卷绕厚度 = \frac{9.77 - 0.016}{19} = 0.513 \text{(mm)}$$

带电状态正极膜板厚度 + 带电状态负极膜板厚度 = $0.513 - 2 \times 0.016 - 0.012 - 0.016 = 0.453 \text{(mm)}$

$$\frac{正极面密度}{3.0 \times 100} \times 2 \times 1.08 + \frac{负极面密度}{1.5 \times 100} \times 2 \times 1.15 = 0.513 - 2 \times 0.016 - 0.012 - 0.016 = 0.453$$

$$\frac{负极面密度 \times 300 \times 0.95}{正极面密度 \times 145 \times 0.95} = 1.08$$

则：正极面密度 = 29.87mg/cm²，负极面密度 = 15.53mg/cm²，层数 = 19 层。

（5）裸电芯、电池厚度计算

$$冷压后正极极板厚度 = \frac{29.87}{3.0 \times 100} \times 2 + 0.016 = 0.215 \text{(mm)}$$

$$烘烤后正极极板厚度 = \frac{29.87}{3.0 \times 100} \times 2 \times 1.02 + 0.016 = 0.219 \text{(mm)}$$

$$半电状态正极极板厚度 = \frac{29.87}{3.0 \times 100} \times 2 \times 1.08 + 0.016 = 0.231 \text{(mm)}$$

$$冷压后负极极板厚度 = \frac{15.53}{1.5 \times 100} \times 2 + 0.012 = 0.219 \text{(mm)}$$

$$烘烤后负极极板厚度 = \frac{15.53}{1.5 \times 100} \times 2 \times 1.02 + 0.012 = 0.223 \text{(mm)}$$

$$烘烤后一层卷绕厚度 = 0.219 + 0.223 + 2 \times 0.016 = 0.474 \text{(mm)}$$

半电状态负极极板厚度 $= \dfrac{15.53}{1.5 \times 100} \times 2 \times 1.15 + 0.012 = 0.250 \text{(mm)}$

裸电芯厚度 $= (0.219 + 0.223 + 2 \times 0.016) \times 19 + 0.016 = 9.022 \text{(mm)}$

半电状态裸电芯厚度 $= (0.231 + 0.250 + 2 \times 0.016) \times 19 + 0.016 = 9.763 \text{(mm)}$

电池厚度 $= (0.231 + 0.250 + 2 \times 0.016) \times 19 + 0.016 + 2 \times 0.115 = 9.993 \text{(mm)}$

（6）卷针计算

卷针周长 $= (60 - 9.77) \times 2 = 100.46 \text{(mm)}$

假设卷针为长方形卷针，卷针总厚度为 1mm，则：

卷针长度 $= 100.46 \div 2 - 1 = 49.23 \text{(mm)}$

（7）极板、隔膜尺寸计算

其中，隔膜压缩尺寸为 0.4mm，隔膜超出负极宽度为 2mm，隔膜超出正极宽度为 1mm。余量 1 取 2mm，余量 2 取 2mm，余量 3 取 4mm。

隔膜宽度 $= 150 + 0.4 = 150.4 \text{(mm)}$

负极宽度 $=$ Cu 箔宽度 $= 150.4 - 2 = 148.4 \text{(mm)}$

正极宽度 $=$ Al 箔宽度 $= 148.4 - 1 = 147.4 \text{(mm)}$

$$L_{\text{p1}} = \text{Al 箔宽度} = \frac{(19+1) \times 100.46}{2} + \frac{3.14}{4} \times \left[2 \times \left(\frac{0.219}{2} + 0.016 \times 2 + 0.223 \right) + \right.$$
$$\left. (19-1) \times 0.474 \right] \times 19 = 1142.7 \text{(mm)}$$

$$L_{\text{p2}} = 4 + 2 = 6 \text{(mm)}$$

$$L_{\text{p4}} = (4+2) \times 2 = 12 \text{(mm)}$$

$$L_{\text{p3}} = \frac{100.46}{2} - 6 - \frac{12}{2} = 38.23 \text{(mm)}$$

$$L_{\text{p5}} = 100.46 + \frac{3.14}{4} \times \left[(19+1) \times 0.474 - \frac{0.219}{2} \right] + 4 = 111.8 \text{(mm)}$$

$$L_{\text{p6}} = 4 \text{(mm)}$$

$$L_{\text{n1}} = \text{Cu 箔宽度} = \frac{19 \times 100.46}{2} + \frac{3.14}{4} \times \left[2 \times \left(0.219 + 0.016 \times 2 + \frac{0.223}{2} \right) + \right.$$
$$\left. (19-2) \times 0.474 \right] \times (19-1) = 1078.5 \text{(mm)}$$

$$L_{\text{n2}} = 4 \text{(mm)}$$

$$L_{\text{n4}} = 4 \times 2 = 8 \text{(mm)}$$

$$L_{\text{n3}} = \frac{100.46}{2} - 4 - \frac{8}{2} = 42.23 \text{(mm)}$$

$$L_{\text{im}} = 1078.5 \times 2 + 12 = 2169 \text{(mm)}$$

（8）电解质质量

$$正极膜板真实密度 = \cfrac{1}{\cfrac{95\%}{5.20} + \cfrac{2\%}{2.00} + \cfrac{3\%}{1.78}} = 4.77(g/cm^3)$$

$$正极膜板孔隙率 = 1 - \frac{3.5}{4.77} = 26.6\%$$

$$\begin{aligned}正极膜板孔体积 = &147.4 \times (2 \times 1142.7 - 2 \times 6 - 12 - 111.8 - 4) \times \\ &(0.215 - 0.0016) \times 26.7\% = 18019.9(mm^3)\end{aligned}$$

$$负极膜板真实密度 = \cfrac{1}{\cfrac{95\%}{1.6} + \cfrac{2\%}{1.3} + \cfrac{2\%}{1} + \cfrac{1\%}{2}} = 1.58(g/cm^3)$$

$$负极膜板孔隙率 = 1 - \frac{1.5}{1.58} = 5.06\%$$

$$负极膜板孔体积 = 148.4 \times (2 \times 1078.5 - 2 \times 4 - 8) \times 0.219 \times 5.06\% = 3520.8(mm^3)$$

$$隔离膜孔体积 = 2169 \times 150.4 \times 0.016 \times 45\% = 2348.77(mm^3)$$

$$裸电芯孔总体积 = 18019.9 + 3520.8 + 2348.77 = 23889.47(mm^3)$$

$$电解质质量 = 23889.47 \times 2.369 \div 1000 \times 1.06 = 59.99(g)$$

（9）电芯质量计算

$$Al 箔质量 = \frac{1142.7 \times 147.4 \times 0.016}{1000} \times 2.6 = 7.01(g)$$

$$Cu 箔质量 = \frac{1078.5 \times 148.4 \times 0.012}{1000} \times 8.6 = 16.52(g)$$

$$正极膜板质量 = \frac{29.87 \times 147.4 \times (2 \times 1142.7 - 2 \times 6 - 12 - 111.8 - 4)}{1000 \times 100} = 94.47(g)$$

$$负极膜板质量 = \frac{15.53 \times 148.4 \times (2 \times 1078.5 - 2 \times 4 - 8)}{1000 \times 100} = 49.34(g)$$

$$隔膜质量 = \frac{2169 \times 150.4 \times 0.016 \times (1 - 0.45) \times 0.92}{1000} = 2.64(g)$$

$$铝塑膜质量 = \frac{97 \times (150.4 + 3) \times 2 \times 0.115 \times 1.563}{1000} = 5.349(g)(两侧封宽均为 3mm)$$

假设极耳总长度为 60mm 且忽略极耳胶质量影响，则有：

$$Al 极耳质量 = \frac{60 \times 3 \times 0.08 \times 2.7}{1000} = 0.039(g)(假设极耳长度为 60mm)$$

$$Ni 极耳质量 = \frac{60 \times 3 \times 0.08 \times 8.9}{1000} = 0.128(g)(假设极耳长度为 60mm)$$

电芯质量 $= 7.01 + 16.52 + 94.47 + 49.34 + 2.64 + 5.349 + 0.039 + 0.128 + 59.99 = 235.49(g)$

（10）容量和内阻计算

容量 $=5.2\times0.95\times145=716.3(\text{mA}\cdot\text{h})$

此体系单位面积离子电阻为 $620000\text{m}\Omega/\text{mm}^2$

离子电阻 $=620000/(148.4\times2\times1078.5)=1.94(\text{m}\Omega)$

$$\text{Cu 箔电阻}=1.678\times\frac{1078.5}{2\times0.012\times148.4\times100}=5.08(\text{m}\Omega)$$

$$\text{Al 箔电阻}=2.6548\times\frac{1142.7}{2\times0.016\times147.4\times100}=6.43(\text{m}\Omega)$$

$$\text{Al 极耳电阻}=2.6548\times\frac{48.5}{2\times0.08\times3\times100}=2.68(\text{m}\Omega)$$

$$\text{Ni 极耳电阻}=6.84\times\frac{48.5}{2\times0.08\times3\times100}=6.91(\text{m}\Omega)$$

5.3 锂-硫电池设计

5.3.1 锂-硫电池概述

传统锂离子电池具有工作电压高、自放电率低等优点，被广泛应用于各类便携式电子产品和消费设备中。然而，在长续航电动汽车、电网储能等领域的应用中，目前锂离子电池的能量密度无法满足未来市场。高比能、长续航的高性能电池必定是未来电池发展的趋势，这对电池的性能提出了较高的要求。由于具有能量密度大的优势，锂-硫电池因此成为了具有发展前景的下一代高比能电池。

锂-硫电池是以硫为正极，以锂为负极构成的二次电池。硫储量丰富，易于获得，价格低廉，且绿色环保。锂-硫电池以单质硫作为正极材料，具有大比容量和高能量密度。锂-硫电池的理论能量密度大约为 2600（W·h）/kg，远超传统的商业锂离子电池（目前商业化的锂离子电池能量密度在 200~250（W·h）/kg）[11]。但由于单质硫的导电性低，多硫化物的"穿梭效应"和正极结构体积变化大等问题，锂-硫电池的寿命较短，因此还未完全实现大规模商业化应用。

5.3.1.1 锂-硫电池的工作原理

硫又称硫黄，是锂-硫电池中正极的活性物质材料。自然界存在的状态稳定的单质硫，大多是以 8 个硫原子成环连接在一起，形成稳定的环状结构，化学式为 S_8。作为正极活性物质，在发生电化学反应提供容量时，单质硫经历了一系列的较为缓慢的动力学过程。理论上，单质硫是逐步被还原的，但是在实际工作中一般只出现两个反应平台，因此可以将反应简化为两个部分。锂-硫电池充放电的反应方程式如下[12]：

（1）放电过程

$$\text{正极：} \qquad S_8+2Li^++2e^-\Longrightarrow Li_2S_8 \tag{5-64}$$

$$3Li_2S_8+2Li^++2e^-\Longrightarrow4Li_2S_6 \tag{5-65}$$

$$2Li_2S_6 + 2Li^+ + 2e^- \Longrightarrow 3Li_2S_4 \qquad (5\text{-}66)$$

$$Li_2S_4 + 2Li^+ + 2e^- \Longrightarrow 2Li_2S_2 \qquad (5\text{-}67)$$

$$Li_2S_2 + 2Li^+ + 2e^- \Longrightarrow 2Li_2S \qquad (5\text{-}68)$$

负极： $$Li - e^- \Longrightarrow Li^+ \qquad (5\text{-}69)$$

（2）充电过程

负极： $$Li^+ + e^- \Longrightarrow Li \qquad (5\text{-}70)$$

正极： $$8Li_2S \Longrightarrow S_8 + 16Li^+ + 16e^- \qquad (5\text{-}71)$$

在发生电化学反应时，锂-硫电池正极 S_8 的环状结构首先被破坏，生成长链多硫化物 Li_2S_x 中间产物（$4 \leqslant x \leqslant 8$）[反应方程式（5-64）~式（5-66）]，对应于第一个电化学反应平台，电压在 $2.1 \sim 2.4V$ 之间。多硫化物进一步反应，最终生成产物 Li_2S_2 和 Li_2S [反应方程式（5-67）和式（5-68）]，对应于第二个电化学反应平台，电压在 $1.5 \sim 2.1V$ 之间，锂-硫电池提供的大部分能量来源于此反应。在负极，金属锂失去一个电子（e^-），被氧化成锂离子（Li^+）[反应方程式（5-69）]。电子通过外电路形成电流，电池内部依靠锂离子在正负极之间运动形成电荷的移动。在充电时，过程刚好相反 [反应方程式（5-70）和式（5-71）][12]。锂-硫电池的充放电原理如图 5-15 所示。

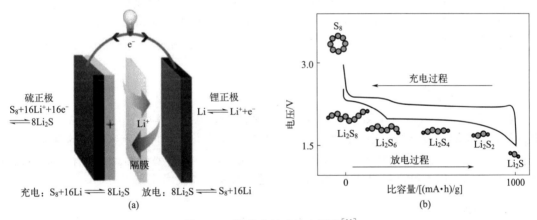

图 5-15 锂-硫电池充放电原理[11]

5.3.1.2 锂-硫电池存在的问题

（1）正极硫的低导电性和巨大的体积变化（高达 80%）

硫在室温下的电导率较低，仅为 $5 \times 10^{-30} S/cm$。此外，硫在反应的过程中体积变化较大，导致正极材料被破坏，发生结构坍塌，缩短电池寿命。

（2）负极金属锂枝晶的形成

在锂-硫电池反复的充放电过程中，锂不断溶解和沉积会诱发树枝状金属锂形成（锂枝晶）。尖锐的锂枝晶会破坏在负极上形成的 SEI 膜，导致电池性能降低。此外，锂枝晶还有可能刺破隔膜，导致内部正负极短接，从而造成严重的安全隐患。

（3）正极反应中间产物多硫化锂（Li_2S_x，$4 \leqslant x \leqslant 8$)的"穿梭效应"

在锂-硫电池放电过程中，单质硫 S_8 逐步还原生成多硫化物 Li_2S_x（$4 \leqslant x \leqslant 8$）中间产物，中间产物易溶于有机电解质，会扩散到锂负极，造成活性物质的损失。在浓度梯度作用下，Li_2S_x（$1 \leqslant x \leqslant 2$）扩散回正极；在电势（又称电位）作用下，又再次被还原成 Li_2S_x（$4 \leqslant x \leqslant 8$）[13-14]。"穿梭效应"会给锂-硫电池的充放电过程带来诸多问题，如循环寿命差、容量衰减严重等。

5.3.2　锂-硫电池设计相关因素

（1）电池的比容量和比能量

比容量和比能量的定义已在先前章节介绍过，这里主要针对影响锂-硫电池比容量和比能量的相关因素进行介绍。从复合材料的角度出发，在锂-硫电池实际设计中添加的复合材料不应过多，否则会影响硫的负载量，最终影响电池的能量密度。从极板的角度出发，合适的极板厚度，既可以保证较大的能量密度，也可以保证良好的离子传输。此外，非活性物质往往是构成极板的重要部分，但含量不宜过多，否则会影响电极的能量密度，因此最好是将复合材料直接作为极板，能够显著提升电池能量密度。从整个电池的角度出发，应该最大限度地减轻各个部件的质量，增加活性物质的质量比例，同时保障电池的性能指标，这需要对电池结构进行设计和优化。例如，我国新能源产业龙头企业宁德时代生产的"麒麟电池"和比亚迪集团生产的"刀片电池"都是通过减少电池组内部其他部件的体积节省空间，同体积的电池组能够容纳更多的电芯，提高了电池组整体的空间利用率，进而提升电池组的能量密度。

（2）充放电倍率

在锂-硫电池的实际应用当中，很难具备绝对稳定的电池工作条件，因此电池的充放电电流不是恒定的，电流的大小会根据实际应用情况发生变化，不同电流密度下的电池容量不同。因此，锂-硫电池的充放电倍率性能是检验实用性的一个重要指标。大倍率充放电能够减少充电时间，但大电流对电池的冲击较大，通常需要相关技术支撑[15-16]。

（3）电压

锂-硫电池的放电曲线有两个平台，高平台在 $2.1 \sim 2.4V$，低平台在 $1.5 \sim 2.1V$ 左右；充电曲线只有一个平台，在 $2.4 \sim 2.5V$。工作电压过大，可能会导致电池内部电解质分解，集流体破裂，诱发安全隐患。工作电压窗口的大小也会影响锂-硫电池的比容量和能量密度。电压平台与反应过程一一对应，在设计电池时，可以通过充放电曲线平台对应的电压来明确化学反应，判断电池是否处于正常状态。根据工作电压范围和实际应用情况，能够进一步明确锂-硫电池的应用场所[15-16]。

（4）寿命

在充放电循环过程中，锂离子持续地嵌入和脱出会对正极的结构造成影响。随着循环的进行，电池的容量逐渐衰减，当达到临界电容值时，电池因无法满足实际功能需求而需进行报废处理。尽管锂-硫电池的比容量高、能量密度大，但由于多硫化物穿梭效应的存在，锂-硫电池较差的循环性能是阻碍其商业化进程的关键因素[15-16]。

（5）内阻

锂-硫电池的内阻包括欧姆内阻和极化内阻，欧姆内阻包含电极材料、电解质、隔膜电阻及各部分零件的接触电阻，极化内阻是指在电化学反应过程中由极化引起的电阻，包括电化学极化和浓差极化引起的电阻。内阻越大，充放电过程中内部损耗功率越大，发热现象越严重，加速电池老化，引发安全问题。在锂-硫电池的设计中，减小电池内阻，能够增加实际能量利用率，同时提高电池的倍率性能，延长使用寿命[15-16]。

5.3.3 锂-硫电池设计关键技术

（1）提升正极材料的导电性

室温下，单质硫的电导率较低，仅为 $5 \times 10^{-30} \, \text{S/cm}$，因此不能直接作为正极材料使用。与各种导电材料复合是提升材料导电性最好的方法，在提升硫电导率中，硫碳复合材料是最常见的。碳质材料具备优异的力学性能、导电性和导热性，具有可调控的表面结构，且孔结构也可通过化学方法调节。目前，具有代表性的碳材料包括一维碳纳米管、一维碳纳米纤维、二维石墨烯、三维多孔碳等。作为一维碳材料的典型代表，碳纳米管的长径比较大，碳原子以 sp^2 杂化结合，具有优异的导电性和导热性以及良好的综合力学性能。此外，交联的碳纳米管具有导电网络结构，赋予了硫优异的导电性。作为最常用的二维碳材料，石墨烯具有较大的比表面积、优异的电学性能、较高的电子迁移率。三维多孔碳材料不仅具有良好的导电性、较大的孔隙率和孔体积（可容纳较多的硫纳米颗粒），还具有较高的负载量[17]。

（2）抑制"穿梭效应"

"穿梭效应"是阻碍锂-硫电池大规模商业化应用的关键。多硫化物具有极性，碳材料具有非极性，二者间相互作用较弱。金属化合物具有强极性，能够与多硫化物产生较强的物理吸附，能够显著抑制"穿梭效应"。金属化合物主要包括金属氧化物、金属氮化物、金属硫化物以及金属碳化物，在抑制"穿梭效应"中，过渡族金属化合物较为常用。过渡族金属化合物与多硫化物之间不仅具有相互作用，而且能够促进多硫化物的催化转化，加快锂-硫电池中缓慢的动力学反应，硫外层的包覆还能够提供稳定的结构支撑。例如，将 TiO_2 包覆在单质硫的表面，可以实现长达 1000 次的稳定循环，且锂-硫电池保持良好的容量。其他常见的金属化合物还有 TiS_2、ZnS、WS_2、MoS_2、VS_2 等[18]。

多硫化物可溶于有机电解质，但无法溶于固态电解质。因此，固态电解质能够有效地解决锂-硫电池中多硫化物的穿梭问题。

（3）负极的保护

在锂-硫电池的循环过程中，金属锂会在负极上反复溶解沉积，导致电极表面粗糙度增加和锂枝晶的产生。同时，电解质中溶解的多硫离子会与锂负极发生副反应，因此需要对锂负极进行保护，进而提升锂-硫电池的循环性能。负极保护方法包括在电解质中引入添加剂、制备锂合金材料、预钝化[19]。

LiNO_3 能与电解质中 1,3-二氧戊烷（DOL）以及 Li_2S_x（$4 \leqslant x \leqslant 8$）反应，在锂负极表面形成钝化保护层，能够有效抑制不溶性的锂-硫化物在锂负极表面沉积，进而抑制锂-硫电池中的穿梭效应。在一定电位下，双乙二酸硼酸锂（LiBOB）会发生还原分解，形成具有保护性、结构完整致密、力学性能强且离子迁移阻抗较低的钝化膜，不仅增加了电解质与负极材料的相容性，还抑制了锂枝晶的形成和穿梭效应。

在电池组装前，对金属锂进行化学处理，形成一层钝化层，也能实现对锂负极的保护。可使用的氧化剂有 SO_2、SO_2Cl_2、$SOCl_2$，或者 H_3PO_3、H_3PO_4 等无机酸以及部分有机溶剂。以 SO_2 气体对金属锂进行预处理为例，会形成 $Li_2S_2O_4$ 钝化层，不仅能够防止多硫化物对锂负极的腐蚀，还可提高电池的循环性能[20]。

（4）开发新体系

除了单质硫，小分子硫、硫化锂和液态硫也可作为正极材料。小分子硫指的是 $S_{2\sim4}$ 以及硫化碳中的硫［典型有硫化聚丙烯腈（SPAN）］，具有类似链状结构，且至少在一个维度上尺寸小于 0.5nm，因此可以容纳于微小的碳孔中。例如，SPAN 中的小分子硫，是一种硫化碳中的硫。SPAN 中的小分子硫在反应过程中不生成多硫化物，而是以共价键的方式与聚丙烯腈（PAN）进行结合，因此可以很好地搭配碳酸酯电解质使用。Li_2S 是单质硫放电的最终产物，作为正极具有很多优势。首先，Li_2S 能够避免单质硫材料的体积膨胀问题；其次，Li_2S 具有 1167（$mA \cdot h$）/g 的理论比容量，是传统锂离子电池的 3 倍之多；再者，Li_2S 的熔点很高，可以在高温下与材料复合；最重要的一点是，作为正极的 Li_2S 可以搭配无锂金属的负极，保障电池具有良好的安全性能。将多硫化物溶解在电解质当中制备的液态硫体系，可作为电池的活性物质使用，匹配集流体正极即可。活性物质能够溶解在电解质中，且活性物质分布均匀，不存在首次固液转化，导致该反应体系的反应活性较高，具有很好的氧化还原动力，因此液态的多硫化物比固态的硫具有更高的利用率[21]。

5.3.4 锂-硫电池设计基本过程

锂-硫电池的设计主要集中在正极、电解质和负极方面，如图 5-16 所示。其中，固态电解质是近年来的热门研究方向。国内赣锋锂业、国轩高科、孚能科技均有相关技术和产业线，已部分实现商用试产，相关技术产品均处于国际领先水平。

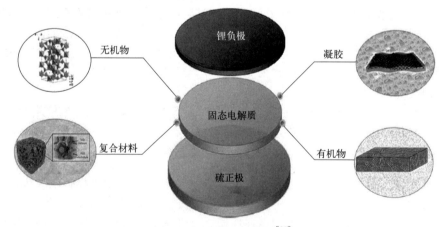

图 5-16　锂-硫电池结构[22]

（1）正极的设计

正极的设计主要集中于单质硫与各种材料的复合方式，巧妙地利用各种材料的优点，设计合理的结构，使正极材料的优势得到充分发挥。在正极结构设计中，核壳结构最为常见。通过构建核壳结构，将有机高分子聚噻吩（PT）和单质硫进行复合，如图 5-17 所示。对组装的电池进行电化学测试，结果显示，在相同的电流密度下，PT 含量为 28.1% 的 PT/S 复合材料具有较高的容量和优异的循环性能，且对多硫化物"穿梭效应"的抑制效果较好[23]。蛋壳-蛋黄结构是由核壳结构经过改良获得的，相比于核壳结构以及未包覆的硫，具有更好的循环稳定性。如图 5-18 所示，将 TiO_2 包覆于硫纳米颗粒表面，通过有机溶剂溶去中心的部分硫，中空部分的空间缓解了放电过程中的体积膨胀，保证了电极在循环过程中结构的完整性。在 0.5 C 倍率下，具有蛋壳-蛋黄结构的正极材料的初始放电比容量高达 1030（mA·h）/g，在循环 1000 次后，仍保持 67% 的容量[24]。利用自组装的聚苯胺（PANI）对硫进行封装，获得了具有三维结构的硫正极，如图 5-19（a）所示。在高温下，单质硫会与三维交联的 PANI 发生反应形成二硫键，未反应的单质硫被封装在分子之间，很好地限制了反应中多硫化物的生成[25]。聚（3,4-乙烯二氧噻吩）（PEDOT）/聚（苯乙烯磺酸盐）（PSS）基导电聚合物不仅具有刚性和稳定性，而且具有离子导电性和电子导电性，能够有效阻断多硫化物的溶解，为离子和电子提供通道[26]。将 PEDOT/PSS 基导电聚合物涂覆在介孔碳硫复合材料（CMK-3）上，制备获得复合材料，如图 5-19（b）所示。

图 5-17　PT 与硫复合制备核壳结构过程[23]

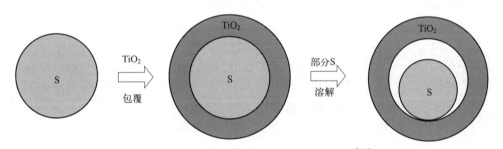

图 5-18　TiO_2 与硫复合制备蛋壳-蛋黄结构[24]

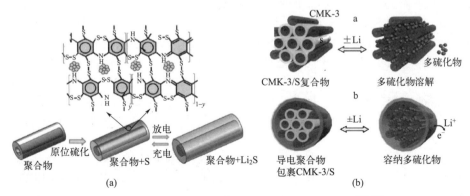

图 5-19　有机物封装硫结构（a）及其合成过程（b）[25-26]

（2）电解质的设计

目前，锂-硫电池电解质的研究主要集中在固态电解质方面。固态电解质不仅可以解决液态电解质的漏液、胀气问题，还可以充当隔膜，极大地提升电池的安全性。目前，固态电解质的研究方向大致可以分为聚合物固态电解质和无机固态电解质两大部分。其中，有关无机固态电解质的研究较多，且体系更加成熟。

通过原位液体工艺，将硫化电解质涂覆在 Co_9S_8 纳米片上，获得了一种界面结构的纳米复合物，如图 5-20 所示。首先，通过聚乙烯醇（PVA）辅助水沉淀反应，合成硫化钴纳米片。在乙腈溶剂中，硫化钴纳米片、Li_2S 和 P_2S_5（Li_2S 和 P_2S_5 的摩尔比为 7：3）会发生原位液相沉积反应，转化为 $CoS/Li_7P_3S_{11}$ 纳米复合材料前驱体。经 260℃ 退火，$Li_7P_3S_{11}$ 晶体汇集到硫化钴纳米片上，形成纳米复合结构。与非固相法制备的硫化电解质颗粒相比，固相法制备获得的硫化电解质颗粒尺寸明显降低，仅约 10nm，进而增大了电解质与 Co_9S_8 纳米片的接触面积，形成良好的锂离子传输路径，降低了界面阻抗。采用 $CoS/Li_7P_3S_{11}$ 纳米复合材料的全固态锂-硫电池具有优异的循环稳定性，在 $1.27mA/cm^2$ 的电流密度下循环 1000 次后，可逆容量仍为 421（mA·h）/g[27]。

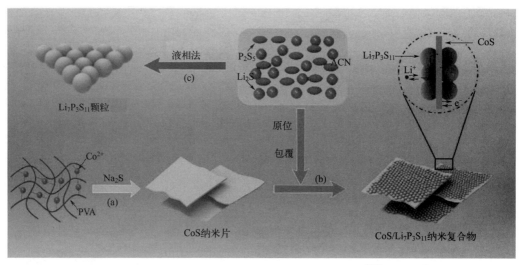

图 5-20 $CoS/Li_7P_3S_{11}$ 固态电解质合成过程[27]

采用由自下而上合成方法制备的固态电解质也具有良好的性能。将 Li_2S、聚乙烯吡咯烷酮（PVP）和 Li_6PS_5Cl 溶解在乙醇中，然后经共沉淀和炭化，得到性能优异的固态电解质，如图 5-21 所示，实现了纳米级 Li_2S 和 Li_6PS_5Cl 在软碳基体中的原位生长。纳米复合材料提供的缓冲空间不仅缓解了充放电过程中的应变/应力，而且促进了锂离子的转移。此外，作为一种优良的电子导体，碳能与活性材料和电解质均匀结合，具有较大的三相接触面积，提升了活性材料的利用率。因此，$Li_2S-Li_6PS_5Cl-C$ 纳米复合材料具有良好的结构特点，不仅提升了锂离子和电子的传输动力学，还抑制了脱锂/嵌锂过程中电极材料的体积变化[27]。

全固态电解质最常用的体系是聚氧化乙烯（PEO）基电解质，还包括凝胶固态电解质、聚偏二氟乙烯（PVDF）系、聚偏二氟乙烯-六氟丙烯（PVDF-HFP）系和聚甲基丙烯酸甲酯（PMMA）系等。这些体系具有优良的化学稳定性和力学稳定性，在一定条件下其离子传导率与液态电解质相当，具有非常好的应用前景[22]。

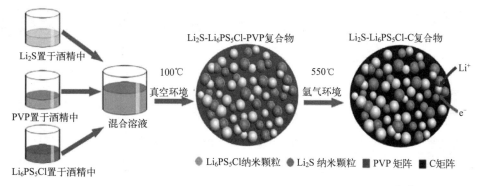

图 5-21　自下而上 Li_2S-Li_6PS_5Cl-C 纳米复合材料电解质的制备[27]

在商业化应用方面，固态电池还处于早期研发阶段。固态电池中的固态电解质主要有三种，包括硫化物、氧化物和聚合物固态电解质。丰田、LG、松下、宁德时代使用硫化物固态电解质，国内企业主要使用氧化物固态电解质，包括清陶（昆山）能源发展集团股份有限公司、赣锋锂业集团股份有限公司等，欧美企业主要使用聚合物固态电解质。

（3）负极的设计

在锂-硫电池中，金属锂负极具有优异的性能，但仍受枝晶问题困扰。通过控制锂枝晶的生长或者生长取向，锂金属的合金化能够抑制或消除枝晶带来的负面影响。在锂金属负极材料中，锂镁合金由于具有较高的锂离子传导速率，且在锂剥离后仍能保持稳定的结构，因此其应用较为广泛。如图 5-22 所示，在电化学去锂化过程中，合金形成相互连接的多孔结构，生成了稳定性较好的含镁固体电解液界面（SEI），导致合金表面具有光滑的形貌。此外，在完成锂剥离后，生成的贫锂锂镁合金基体具有较高电导率和离子导电性，且在循环过程中能够保持微观组织和体块的完整性，从而实现了锂镁合金负极表面和结构的稳定性[28]。

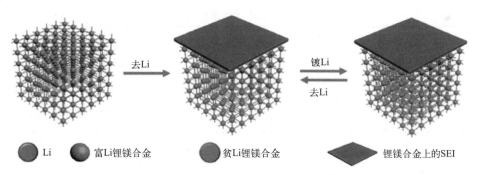

图 5-22　锂镁合金中锂离子嵌入脱出[28]

由于三维结构能够显著降低局部电场，且具有丰富的孔结构和较大的比表面积，能够有效抑制锂枝晶在正极垂直方向上的生长，构建三维结构是改善负极的另一种有效策略。将锂负极构建于三维框架矩阵中，可以缓解体积变化带来的机械效应，有效抑制锂枝晶的生长。采用 N 掺杂三维多孔纳米片对 Cu、Ni 等金属进行泡沫化，在三维骨架结构上构建了三维亲锂多孔结构，显著提升了电池长循环后的容量保持率（1400 次后仍高达 78.1%）。在三维多孔结构锂沉积过程中，形成了平滑的表面，没有观察到锂枝晶，证明锂枝晶的产生得到了有效抑制，如图 5-23 所示[29]。

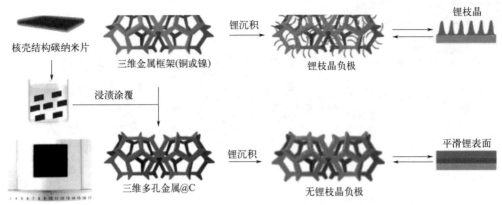

图 5-23 金属锂三维结构设计[29]

在反复溶解沉积的过程中，负极体积也会发生较大变化，通过包覆能够稳定负极结构。此外，构建新型稳定且均匀的人工 SEI 膜不仅能够抑制锂枝晶的生长，还可以提高锂离子的电导率。例如，利用机械压力将铜网压入锂金属中，可以获得三维多孔铜/锂金属集流体复合电极；利用层状结构的材料来预存锂金属（例如石墨烯、Mxene 等）；在铜纳米线上沉积锂金属等。以上设计方法均可有效解决锂枝晶、体积膨胀以及"死锂"等问题，为制备高比容量、高性能负极提供了很好的思路。

5.3.5 软包锂-硫电池设计

本节以硫/碳正极匹配金属锂负极为例，进行软包电池封装，相关的材料及设计参数见表 5-10 和表 5-11，设计结果为电池的平均值，详细计算可参照前几节设计实例。本节采用叠片工艺制作电芯，负极采用商业锂箔，因此不进行烘烤处理。正极冷压密度为 $1.6g/cm^3$；烘烤后的正极膜板反弹系数为 1.02；半电状态正极膜板总反弹系数为 1.08；电池电极容量平衡系数为 1.10。

表 5-10 软包锂-硫电池正负极配方

电极	材料	质量分数/%	真实密度/(g/cm³)	质量比容量/[(mA·h)/g]
正极	S/C	90	2.0	800
	PVDF	6	1.78	—
	Super-P	4	2	—
负极	锂箔	100	0.534	3000

表 5-11 软包锂-硫电池材料性质

材料	宽/mm	厚/mm	密度/(g/cm³)	电导率/×10^{-8}Ω·m
Li 箔	—	0.065	0.534	7.800
Al 箔	—	0.016	2.6	2.655
Cu 箔	—	0.012	8.58	1.678
Al 极耳	3	0.08	2.7	2.655
Ni 极耳	3	0.08	8.9	6.840
PP 隔膜	—	0.016	0.92	—
铝塑膜	—	0.115	1.563	—

（1）软包电池最终尺寸计算

电池长＝80mm，宽＝60mm，厚＝3mm。此电池设计长、宽、厚均为负公差。

（2）带电状态裸电芯尺寸计算

① 带电状态裸电芯厚＝$3-2\times0.115=2.77$（mm）；

② 带电状态裸电芯长为 75mm；

③ 带电状态裸电芯宽为 55mm。

（3）叠片层数、极片面密度计算

假设正极面密度＝$8mg/cm^2$，负极制备过程将 Li 箔双面挤压在 Cu 箔上，

负极整体厚度＝$0.065\times2+0.012=0.142$（mm）

负极最大面密度＝Li 箔密度×厚度

$$=0.534\times0.065\times0.1\times1000=3.471(mg/cm^2)$$

正极冷压厚度＝$\dfrac{\text{正极面密度}}{\text{冷压密度}}\times2+\text{集流体厚度}$

$$=\frac{8}{1.6}\times2\div100+0.016=0.116(mm)$$

负极冷压厚度＝$\dfrac{\text{负极面密度}}{\text{真实密度}}\times2+\text{集流体厚度}$

$$=\frac{3.471}{0.53}\times2\div100+0.012=0.142(mm)$$

正极半电状态厚度＝$\dfrac{\text{正极面密度}}{\text{冷压密度}}\times2\times\text{烘烤后膜板反弹率数}+\text{集流体厚度}$

$$=\frac{8}{1.6}\times2\times1.02\div100+0.016=0.118(mm)$$

半电状态一层叠片厚度＝正极半电状态厚度＋负极冷压厚度＋2×隔膜厚度

$$=0.118+0.142+0.016\times2=0.292(mm)$$

叠片层数＝$\dfrac{\text{带电状态裸电芯厚度}}{\text{一层叠片厚度（带电状态）}}=\dfrac{2.77}{0.292}=9.5$（层）

假设取 10 层。

（4）极片面密度

对应半电状态一层叠片厚度＝$\dfrac{2.77-0.016}{10}=0.275$（mm）

带电状态（正＋负）极膜厚度（双层）＝$0.275-2\times0.016-0.012-0.016=0.215$（mm）

$$\frac{\text{正极面密度}\times2\times1.08}{\text{正极冷压密度}\times100}+\frac{\text{负极面密度}\times2}{\text{负极真实密度}\times100}=0.215(mm)$$

由以上可得：正极面密度＝6.296（mg/cm^2）

　　　　　　　负极面密度＝3.471（mg/cm^2）

（5）裸电芯电池厚度

$$冷压后正极极板厚度=\frac{6.296}{1.6\times100}\times2+0.016=0.095(mm)$$

$$烘烤后正极极板厚度=\frac{6.296}{1.6\times100}\times2\times1.02+0.016=0.096(mm)$$

$$半电状态正极极板厚度=\frac{6.296}{1.6\times100}\times2\times1.08+0.016=0.101(mm)$$

半电状态负极极板厚度$=0.142(mm)$

烘烤后一层叠片厚度$=0.096+0.142=0.238(mm)$

裸电芯厚度$=$铝塑膜冲模厚度
$$=(0.238+0.016\times2)\times10+0.016=2.716(mm)$$

半电状态裸电芯厚度$=(0.101+0.142+0.016\times2)\times10+0.016=2.766(mm)$

电池厚度$=2.766+2\times0.115=2.996(mm)$

（6）极板、隔膜尺寸计算 （电芯 75mm×55mm×2.77mm）

假设极耳长总 55mm，软包两侧封宽各为 3mm

隔膜长度$=75+0.5=75.5(mm)(0.5mm$ 为隔膜压缩尺寸$)$

隔膜宽度$=55+0.5=55.5(mm)(0.5mm$ 为隔膜压缩尺寸$)$

铜箔长度$=$隔膜长度$-$铜箔与隔膜错位长度$=75.5-2=73.5(mm)(2mm$ 为隔膜超出长度$)$

铜箔宽度$=$隔膜宽度$-$铜箔与隔膜错位宽度$=55.5-2=53.5(mm)(2mm$ 为隔膜超出长度$)$

铝箔长度$=$铜箔长度$-$铜箔与铝箔错位长度$=73.5-1=72.5(mm)(1mm$ 为隔膜超出长度$)$

铝箔宽度$=$铜箔宽度$-$铜箔与铝箔错位宽度$=53.5-1=52.5(mm)(1mm$ 为隔膜超出长度$)$

（7）电解质质量计算

$$正极膜板真实密度=\frac{1}{\frac{0.9}{2}+\frac{0.06}{1.78}+\frac{0.04}{2}}=1.985(g/cm^3)$$

$$正极材料孔隙率=1-\frac{1.6}{1.985}=19.40\%$$

正极孔隙体积$=10\times72.5\times52.5\times(0.116-0.016)\times29.47\%=1121.70(mm^3)$

隔膜孔隙体积$=(10\times2+1)\times75.5\times55.5\times0.016\times45\%=633.57(mm^3)$

$$电解液质量=\frac{(1121.70+633.57)\times1.2\times1.06}{1000}=2.233(g)$$

（8）电芯质量计算

$$Al箔质量=\frac{72.5\times52.5\times0.016\times10}{1000}\times2.6=1.58(g)$$

$$Cu \text{ 箔质量} = \frac{73.5 \times 53.5 \times 0.012 \times 10}{1000} \times 8.6 = 4.06(g)$$

$$\text{正极膜板质量} = \frac{72.5 \times 52.5 \times 10 \times 2 \times 6.296}{1000 \times 100} = 4.79(g)$$

$$\text{负极膜板质量} = \frac{73.5 \times 53.5 \times 0.065 \times 2 \times 10 \times 0.534}{1000} = 2.73(g)$$

$$\text{隔膜质量} = \frac{75.5 \times 55.5 \times 0.016 \times 0.55 \times (10 \times 2 + 1)}{1000} = 0.77(g)$$

$$\text{铝塑膜质量} = \frac{2 \times 75 \times (55 + 3) \times 0.115 \times 1.563}{1000} = 1.564(g)$$

假设极耳总长度为 55mm 且忽略极耳胶质量影响，则有：

$$Al \text{ 极耳质量} = \frac{55 \times 3 \times 0.08 \times 2.7}{1000} = 0.036(g)$$

$$Ni \text{ 极耳质量} = \frac{55 \times 3 \times 0.08 \times 8.9}{1000} = 0.117(g)$$

电芯质量 = 15.647(g)

（9）容量和内阻计算

容量 = 8.2 × 0.9 × 800 = 5904.0(mA·h)

此体系单位面积离子电阻为 620000（mΩ/mm²）

$$\text{离子电阻} = \frac{620000}{73.5 \times 53.5 \times (10 \times 2 - 1)} = 8.298(m\Omega)$$

$$Cu \text{ 箔电阻} = 1.678 \times \frac{73.5}{2 \times 0.012 \times 53.5 \times 1000} = 0.096(m\Omega)$$

$$Al \text{ 箔电阻} = 2.6548 \times \frac{75.5}{2 \times 0.016 \times 52.5 \times 1000} = 0.119(m\Omega)$$

$$Al \text{ 极耳电阻} = 2.6548 \times \frac{5.5}{2 \times 0.08 \times 3 \times 1000} = 0.030(m\Omega)$$

$$Ni \text{ 极耳电阻} = 6.84 \times \frac{5.5}{2 \times 0.08 \times 3 \times 1000} = 0.078(m\Omega)$$

电芯内阻 = 8.617(mΩ)

5.4 锂-空气电池设计

5.4.1 锂-空气电池概述

近年来，为全面应对能源危机及环境污染等问题，新能源电动汽车将成为交通领域实现清洁能源替代的选择。然而，就现阶段而言锂离子电池无法在短期内满足人们对新能源汽车长续航能力的需求。因此，目前的研究工作主要集中在寻找可以替代甚至超越锂离子电池的新型电池体系。其中，具有超高理论能量密度［11680（W·h）/kg］的锂-空气电池得到了研究人员的广泛关注。锂-空气电池的正极为氧气，可直接从空气中获取，无需储存在电池内部，因此锂-空气电池在提供较高能量密度的同时具有较轻的质量，因此具有良好的实际应用前景。

锂-空气电池的负极为锂金属，正极反应活性物质为空气中的氧气。根据电解质体系的不同，锂-空气电池可分为水溶液体系、有机溶液体系、有机溶液-水溶液混合体系以及固态电解质体系。在水溶液体系锂-空气电池中，水能够与金属锂负极发生剧烈反应，进而引发安全问题，且正极反应不可逆。因此，自锂-空气电池诞生以来，锂-空气电池的研究和使用主要集中在有机体系锂-空气电池（又被称为非水体系锂-空气电池）。然而，锂-空气电池距离商业化还很遥远，目前关于有机体系锂-空气电池的设计仅停留在实验室阶段。

5.4.2　锂-空气电池设计相关因素

锂-空气电池由空气正极、锂金属负极、电解质和隔膜等四部分组成，每一部分均会对锂-空气电池的设计造成影响。

（1）正极

锂-空气电池正极材料不参与电化学反应过程，但在整个电化学过程中扮演着极为重要的角色。锂-空气电池的正极是充放电反应进行的主要场所，同样也是氧气、锂离子和放电产物容纳的载体，因此正极材料的结构、形貌以及催化活性对锂-空气电池的性能至关重要，同时电池的成本也受正极材料价格影响。因此，锂-空气电池正极材料应满足以下几点：a.具有高的电导率；b.具有稳定的物理化学性质，在较高电压下能稳定存在；c.有较大的比表面积和孔道，易于放电产物的存储；d.具有优异的氧还原反应（ORR）和析氧反应（OER）双向催化活性；e.材料易得、无毒且成本低廉。

（2）电解质

锂-空气电池的电解质由有机溶剂和锂盐组成。醚类是研究最多也是应用最广泛的一类溶剂，包括乙二醇二甲醚（DME）、四乙二醇二甲醚（TEGDME）等。醚类溶剂的熔点、沸点与碳酸酯类溶剂相似，黏度较小、传质阻力小以及溶氧能力较好，是性能优良的电解质溶剂。砜类溶剂在锂-空气电池中也有应用，包含环丁砜（TMS）、乙基乙烯基砜（EVS）、甲基磺酸乙酯（EMS）、二甲基亚砜（DMSO）等。由于无法完全隔绝空气中的水分，无论使用哪一种电解质，对金属锂的保护作用都极为重要。由于金属锂能与水发生剧烈氧化还原反应，使用具有易燃特性的有机电解质存在一定的安全隐患，因此对电池测试环境提出苛刻的要求。

（3）隔膜

在锂-空气电池中，隔膜的主要功能是将过氧根离子（O_2^{2-}）从空气正极运送到锂负极。玻璃纤维具有一定厚度且疏松多孔，可以容纳更多电解质，防止电解质在开放体系中挥发，是较为常用的锂-空气电池隔膜。

（4）负极

锂-空气电池的负极材料为电池体系提供锂离子和电子。尽管锂-空气电池负极在电化学反应过程中只作为锂源提供锂离子，但负极本身活性、物质组成及形貌直接地影响锂-空气电池的反应机理和性能。

5.4.3 锂-空气电池设计关键技术

有机体系锂-空气电池的工作原理如式（5-72）～式（5-74）所示：

正极：
$$O_2 + 2Li^+ + 2e^- \rightleftharpoons Li_2O_2 \tag{5-72}$$

负极：
$$Li \rightleftharpoons Li^+ + e^- \tag{5-73}$$

总反应：
$$2Li + O_2 \rightleftharpoons Li_2O_2 \tag{5-74}$$

在有机体系锂-空气电池中，活性物质氧气通过多孔正极进入电池内部，在电极表面被催化为过氧根离子，并与电解质中的锂离子结合，生成过氧化锂（Li_2O_2）沉积在空气电极表面。当空气电极中所有的空气孔道都被产物堵塞后，电池放电终止。

目前，锂-空气电池面临的挑战主要集中在电解质、正极的设计、锂金属负极保护三个方面。在不同程度的高电位充电下，应用于锂-空气电池中的有机电解质体系面临分解的问题，且具有一定的安全隐患。近年来，在锂-空气电池中的设计与应用中，有关固态电解质的报道越来越多。正极主要面临电极材料的选择及电极结构设计问题；锂金属对水分、氧气较为敏感，在锂-空气电池中也同样面临负极保护的挑战。

5.4.4 锂-空气电池设计基本过程

目前，锂-空气电池的组装方式主要是扣式和 swagelok 式，两种方式的差别在于测试装置不同。swagelok 式不需要使用正负电极壳，而扣式电池一般选用 CR2032 型号的电池壳。在现阶段的锂-空气电池中，常用锂金属作为负极，玻璃纤维作为隔膜，醚类化合物作为电解质，电池的性能主要受空气正极材料设计的影响。正极设计策略可分为以下几个阶段。

① 第一阶段为正极的制备过程。正极通常是碳材料和催化剂的混合物。碳材料包括导电炭黑（Super-P）、科琴黑（Ketjen black）、碳纳米管（CNT）、石墨烯（graphene）或其他碳材料；催化剂为纳米粒子、纳米线、纳米片等纳米尺度的各种材料。在正极制备过程中，碳材料、催化剂与黏结剂［如聚偏氟乙烯（PVDF）、聚四氟乙烯（PTFE）等］经过混合后涂覆到集流体上。常用的集流体包括碳纸、碳布、泡沫镍/铜等。

② 黏结剂会降低正极的电导率，并在电池循环过程中发生分解。在第二阶段，通常采用水热法或化学气相沉积法设计无黏结剂的自支撑催化正极，如在碳布、碳纸和泡沫镍上生长的纳米阵列、纳米线催化剂，避免了使用黏结剂所带来的不利影响。

③ 第三阶段则是针对集流体设计策略的优化。集流体如碳布和碳纸，可以为锂-空气电池贡献一部分容量。但是，组成碳纸（碳布）的碳纤维直径通常约为 $10\mu m$，比表面积较小，容量贡献有限。为了进一步提高容量，研究人员使用静电纺丝技术减小了碳纤维直径（300～400nm），扩大了集流体的比表面积。

④ 在第四阶段，模板复制法为构建具有大孔骨架的正极材料的设计提供了方案。大孔骨架结构具有比表面积大、电极与电解质浸润性良好、气体扩散速率快等优点，提升了电池的电化学性能（包括容量、循环寿命和倍率性能等）[30]。

在锂-空气电池设计中，除了常见的扣式、swagelok 式以外，柔性锂-空气电池也逐渐发展起来。柔性锂-空气电池的制造主要有两个目的：a. 扩大应用范围，特别是在柔性储能装置方面；b. 提高锂-空气电池的实际能量密度。因此，柔性锂-空气电池的研究有助于加快锂-空气电池的实际应用。除了电极材料的设计外，柔性锂-空气电池的设计还包括电池的组装方式。目前，柔性锂-空气电池的组装方式包含平面型电池、缆线型电池和阵列电池组等[31]。

5.4.5 锂-空气电池设计案例1

2016年，中国科学院长春应用化学研究所的张新波研究员所在课题组开发了一种缆线型耐水柔性锂-空气电池[32]。柔性锂-空气电池的合成策略如图5-24（a）所示，首先，将聚合物电解质溶液浸入镀液中，对锂金属棒进行涂覆；其次，将涂覆的锂金属棒暴露在紫外光照射下，形成白色、凝固、无黏性的聚合物固态电解质；然后，将负载催化剂材料的碳纤维织物的正极包裹在聚合物固态电解质周围，再用泡沫镍覆盖，以确保氧气能够在正极内部均匀扩散；最后，将得到的电极组件用冲压热收缩橡胶缆线包装并加热，以保证电池内部各个组件紧密接触。

将柔性锂-空气电池扭曲成线形、弧形、圆形、螺旋形等形状，并对柔性性能及供电能力进行探究。如图5-24（b）所示，在所有扭曲条件下，柔性锂-空气电池都能够为红色发光二极管保持恒定供电，说明该缆线型锂-空气电池具有优异的柔性和电化学稳定性。

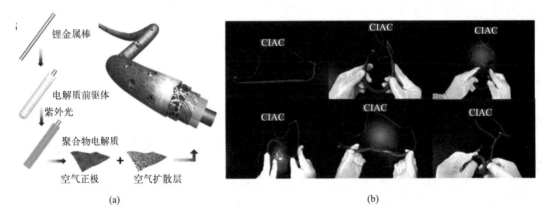

(a)　　　　　　　　　　　　　　　　(b)

图5-24　缆线型耐水柔性锂-空气电池的制备和工作状态

（a）缆线型耐水柔性锂-空气电池的制备；（b）缆线型柔性锂-空气电池在各种弯曲和扭曲的
情况下为商用红色发光二极管显示屏供电的照片[32]

5.4.6 锂-空气电池设计案例2

2021年，吉林大学的于吉红院士团队[33]设计研制了一种基于分子筛薄膜的全新固态电解质材料，该电解质材料的离子电导率高达2.7×10^{-4} S/cm，电子电导率低至1.5×10^{-10} S/cm，且对空气成分和锂负极都具有高度稳定的电化学性能，有效解决了传统固态电解质材料的界面构建困难、锂枝晶生长和稳定性差等问题，并通过原位生长策略设计构建了一体化柔性固态锂-空气电池，如图5-25（a）所示。如图5-25（b）所示，由于具有良好的"电解质－电极"低阻抗接触界面，该电池在实际空气环境中具有12020（mA·h）/g的超高容量和149次的超长循环寿命［500mA/g和1000（mA·h）/g］，远优于当前最稳定的钠超离子导体（NASICON）型$Li_{1.5}Al_{0.5}Ge_{1.5}(PO_4)_3$（LAGP）固态锂-空气电池（12次），甚至优于同等条件下使用有机电解质的锂-空气电池（102次）。如图5-25（c）和图5-25（d）所示，该电池展现出优异的柔性、高的安全性和良好的环境适应性，并兼顾环境友好、成本低廉、工艺简单的生产需求。分子筛固态电解质的应用还有望拓展到其他固态储能体系，具有广阔的应用前景。新型分子筛固态电解质的成功研制为固态电解质材料和固态储能器件的发展提供了新思路。

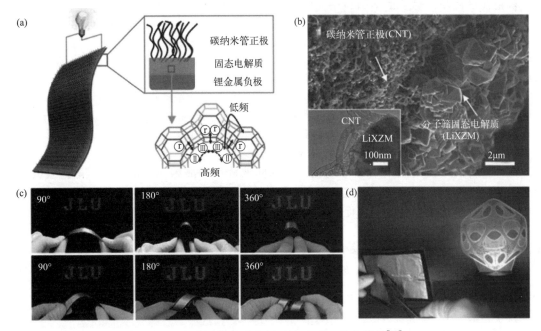

图 5-25　分子筛基固态锂-空气电池一体化设计[33]

（a）柔性固态锂-空气电池；（b）分子筛固态电解质-碳纳米管正极一体化结构的扫描电镜和透射电镜；
（c）固态锂-空气电池的柔性；（d）固态锂-空气电池的安全性和环境适应性

5.5　锌-空气电池设计

5.5.1　锌-空气电池概述

以锌金属作为电池负极，空气中的氧气作为正极，材料来源广泛且成本较低的锌-空气电池是一种极具潜力的金属-空气电池。锌-空气电池不含有铅、汞、镉等有毒重金属，对环境的污染较小，且安全可靠，不存在爆炸危险。锌-空气电池的开路电压为 1.4~1.5V，理论能量密度为 1350（W·h）/kg，是传统锂离子电池的 8~10 倍。

锌-空气电池的发展潜力巨大，但受材料结构和本征性质影响，进一步发展还存在很多问题，主要包括以下内容。

（1）电解质中水分的蒸发或电解质的吸潮

空气电极暴露于空气中，会导致电解质中水分的蒸发和吸潮问题，电解质性能发生改变，进而导致电池性能下降。

（2）电池的发热问题

在大电流放电过程中，大量热量的产生会恶化电池性能，这也是当前锌-空气电池迫切需要解决的问题。为了缓解热量对电池性能的不利影响，需要使用散热材料。

（3）电解质溶液成分发生变化

锌-空气电池是半开放体系，空气电极暴露在空气中，二氧化碳能够进入电解质中与氢氧化钾形成碳酸盐，导致电池内阻增大，电池性能下降。

（4）充放电过程中枝晶的析出与生长

在充放电时，锌金属负极上有锌枝晶生成。在多次充放电过程中，锌枝晶逐渐生长并超过临界值，扎破隔膜，导致电池发生短路。

（5）空气电极催化剂的氧化还原活性

不同的催化剂具有不同的氧化还原能力，导致氧气发生氧化还原反应的路径及机理不同，最终影响锌-空气电池的电压、使用寿命以及效率。

此外，锌-空气电池还存在较多问题，包括间歇放电性能差、漏液爬碱、电池及其附属设施的结构复杂、电池的抗振性能较差等，阻碍了锌-空气电池的实际应用。因此，需要对这些不利因素进行逐个突破，以促进锌-空气电池的进一步发展。

5.5.2　锌-空气电池设计相关因素

锌-空气电池的设计包括空气正极设计、锌负极设计、隔膜设计以及和电解质的选择和设计等[34]。

（1）正极

传统空气正极主要由三部分组成，包括集流层、气体扩散层和催化层。集流层具有金属网状结构，通常采用泡沫镍、碳纸、碳布和不锈钢等材料。气体扩散层是多孔碳材料和聚四氟乙烯（PTFE）的混合物，具有疏水性，有效表面积较高，能够加快气体的转移和避免电解质的泄漏。催化层是催化反应发生的地方，对于锌-空气电池的 ORR 和 OER 反应至关重要。在大多数情况下，活性催化层覆盖在集流层的表面，并与电解质接触；气体扩散层则位于集流层的反面，面向空气；集流层位于活性催化层和气体扩散层中间，形成夹心结构。催化层的设计是影响锌-空气电池性能的重要因素，因此开发具有高效能和高稳定性的 ORR/OER 催化剂是促进锌-空气电池大规模实际应用的关键。

（2）负极

锌-空气电池的负极材料为电池体系提供锌离子和电子，且负极的活性、形貌等也会直接影响锌-空气电池的性能。锌负极有多种形式，包括锌箔、锌纤维或锌粉等[35]。在设计过程中，可通过制备锌与其他金属［如汞（Hg）、铅（Pb）、氧化铅（PbO）和镉（Cd）］的合金，改善电化学行为，抑制析氢反应的发生，提升锌负极的稳定性。例如，在锌中添加汞以提高导电性，然而金属汞是有毒的，可能会造成环境问题。相比之下，在改善锌-空气电池的锌负极的电化学行为方面，无毒性的锌镍合金和锌铟合金具有良好的应用前景[36]。

（3）电解质

氢氧化钾（KOH）和氢氧化钠（NaOH）是锌-空气电池中使用最广泛的碱性水电解质。KOH 在锌盐中的溶解度较大，电导率高，氧扩散系数较高，黏度较低，且与空气反应产物（K_2CO_3）的溶解性优于 Na_2CO_3。因此，作为碱性水电解质，KOH 的性质要优于NaOH，且 0.1mol/L KOH 溶液已被广泛用于使用旋转圆盘电极测量生物电催化剂 ORR、OER 研究中。在锌-空气电池中，为了抑制锌金属表面氢气的产生，通常使用离子电导率更高的 6mol/L KOH 电解质[35]。

（4）隔膜

在锌-空气电池中，隔膜的主要功能是将氢氧根离子（OH⁻）从空气电极运送到锌电极。隔膜需要有大小合适的孔径、高离子电导率和电子绝缘性能，且能在碱性电解质溶液中稳定存在。此外，可充电锌-空气电池隔膜还应具有抗氧化性，且在充放电过程中保持稳定[36]。

5.5.3 锌-空气电池设计关键技术

与一次锌-空气电池不同，在放电过程中，二次锌-空气电池的正极催化剂会催化氧气发生还原反应；在电池的充电过程，阳极 OH⁻ 失去电子被氧化为 O_2，发生的是电化学析氧反应（OER）。锌-空气电池的工作原理如式（5-75）～式（5-77）所示：

$$正极： \qquad O_2 + 2H_2O + 4e^- \rightleftharpoons 4OH^- \qquad (5-75)$$

$$负极： \qquad Zn + 2OH^- \rightleftharpoons ZnO + H_2O + 2e^- \qquad (5-76)$$

$$总反应： \qquad 2Zn + O_2 \rightleftharpoons 2ZnO \qquad (5-77)$$

目前，锌-空气可充电池的商业化主要面临两个问题，即空气电极稳定性差和锌负极的枝晶生长问题。从反应方程式中可知，在锌-空气电池的反应和逆反应过程中，由于在固态催化剂表面同时有气体和溶液生成，因此空气电极的反应在三相界面上发生。ORR 过程中，氧气和水需要与尽可能多的催化位点结合，要求催化剂具有较细粒径、多孔结构并负载在集流体上，因此高比表面积的电极结构有利于 ORR 反应的发生。在 OER 反应中，由于反应主要发生在催化剂（固）-电解质（液）表面，氧气作为一种产物被释放，且溶液中反应物种的浓度足够大，因此 OER 反应不需要较大的比表面积。氧气从各催化剂活性位点大量产生，催化剂微粒表面的压力变大，导致催化剂容易破裂甚至脱落。

此外，在锌-空气电池的充电过程中，OER 的氧化过电势较高，不仅造成能量浪费，还会导致催化剂在高电势下被氧化，并溶解于电解质中。氧气在析出过程中具有很强的氧化性，负载催化剂的导电基底容易在高电势下被氧化，从而降低了电子的传输效率，导致体系内阻增大。

对锌-空气电池而言，除了催化剂外，电解质和锌负极的问题也不容忽视。锌负极在碱性电解质中的反应方程如式（5-78）所示[37]：

$$Zn(s) + 2OH^-(aq) + 2e^- \rightleftharpoons ZnO(s) + H_2O \qquad (5-78)$$

在此反应过程中，锌负极具有以下问题：

① 钝化　锌失去两个电子被氧化为锌离子，锌离子进入电解质中与 OH⁻ 反应，并最终转化成氧化锌。氧化锌的形成严重影响了锌负极的可逆性，在锌负极表面不断累积的氧化锌形成钝化层，增加电池内阻，最终导致电池失效。

② 形变　在充放电过程中，锌不均匀沉积，导致锌负极发生穿孔、缺失、断裂等严重的形变。

③ 枝晶　由于锌的不均匀沉积，锌负极上会形成大量枝晶，刺破隔膜导致电池短路，且可能从锌负极主体上脱落，形成"死锌"，降低了锌负极的使用效率。

在正极方面，具有高效能的锌-空气电池的空气正极催化剂需要具备三个主要特征。

① 催化活性　应尽可能地增加催化剂的活性位点，以获得最佳的反应中间体吸附能，并降低电荷转移阻力。不论是 ORR 还是 OER，中间体吸附能是影响电子传输反应的活性的

关键因素。除了 Frumkin 吸附等温参数外，其他参数也会影响电催化活性，比如，带隙结构、配体场能、费米能级、电子态密度、反应物和电子波函数的交换积分等。

② 选择性　选择性是指能够最大程度地减少过氧化物自由基在溶液相中作为中间体的产生，并获得所需的最终产物 OH$^-$（对 ORR 而言）和 O$_2$（对 OER 而言）的能力。通过四电子转移反应，具有高选择性的双功能催化剂可以催化氧还原反应，生成所需的 OH$^-$，同时减少 CO$_2$ 的释放，促进氧的释放（由于大部分碳基催化剂会被氧化）。

③ 稳定性　对于氧气释放时的高氧化条件，以及在高电流密度下进行氧气还原时的强还原条件，要求催化剂具有可承受苛刻条件的稳定性。造成催化剂稳定性能差的原因较多，包括材料的表面钝化、材料腐蚀/降解和相变等。

5.5.4　锌-空气电池设计基本过程

传统锌-空气电池是由锌负极、隔膜、空气正极、电解质和燃料电池壳体组成的。类似于铅酸蓄电池，传统锌-空气电池大多采用方形结构，通常将空气电极与金属外框焊接作为电池的封装方式，靠接触的焊接点传导电流。传统锌-空气电池存在密封紧凑、制作工艺复杂、通气不流畅、难以高效利用催化剂等问题，同时锌电极更换复杂、不易拆装。

商业化的锌-空气电池具有三大特点：a. 由于催化层不直接参与反应，而是采用周围环境中的氧气作为反应物，电池结构中的绝大部分空腔可用来放置活性反应物质锌粉，因此，与传统碱性电池相比，锌-空气电池具有较高的电池容量；b. 由于不包含易燃的金属锂单质和电解质，与锂离子电池相比，锌-空气电池具有更高的安全性，即使进行针刺实验，电池也不会发生爆炸起火；c. 成熟无汞锌膏配方能保证将锌粉的自反应控制在合理的范围内，因此锌-空气电池能维持每年 5% 以内的容量消耗。

在目前的商业化进程中，锌-空气电池采用方便可靠的碱性水溶液作为电解质，而最关键的问题是如何保证电池耐漏液性能。由于需要与外界空气接触，锌-空气电池具有开放性结构，在实际使用中容易发生电解质泄漏，导致电池失效甚至损坏用电器件[38]。对于扣式电池，仅需机械力即可实现良好的密封，但对于异形大容量锌-空气电池，就要依靠合适的结构设计、密封胶水以及热压成型等工艺的共同配合以达到密封状态，预防漏液。商业化的锌-空气电池设计基本过程主要包括四个步骤：a. 锌膏（负极）的制备；b. 空气正极的制备；c. 锌-空气电池的组装；d. 锌-空气电池储能包的组装。

5.5.5　锌-空气电池设计

2022 年，研究人员设计了一种方形三电极锌-空气电池[38]。依据三电极锌-空气电池的结构特点设计，电池的防漏液性能好，电芯可任意串并联组合成特定电池组使用，电池容量大，适合长时间低电流放电以及灾害应急使用场景。具体设计过程如下所述。

（1）锌膏的制备

将配比为 62.5%（质量分数，下同）的无汞锌粉、0.1% 的氢氧化铟（减少析氢）、0.5% 的凝胶剂（悬浮锌粉），其余为饱和氧化锌的氢氧化钾溶液均匀混合，在抽真空的条件下搅拌均匀，制成黏稠膏状物，静置老化一天后待用。

（2）空气正极的制备

将配比为 40% 的活性炭（吸附空气作用）、30% 的二氧化锰（催化作用）、20% 的聚四氟乙烯（PTFE）粉末（黏结作用）和 10% 的石墨（导电作用）投入高速搅拌机中高速搅拌混合，制成可自由流动的纤维化正极催化粉料，然后辊压成催化极板，再与集流体网和 PTFE 防水透气膜辊压复合制得锌-空气电池正极，粘上商用碱性电池隔膜，最后冲切成合适形状待用。

（3）方形锌-空气电池的组装

三电极方形锌-空气电池的结构如图 5-26（a）和图 5-26（b）所示，分别展示了锌-空气电池部件和电池装配好的完成图。在组装过程中，先在上盖极板槽位涂上防漏胶水，放入空气电极板（含隔膜），在上盖和中盖（内腔空间为 7mm 深）的壳体槽位之间涂上防漏胶水；然后将上盖、中盖扣合固定，空腔中加入 100 g 锌膏，保证跟负极集流体网紧密接触，在下盖同样对称位置涂好胶水，盖上扣紧；最后在正极和负极极耳处涂上防漏胶水，待胶水固化一天后，即得到方形锌-空气电池。

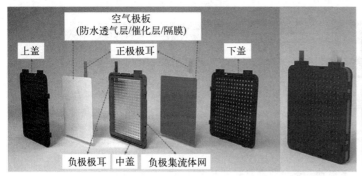

(a) 电池部件   (b) 电池成品   (c) 便携式锌-空气电池包

图 5-26   方形锌-空气电池的结构[38]

（4）锌-空气电池储能包的组装

按照 5 串 3 并的方式，该便携式锌-空气电池包共由 15 个电芯组装而成，如图 5-26（b）所示。将串并联而成的电池组装入塑料盒内，塑料盒上开有密封气孔，由密封贴纸粘住，使用时撕开贴纸使气孔进气激活锌-空气电池，如图 5-26（c）所示。

这种新型大容量方形锌-空气电池的制备工艺简单可行，可直接作为商业化产品。将电池内腔空间深度调整为 14mm 后，单电芯的比容量可达 356（A·h）/kg。将电池做成 5 串 3 并的电池包后进行低电流放电，电池包的能量密度高达 405（W·h）/kg。经过进一步优化设计，如加大锌膏填充量、优化锌膏配方以及提升空气电极催化能力，电池包的能量密度有望达到 650（W·h）/kg 以上。

5.6   水系离子电池设计

5.6.1   水系离子电池概述

1994 年，加拿大科学家 Dalln[39] 首次报道了水系离子电池。由于水溶液电解质具有诸多优点，水系电池受到人们的广泛关注。主要体现在以下几方面[40]：a. 避免了易燃易爆有机电解质的使用，具有较好的安全性；b. 生产工艺简单，不需要严苛的除湿和烘干步骤；c. 电解质价格低廉；d. 水系电解质离子电导率比有机电解质高两个数量级。

随着大规模储能设备的不断发展，价格低廉、安全性高的水系离子电池得到了广泛关注。铅酸电池作为传统的水系电池，占有大量的市场份额，但其能量密度较低［一般不超过30（W·h）/kg］[41]，且铅酸电池的大规模商用会造成严重的环境污染。相对环保的锂离子电池逐步取代铅酸电池，在各个领域得到了广泛的应用。锂离子电池在能量密度上具有优势，但易燃有机电解质的使用易导致安全事故频发。基于水系电解质优异的电化学性能和良好的稳定性，开发环境友好、能量密度高、循环稳定性好、运行安全的水系离子电池是进一步优化能源结构的关键。

5.6.1.1 水系电池的分类及特点

水系电池可以分为铅酸电池、镍系电池和新型水系电池，本节将着重关注新型水系电池的反应机理和设计规范。水系电池和部分改性材料的开发进程如图 5-27 所示。

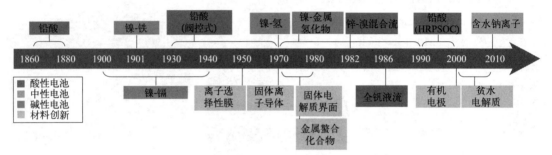

图 5-27　水系电池和部分改性材料的开发进程[42]

水系电池使用水作为电解质溶剂，是与固态电池并列的安全技术路线。相比于易燃易爆的有机电解质，水系电解质在不过充的条件下一般不可燃，保证了电芯具有更高的安全性，并且具有高出传统有机电解质两个数量级的离子电导率，因此可提供更高的功率密度。水系电解质无需无水无氧的环境，就可以对电池进行生产、组装、密封等操作，大大降低了电池的生产以及技术成本。

与其他的电池技术来对比，水系电池具有得天独厚的安全性和环保性，但水系电池发展也存在如下所述的技术瓶颈[42]。

① 水系电解质溶剂的电化学窗口窄（1.23V），致使电池的能量密度难以提升；

② 电池结构存在不稳定性，水系电池的循环寿命受限；

③ 电极材料不能在水中形成有效的 SEI 膜；

④ 传统含水电解质的凝固点较高，在低温下动力学较慢，离子输运效率较低，严重限制了其进一步开发和实际应用。

经过多年的研究与积累，现有的水系电池通过拓宽电压窗口和电极设计两条路径实现突破。水系电池虽然理论上积累时间较长，实际落地仍处于早期阶段。水系电池的能量密度较低，限制了它未来的应用领域只能面向储能领域。提升其能量密度仍是目前研究水系电池的主要方向之一。

5.6.1.2 水系电池的反应机理

新型水系电池的反应机理通常包括插层反应、转化反应、沉积反应等，由不同的电池材料所决定[42]。

（1）插层反应机理

水系锂离子电池出现于 1994 年，该电池的正极（$LiMn_2O_4$）和负极材料（VO_2）都是通过插层反应进行锂离子的存储[43]。水系锂离子电池具有与有机体系锂离子电池相似的反应机理，通过金属离子在正负极材料中嵌入和脱出，完成电化学氧化还原反应。因此，起初人们在水系电池的组装工作中都是以锂离子电池体系作为参考。由 Dahn 等[44] 报道的水系锂离子电池体系的反应机理如式（5-79）和式（5-80）所示：

正极反应： $$LiMnO_2 + xe^- \rightleftharpoons Li_{1-x}MnO_2 + xLi^+ \tag{5-79}$$

负极反应： $$VO_2 + xLi^+ - xe^- \rightleftharpoons Li_xVO_2 \tag{5-80}$$

由于具有类似的插层化学物质，水系钠离子电池也实现了快速发展。到目前为止，所有用于水系碱金属离子电池的材料都来源于锂离子电池，但水系电池特定的嵌入工艺也在积极开发中。除了金属离子嵌入，在基于水系电解质的普鲁士蓝框架、金红石（RuO_2）和层状化合物（MnO_2、V_2O_5、MoO_3、Ti_3C_2）中，观察到 H^+、H_3O^+ 和 NH_4^+ 的快速可逆插入。水系多价电池的研究是基于多电子插层的反应机制，提供了更高的理论能量密度。多电子反应的电池需要匹配的电池设计，目前已经证实在部分氧化物正极上，如 MnO_2、V_2O_5、TiO_2 等，可以发生多价阳离子（Zn^{2+}、Al^{3+}）的嵌入反应。然而，这些反应的确切机理需要更严格的表征来证实，通常这些正极在储能过程中，会发生质子嵌入容量占相当大比例的现象。

除了基于金属离子的嵌入/脱出，还有基于铵根离子的水系铵离子电池，其反应机理与其他水系金属离子电池相同，都是遵循"摇椅式"工作原理，如图 5-28 所示，其表现形式为电池内部正负极之间的铵根离子在正负极间来回交换[45]。

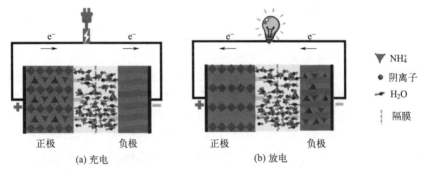

图 5-28　水系铵根离子电池反应机理[45]

当电池在充电过程中，NH_4^+ 从富铵正极材料中脱出，通过隔膜和电解质向负极一侧移动，同时，带相同电荷量的电子从正极出发，通过外部电路向负极迁移，到达负极侧的电子和铵离子与负极同时发生反应，充电过程完成。在该过程中，外部电源提供的电能通过化学键的形成转化为化学能，储存在电池中。放电过程是相反的行为：负极释放出具有相同电荷量的铵离子和电子，回到正极侧，与正极结合，放电过程完成。在该过程中储存在电池中的化学能以电能的形式释放出来，为外部电子设备供电。

（2）转化反应机理

水系电池中也存在转化反应，活性物质在电极反应过程中完全重建，通常情况下，充电态和放电态的晶体结构呈现不同的状态。由于不需要维持发生嵌入的材料结构，发生转化反应的材料通常具有更简单的组成，从而实现更高的比容量。现有的氧化还原电对，如 Cd(OH)$_2$/Cd、AgO/Ag、S/Li$_2$S、ZnO/Zn、FeOOH/Fe 等，是目前水系电池中具有最高比容量的体系[46]。除了金属及其氧化物、氢氧化物和盐之间的转化反应外，通过对电解质进行优化，即应用超浓缩电解质，也可以实现将部分非水系电池中常见的转化型材料成功应用于水系电池中，如硫、溴、碘单质等[47]。由于碱金属硫化物和多硫化物在水溶液中的溶解度高，可充电水系锂-硫电池中使用的是多硫化物溶液。浓缩电解质的应用抑制了电极材料和中间产物的溶解和水解。

（3）沉积反应机理

从沉积反应的反应方程式来看，方程式两端通常一端是固体，另一端是电解质中的可溶物。沉积反应通常发生在金属基电池的负极侧，具有较好的氧化还原电位和较高的容量。在反应过程中，理论固态活性物质的体积变化达 100%[48]。沉积的可逆性是由沉积材料的沉积行为和形态决定的。现有研究多围绕如何控制金属沉积，从成核到生长都有完善的理论。有很多因素会影响沉积过程，包括电流密度、电解质组成（pH 值、阳离子、阴离子、浓度）、有机添加剂等[49]。此外，沉积材料的固有特征，如晶体结构和表面吸附原子扩散等，也会显著影响沉积。在电池的实际应用中，腐蚀、表面膜和隔膜结构等其他因素也会起作用。沉积反应机理的复杂性使得沉积型电极材料仍然局限于基础研究领域，尚未实现产业化。

5.6.2 水系离子电池关键材料

水系电池由多种载流子体系构成，本部分将着重讲述水系钠离子电池、水系锌离子电池和水系铵离子电池的关键材料。

5.6.2.1 水系钠离子电池的关键材料

（1）正极材料

尽管水系钠离子电池的机理与传统有机电池的机理相同，但 Na$^+$ 在水系电解质中嵌入/脱出的电化学反应更加复杂，从而对电极材料的选择性产生很大影响。首先，电极材料在水性电解质中的氧化还原电位应在水的电解电位之内或附近，超过该电位，H$_2$O 的电解会随着 H$_2$ 或 O$_2$ 的析出而发生。其次，电极材料与 H$_2$O 或残余 O$_2$ 之间的副反应将极大地影响电池循环稳定性[50]。此外，质子共插入主体电极材料和电极溶解对水系电解质系统的性能和循环寿命具有重要作用。

① 氧化物材料　水系钠离子电池氧化物材料多以锰基氧化物研究为主，包括 MnO$_2$、Mn$_5$O$_8$、Na$_x$MnO$_2$、Na$_x$Mn$_y$Ti$_{1-y}$O$_2$ 等[51]。不同的氧化物具有不同的晶体结构，表现出不同的电化学性能。MnO$_2$ 具有多种晶体结构，MnO$_6$ 八面体是通过共享角和/或边来构建 MnO$_2$ 不同晶体结构的基本单元，不同的晶体结构具有不同的晶格间距，会影响 Na$^+$ 在 MnO$_2$ 晶格中的嵌入/脱出。在各种晶体结构中，λ-MnO$_2$ 材料表现出较好的电化学性能。通过优化电解质、元素掺杂或掺入、调整粒径和形貌可以有效地提高 MnO$_2$ 电化学性能[52]。Na$_x$MnO$_2$ 正极材料（如 Na$_{0.27}$MnO$_2$、Na$_{0.35}$MnO$_2$、Na$_{0.4}$MnO$_2$、Na$_{0.44}$MnO$_2$、Na$_{0.58}$MnO$_2$、Na$_{0.7}$MnO$_2$、Na$_{0.95}$MnO$_2$ 等）具有不同的组成、晶体结构和形态，可分为隧道型氧化物和层状氧化物。当 Na 含量 $x \geqslant 0.5$ 时，Na$_x$MnO$_2$ 呈现二维层状结构；当 $x \leqslant 0.44$ 时，Na$_x$MnO$_2$ 呈现三维隧道结构。隧道型氧化物具有较好的循环性能，层状氧化物具

有较高的比容量。大尺寸的 Na^+ 往往会导致破坏性的结构变化，在层状氧化物中形成多个阶跃电压分布。充电时，会引发析氧，导致安全问题。虽然这些氧化物具有很高的理论容量，但同时存在较快的可逆容量衰减、较差的空气稳定性以及较低的倍率性能等。

② 聚阴离子材料　聚阴离子体系的开发可用以避免氧化物存在的问题，各种磷酸盐基化合物是探索最广泛的聚阴离子嵌入型材料，磷酸盐聚阴离子化合物是兼具易于合成和处理、高氧化还原电压、高化学稳定性和高热稳定性以及高安全性的理想组合，结构多样，有着极稳定的开放性骨架和阴离子的强诱导作用。PO_4^{3-} 基团可以多种方式储钠：a. PO_4^{3-} 单元的边/角共享配位；b. 形成偏磷酸盐和焦磷酸盐的多个 PO_4^{3-} 单位的存在；c. 混合聚阴离子（例如 $PO_4-P_2O_7$）的组合；d. PO_4^{3-} 单元与其他阴离子（例如 F^-、OH^-、N^{3-}）组合来实现不同的聚阴离子骨架[53]。常见的基于 PO_4^{3-} 的聚阴离子体系是 Na^+ 超离子导体（NASICON）型化合物，其与 $Na_{1+x}Zr_2P_{3-x}Si_xO_{12}$ 结构相似，且具有非常快的 Na^+ 电导率。最有发展前景的聚阴离子化合物材料是钒基磷酸盐和氟磷酸盐，如 $Na_3V_2(PO_4)_3$ 和 $Na_3V_2(PO_4)_2F_3$[53]，因具有较高的能量密度而被广泛研究。然而，钒的毒性和成本阻碍了其工业化生产。焦磷酸盐 $Na_2FeP_2O_7$ 具有优异的倍率性能、安全性和循环稳定性，但工作电压低。此外，聚阴离子单元较大的重量和低电子电导率也存在问题。

③ 普鲁士蓝类似物材料　普鲁士蓝类似物材料具有开放三维骨架结构 $A_xPR(CN)_6$ 和合适的钠离子扩散通道，可以容纳快速嵌入/脱出反应的碱金属离子[50]。普鲁士蓝类似物在钠离子和其他基于碱金属离子的水性电解质中具有电化学活性，有着原材料成本低且供应充足的优点，但其在制备过程中也存在着部分问题。普鲁士蓝类似物材料在制备过程中反应速率极快，成型的普鲁士蓝类似物材料中容易含有大量的 $Fe(CN)_6^{4-}$ 空位缺陷，材料的结晶性能和可控性大大降低。普鲁士蓝类似物材料的间隙水占据了 $Fe(CN)_6^{4-}$ 的空位缺陷处，如果通过提高温度强行去除的方式，可能造成材料的损坏，但如果不去除，则会严重影响电解质的稳定性，降低电池使用寿命，甚至引发安全问题。

目前，层状氧化物、普鲁士蓝类似物和聚阴离子化合物三种应用于钠离子电池的正极材料都已进入产业化视野，处于批量生产前夕。

（2）负极材料

① NASICON 型 $NaTi_2(PO_4)_3$ 材料　虽然许多以钛基材料为负极的电池已经在非水系钠离子电池领域被广泛研究，但目前只有 NASICON 型 $NaTi_2(PO_4)_3$ 材料可以作为水系钠离子电池中的负极[50]。$NaTi_2(PO_4)_3$ 电极在水系电解质中的充放电极化明显小于非水系电解质，归因于水系电解质较小的阻抗和较低的黏度。无论电解质的 pH 值如何，离子嵌入型负极材料在放电状态下都会与水和 O_2 发生反应。因此，纯 $NaTi_2(PO_4)_3$ 在水系电解质中的循环稳定性和导电性较差。为开发高稳定性的负极材料，通常使用碳涂层提高负极材料导电性能和表面特性。

② 羰基有机化合物　在过去的 30 年间，有机电极材料已经在非水系钠离子电池领域被研究，但直到 2014 年，才首次提出了 1,4,5,8-萘四羧酸二酐（NTCDA）衍生聚酰亚胺作为水系钠离子电池的负极材料，当 Na^+ 嵌入/脱出时发生烯醇化过程，并伴随着共轭芳香分子内电荷的重新分配。醌类化合物，特别是 1,2-苯醌或 1,4-苯醌，由于其结构稳定的离子配位电荷储存机制和化学惰性，为水系钠离子电池的有机储能体系带来了巨大的机遇。

此外，还有其他材料被用作水系钠离子电池负极材料。普鲁士蓝类似物材料具有开放式的结构、较大的嵌入空间，因此能够适应多种体积不同的阳离子，将普鲁士蓝类似物中的金属阳离子替换为不同的金属离子后能够改变离子的嵌入电压，目前已经有正负极同时使用普鲁士蓝类似物材料的水系钠离子电池体系。钒基材料由于可获得多种氧化态，实现多电子氧化还原反应而特别令人感兴趣。VO_2是最早被用作水系电池负极的材料，但是其循环性能非常差，主要是因为钒元素的溶解和水的分解。通过碳表面包覆、导电聚合物包覆等手段能够减少钒元素的溶解，提升钒基负极材料的循环性能。

（3）电解质

本征安全的钠离子电池以水溶液电解质替换有机电解质，能从根本上提高钠离子电池的安全性。当前的钠离子电池延续了锂离子电池的有机电解质体系，因此无法从根本上规避爆燃风险，若将其替换为水溶液，不仅能大大提高安全性，还能简化生产工艺，同时降低生产过程中的环境污染。目前人们已经报道了大量的水系钠离子电池体系方案，其中普鲁士蓝体系的循环性能最佳，已经开始产业化尝试。在给定浓度下，水系电解质的离子电导率通常比非水系电解质高一个数量级，这使得实现高功率存储系统成为可能。

① 稀电解质　稀电解质具有高离子电导率和低成本。由于水的氧位的路易斯碱度和氢位的路易斯酸度共存，可以溶解大多数盐以形成溶剂化结构。在Na^+稀溶液中，由于存在大量的游离水分子，初级和次级溶剂化层通常包含一个Na^+和六个水分子配位[52]。最经常使用的水系电解质是$1mol/L Na_2SO_4$，在中性pH值下与各种电极材料兼容。随着pH值的增加，稳定电位窗口将向更低的电位移动，从而使更多的正负极材料处于稳定的电解质窗口中。此外，$1mol/L NaNO_3$、$1mol/L CH_3COONa$、$1mol/L NaCl$也是水系钠离子电池的有效反应介质。尽管安全且成本低，但水的狭窄热力学稳定窗口（1.23V）使其难以应用于高压电极，限制了水系钠离子电池的能量密度。水的消耗（分解）总是会发生，可能会导致密封水系钠离子电池的故障。除电解质分解外，还涉及其他副反应，包括电极与水或O_2之间的反应、质子共沉淀和电极材料的溶解。

② 高浓度电解质　通过使用浓缩电解质几乎可以消除上述稀电解质的缺点，水的活性被强烈抑制。高浓度水系电解质扩大了电解质的稳定窗口，稳定电极性能。Na_2SO_4较低的溶解度限制了浓电解质的形成。高浓度的$5mol/L NaNO_3$中观察到腐蚀副反应。钠双（氟磺酰基）亚胺（NaFSI）在水中具有高达37mol/L的超高溶解度，并且可以支持宽的稳定性窗口，然而FSI^-阴离子在水中稳定性较差。$NaClO_4$具有很高的溶解度，饱和$NaClO_4$电解质具有显著的宽电化学窗口，约为3.2V。盐包水电解质具有显著的高电解质浓度，虽然由于钠盐溶解度的限制，钠基盐包水电解质的浓度低于锂基盐包水电解质，但其稳定的电解质窗口仍然成功地扩展到2.5V。通过形成Na^+导电SEI来抑制负极上的析氢，并降低正极上水的整体电化学活性。

5.6.2.2　水系锌离子电池的关键材料

（1）正极材料

① 锰氧化物　锰基材料由于低成本、资源丰富且对环境友好而受到了大量关注，并被广泛研究探讨。水系锌离子电池中研究最多的正极材料是MnO_2，具有显著的晶体结构多样性和锰的多价态，材料的性能和稳定性很大程度上取决于其晶体结构。氧化还原对Mn^{4+}/Mn^{3+}和Mn^{4+}/Mn^{2+}理论上分别可以提供308（mA·h）/g和616（mA·h）/g的容量。锰基正极比其他正极具有更高的能量密度。但是，高能量密度的锰基正极通常会受到锰

溶解和结构崩塌的困扰，从而导致显著的容量衰减。在电解质中额外添加 Mn^{2+} 或使用石墨烯涂覆技术可以在一定程度上抑制 Mn^{3+} 歧化导致的 Mn^{2+} 溶解。然而，提高锰基正极的本征稳定性，使其在水系锌离子电池中具有良好的长循环稳定性仍然是一个巨大的挑战。

② 钒氧化物　钒基材料由于结构灵活、比容量高等优点，是水系锌离子电池正极研究的热点。与锰基正极相比，钒基正极具有两个关键优势，即稳定性和多样性。与 MnO_2 中典型的 MnO_6 八面体单元不同，V-O 配位多面体可以形成不同的单元，包括四面体、三角双棱锥体、方棱锥体、畸变八面体和正八面体等，这些单元可以根据钒元素的氧化态变化。通过这些多面体的角和/或边共享，可以构建具有不同框架的钒氧化物，从而允许可逆的锌离子嵌入/脱出。V_2O_5 是最简单、分子量最低的钒基正极。理论上 V_2O_5 的理论容量为 147.4（mA·h）/g，在 V_2O_5 层内引入阳离子和水分子，可以进一步提高钒基化合物的骨架稳定性。由于钒基正极的电容对总容量的贡献更大，结构本身更稳定，大多数钒基正极的容量和稳定性都高于锰基正极。然而，钒基化合物的电压约为 0.75V，低于锰基正极通常获得的约 1.3V。此外，钒基正极在水系电解质中溶解严重，导致其电池倍率性能和循环稳定性不理想。

③ 普鲁士蓝类似物　普鲁士蓝类似物在水系锌离子电池中可以实现高电压，其中 F（Ⅲ）C_6 和 MN_6 八面体通过 C≡N 桥连接以形成开放的 3D 框架。通过改变金属可以制备不同类型的普鲁士蓝类似物（PBAs）。目前已经研究了具有典型立方结构的 NiHCF、CuHCF 和 FeCHF 以及具有菱形框架的 ZnHCF 作为水系锌离子电池的正极材料。由于氧化还原位点不足和结构不稳定，容量有限且容量衰减严重。容量衰减最初归因于材料的溶解，受电解质和电流密度的影响。例如，锰基的普鲁士蓝材料 $K_2MnFe(CN)_6$ 在存储 Zn^{2+} 时，高电荷密度的 Zn^{2+} 嵌入会诱导并强化锰的 Jahn-Teller 效应，同时参与反应形成新的相，进而引起结构和相的转变。

④ 有机正极　有机电极材料具有资源可再生、环境友好、结构高度可设计等优点，更符合可持续发展的要求，有机化合物中的有机网络可以较为容易地缓冲结构变化。然而，有机小分子的高溶解性和低导电性严重限制了有机电极材料的循环寿命和倍率性能。

（2）负极材料

目前，水系锌离子电池中使用的负极材料都是金属锌，金属锌具有资源丰富、成本低廉、环境友好等特点，区别于碱金属和稀土金属，金属锌在空气和水中稳定，这使得锌离子电池的安全性凸显。然而，锌枝晶、副反应和锌腐蚀等挑战会显著影响这些电池的可逆性和循环性能，从而限制其广泛的商业用途。尤其是在高面容量和电流密度下，锌枝晶的形成会导致锌镀层/剥离不均匀、广泛的树枝状生长和体积膨胀。由于锌暴露面积增加，这些问题进一步加速了析氢和锌腐蚀。此外，在高电流密度和容量下，快速充放电过程加剧了问题，导致镀锌厚层和锌剥离不完全。大多数研究人员直接使用锌箔，很少有研究使用自制的锌负极。除了普通的锌箔外，还使用了其他不同的形式，包括锌粉、导电碳和黏结剂的混合物，浇铸在导电支撑层、锌箔或独立薄层上。在 3D 多孔氮掺杂碳布（N-CC）基底上电沉积锌纳米颗粒被用作 MnO_2 纳米棒阵列的负极与正极。此外，还通过在电镀溶液中使用有机添加剂［如十六烷基三甲基溴化铵（CTAB）、十二烷基硫酸钠（SDS）、聚乙二醇（PEG-8000）和硫脲（TU）］进行电镀合成了新型锌负极。每种添加剂都会产生不同的晶体取向和表面纹理，其中使用有机添加剂的电沉积锌都表现出 6～30 倍的低腐蚀电流和低浮动电流。

（3）电解质

锌离子电池的不断突破是基于水系电解质的发展，水系电解质更安全、更便宜，同时为正极和负极提供了更好的稳定性。由于锌枝晶和 ZnO 在碱性水电解质中更容易形成，强酸性电解质会腐蚀锌负极和集流体，因此中性或弱酸性水系电解质是锌离子电池的首选。目前，锌盐 $ZnSO_4$、$Zn(CF_3SO_3)_2$、$Zn(NO_3)_2$、$Zn(TFSI)_2$、$Zn(CH_3COO)_2$、$Zn(ClO_4)_2$、$Zn(BF_4)_2 \cdot xH_2O$、ZnF_2 和 $ZnCl_2$ 作为锌离子电池（ZIB）电解质已被广泛研究。按化学成分和性质分为无机盐电解质和有机盐电解质。

① 无机盐电解质　无机盐电解质大致可分为弱酸性电解质和碱性电解质。其中弱酸性电解质主要包括 ZnF_2、$Zn(NO_3)_2$、$ZnCl_2$、$Zn(ClO_4)_2$ 和 $ZnSO_4$ 等。$ZnSO_4$ 溶液具有成本低、与电极的相容性好、电化学稳定性好等优点，是锌离子电池中最常用的电解质盐。锌负极在 $ZnSO_4$ 电解质中溶解沉积反应动力学快，腐蚀弱，枝晶生长低，得益于 SO_4^{2-} 在水溶液中稳定性最高，$ZnSO_4$ 盐通常表现出更好的电化学性能。但是由于放电过程中正极（例如，MnO_2）从正极溶解时 pH 值的变化导致 $Zn_4(OH)_6SO_4 \cdot nH_2O(ZHS)$ 产生，可能会致使容量衰减。$ZnCl_2$ 是无机锌盐中的溶解度较高的盐，但是其电化学稳定窗口较窄（在 $1mol/L$ $ZnCl_2$ 中为 $0.75V$），且会发生不可避免的副反应。尽管初始比容量高达 187（$mA \cdot h$）/g，但由于电解质中存在不稳定的 Cl^-，使用 $ZnCl_2$ 电解质的 Zn/V_2O_5 电池仅在两次循环后就停止工作。NO_3^- 在 Zn/CuHCF 电池中也会呈现类似的性能。与 $Zn(NO_3)_2$ 和 $ZnCl_2$ 相比，$Zn(ClO_4)_2$ 表现出更稳定的结构和更低的反应性，这种盐由四个 O 原子与中心 Cl 原子四面体配位。当 $Zn(ClO_4)_2$ 电解质用于 Zn/VO_2 电池时，可逆容量保持率高于一般锌盐 $[ZnSO_4$ 和 $Zn(CH_3COO)_2]$，由于可以形成 Cl 层来控制连续的副反应。该种电解质环境呈现出更高的负极稳定性和宽电化学稳定窗口（$2.4V$）。然而，由于锌箔上形成 ZnO 薄层，会严重影响反应动力学。虽然 ZnF_2 在锌负极上的副产物较少，但 ZnF_2 的低溶解度导致电化学性能不理想。对于这些无机碱性锌电池，氧化锌副产物和锌枝晶的形成而导致的容量衰减和低库仑效率限制了它们的应用。

② 有机盐电解质　无机盐电解质通常表现出一定的局限性，例如较差的库仑效率（低于 75%）和狭窄的电化学稳定窗口。有机盐电解质可以较好地缓解这些问题，最常见的是 $Zn(CF_3SO_3)_2$，其显示出高库仑效率（约 100%）和宽的电化学窗口，尤其是在基于无机盐的电解质中出现的析氧副反应得到了有效抑制，可能归因于大尺寸阴离子 $CF_3SO_3^-$ 促进 Zn^{2+} 周围水分子的减少。然而，$Zn(CF_3SO_3)_2$ 比 $ZnSO_4$ 贵得多，可能会限制其商业可行性。

5.6.2.3　水系铵离子电池的关键材料

现有水系离子电池主要集中在基于金属载流子的体系，然而，铵根离子（NH_4^+）则较少被研究。与其他金属离子相比，铵根离子在物理和化学性质方面具有许多优势：a. NH_4^+ 的摩尔质量只有 $18g/mol$，是所有金属化合物中最轻的，甚至轻过 H_3O^+；b. 虽然 NH_4^+ 离子半径较大（$1.48Å$），但其水合离子尺寸最小（$3.31Å$），重量轻和水合离子尺寸小的特点，都有利于 NH_4^+ 在水溶液中的快速扩散；c. NH_4^+ 的本征弱酸性有利于建立较为温和的酸性或中性电解质环境，其析氢副反应较少，腐蚀性较小；d. NH_4^+ 呈四面体形状，具有很强的优先取向的结构，完全不同于金属离子的球形，在正极材料中的拓扑嵌入化学可能与球形金属离子载流子不同。由于上述优势，水性铵离子电池也已成为未来电网规模固定式储能应用中有前途的电池技术之一。

水系铵离子电池的发展还处于起步阶段。与单离子的水系电池相比，以铵根离子和第二离子为载流子的铵基杂化或双离子电池可以提供更高的工作电压和能量密度。

（1）正极材料

由于 NH_4^+ 和 K^+ 具有几乎相同的离子半径和水合半径，水系铵离子电池正极材料的选择思路多参考遵循钾离子电池中建立的框架。首先是普鲁士蓝类似物（PBAs），PBAs 的晶体中含有稳定的三维通道结构，有助于实现较好的循环稳定性、倍率性能和较快的 Na^+ 扩散动力学，并且普鲁士蓝类似物的成本较低，具有较高的能量密度。水系铵离子电池正极多使用 PBAs，如 $K_{0.9}Cu_{1.3}Fe(CN)_6$（CuHCF）、$K_{0.6}Ni_{1.2}Fe(CN)_6$（NiHCF）、$(NH_4)_{1.47}Ni[Fe(CN)_6]_2]_{0.88}$（Ni-APW）、$K_{0.72}Cu[Fe(CN)_6]_{0.78}$（K-CuHCF）、$NaFe^{III}[Fe^{II}(CN)_6]$（Na-FeHCF）和 $Na_{1.45}Fe[Fe(CN)_6]_{0.93}$、$Fe_4[Fe(CN)_6]_3$（Fe-PBs）等，在这些 PBAs 中都被证实可以实现可逆的铵离子插层反应。具有刚性框架结构的 PBAs 具有合成简单、成本低廉、具有足够大的扩散通道以容纳大尺寸 NH_4^+ 离子和水分子、具有 10000 次以上的长期循环寿命和显著的倍率性能等巨大优势，是非常有前途的水系铵离子电池正极材料。其次是过渡金属氧化物，钒氧化物具有较好的成本和比能量优势，可开发潜力较大，在其他金属离子电池中已经显示出明显的优势。在构建不同结构的钒氧化物时，研究人员提出水系铵离子电池中存在基于氢键的连续形成和断裂的非扩散控制的赝电容行为。原始的钒氧化物中不能实现可逆地释放 NH_4^+，必须在正极中引入 NH_4^+。除了钒氧化物，锰氧化物也值得关注。在这类氧化物正极中存在 NH_4^+ 嵌入/脱出过程中 NH_4^+ 与氧化物层之间连续形成/断开氢键。最后是有机聚合物正极，例如聚苯胺（PANI）表现出相对较好的 NH_4^+ 存储性能，但 NH_4^+ 在 PANI 中的插层电位较低。目前的研究多聚焦在这三类型材料中，针对不同的应用目的，其他类型的正极材料也值得关注。

（2）负极材料

负极材料在水系铵离子电池中也非常重要，NH_4^+ 需要在负极材料中可逆地嵌入/脱出，这与单价金属离子的负极反应是类似的，但是却无法发生金属沉积反应。对于水系铵离子电池来说，负极侧的电化学反应需要在相对较低的电势下进行，几种过渡金属氧化物/硫化物和有机化合物相继被开发作为负极材料。过渡金属氧化物/硫化物因其在低电位下可逆地储存 Li^+、Na^+ 和 K^+ 而被广泛用作锂离子、钠离子和钾离子电池的负极材料，也适用于 NH_4^+。有机类材料通常具有柔性结构，内部空隙较大，具有良好的容纳体积较大的 NH_4^+ 的能力，并能很好地保证结构的稳定性。例如 N,N'-二辛基-3,4,9,10-苝二甲酰亚胺（PTCDI）、n 型聚酰亚胺（PI 或 PNTCDA）、咯肼（ALO）等有机分子，都被证实可以作为可逆地储存 NH_4^+ 的负极材料。此外，共价有机框架（COF）也被用作水系铵离子电池负极，在 COF 电极中存在 NH_4^+ 电荷存储的复杂氢键网络化学。

（3）电解质

电解质作为良好的离子导体和电子绝缘体，是正极和负极之间的离子传输介质，在电池的充放电过程中需要将 NH_4^+ 高效地从一个电极传递到另一个电极。水可以溶化大部分铵盐，具有较高的溶解度。目前常用于电解质的铵盐有：醋酸铵（$NH_4CH_3CO_2$）、氯化铵（NH_4Cl）、硝酸铵（NH_4NO_3）、硫酸铵 $[(NH_4)_2SO_4]$ 等。根据其溶解度，制备了不同浓度的铵盐溶液，并用于不同的电极体系。

首先是稀电解质溶液。与其他水系电池体系一致，物质的量浓度为 2mol/L 及以下的稀 NH_4^+ 离子溶液是水系铵离子电池最常使用的电解质，这类电解质溶液具有高离子电导率和低成本。例如，0.5/1.0mol/L $(NH_4)_2SO_4$，这两类电解质是水系铵离子电池的研究中最报道频繁的电解质，该种电解质具有合适的酸性条件、稳定的电化学窗口以及与各种类型的电极材料的兼容性。尽管成本低、安全性高，但稀电解质也存在明显的缺点，H_2O 的化学活性也很高，电池在较宽的电压窗口的充放电过程中会出现不可避免的水解反应，电解质的过度分解和电极反应中涉及的副反应往往会导致电池失效，甚至不能正常工作。因此，有必要开发具有宽电化学窗口的电解质，以满足不同的实际应用需求。

其次是浓缩电解质溶液。浓缩电解质在一定程度上会抑制水的活度，不仅可以克服稀电解质的缺点，而且可以稳定甚至改善电池的性能，这在金属离子电池体系中已经得到了很好的证明。一方面，在一定的浓度范围内，电解质的离子电导率会随着浓度的增加而大大增加，这将有助于提高功率密度；另一方面，高浓度的电解质可以有效地拓宽电化学窗口，有效地将水的电解排除在两个电极的电化学反应之外，满足宽工作电压电极需求，有利于实现高库仑效率和高电池稳定性。然而，浓缩电解质仍有一些不可避免的缺陷，例如其较高的黏度，使得电解质中离子迁移率低，降低浓缩电解质的离子电导率。这可能会影响被测电极/电池的离子扩散，削弱电池的整体性能。因此，选择和优化合适浓度的电解质以匹配电化学充放电窗口是非常重要的。

5.6.3 水系离子电池设计关键技术

起初，水系电池的组装工作中都是以锂离子电池体系作为参考。水系电池的可行性在原理上得到了验证，但离实际应用还有较大差距。电极材料的工作电位应在水溶液的稳定电压窗口内，否则在充放电过程中会发生剧烈的析氢反应或析氧反应，导致电池的循环稳定性能急剧恶化。然而，水溶液的电化学稳定窗口较窄（理论上，热力学稳定的电压窗口为 1.23V；即使在考虑动力学因素时，水溶液的稳定窗口也通常在 1.8V 以内），水系溶剂的电压窗口有限导致电池能量密度低，进而导致材料的选择十分受限。因此，实际能量密度达到 30 $(W \cdot h)/kg$。新电池结构的不稳定性导致电池循环性差、电池寿命有限，具有长循环寿命的水系电池体系很难实现。

经过多年的技术累积和发展，现有的水系电池已经可以通过电压窗口拓宽和电极设计的技术突破来解决。技术的突破有望带来一丝量产的希望，水系电池虽然理论上积累时间较长，在实际落地仍处于早期阶段。该系列电池落地具有前期优势，水系电池可以在现有的锂离子电池工厂生产，几乎不需要改造，运营成本更低，并且不需要昂贵的干燥室、防火锁和溶剂回收系统。设计全新改良型水系电池，以彻底改变电池市场，并非易事。为了创建理想的电池版本，需要大量新的、复杂的技术，比如混合和匹配离子选择膜和涂层、贫水电解质、以及新型电极反应和模块化电芯设计。最关键的目标在于扩大电化学稳定性窗口，让电池化学在更宽的电压范围内工作，从而产生更多的能量，以实现高能量和高安全性的双重目标。

由于能量密度较低、适用的电极材料较少、锂金属价格较高，相对铅酸电池或传统锂离子电池而言，水系锂离子电池不具有经济优势。对大型基站的储能设备而言，单位电量的成本是首要关注的参数。由于钠元素储量丰富，作为锂离子电池的替代品，具有成本优势的水系钠离子电池得到了广泛关注。Whitacre 等[54] 首次提出具有隧道结构的 $Na_4Mn_9O_{18}$ 正极材料。作为水系钠离子电池的正极材料，$Na_4Mn_9O_{18}$ 的容量为 45 $(mA \cdot h)/g$，与活性炭负极匹配组装成全电池的能量密度达到 17 $(W \cdot h)/kg$。随着生产技术不断进步，传统锂离子电池的生产成本逐渐降低，水系电池的成本优势受到冲击。通过优化制造工艺和开发新型电极材料等方式进一步降低水系电池的成本较为困难，提高电池能量密度将成为促进水系电池发展的关键。

在活性较高的水系电解质中，由于无法形成稳定的 SEI 膜，电极材料一直与电解质保持充分接触的状态。当工作电位超过水的分解电位时，电极表面会发生严重的析氢和析氧反应，因此寻找工作电位在水系电解质稳定电压窗口内且具有较高容量的正负极材料是进一步提高电池能量密度的关键。研究发现，拓宽水系电解质的电化学稳定窗口也能提升电池的能量密度，该方法不仅能够扩大电池材料选择范围，同时还提高了电池的工作电压。此外，在反应活性较高的水系电解质中，集流体的腐蚀导致循环过程中电池的容量迅速衰减。因此，在提高水系电池能量密度和循环寿命方面，拓宽电解质电化学稳定窗口、降低电解质反应活性是解决问题的关键。

5.6.4　水系离子电池设计相关因素

目前，有商业化应用前景的水系电池的反应机理多是与传统锂离子电池类似，都是通过离子在电极材料上的嵌入/脱出完成电化学氧化还原反应，尤其是水系碱金属离子电池和水系铵离子电池，因此已经广泛应用于锂离子（钠离子）电池的电极材料在水系电池中同样适用[55]。同时，电极材料对应的黏结剂、导电剂也可以用于与非水系中的研究成果进行匹配。

水系电池与非水系电池的电极设计类似，性能的设计至关重要，要充分了解电池需要达到的性能指标以及应用条件，包括工作电压、工作电流、工作温度、工作时间以及对电池体积和形状的限制。根据用户需求，对电池的电极材料、电极容量、电芯容量、电极尺寸、涂布以及电解质用量进行设计，以满足在电压、容量等方面的供能需求，设计出具有合理尺寸（体积和质量）的水系钠离子电池。在电池的设计过程中，需要重点关注的参数包括容量、内阻、功率密度、能量密度、倍率性能、循环寿命、使用温度等。然而，由于水系电解质和有机电解质的电化学稳定窗口不同且水系电解质窗口受溶液 pH 值影响，需要选择工作电位与电解质相互匹配的电极材料，以确保电池的正常运行。

在热力学上，水系电解质的电化学稳定窗口约为 1.23V，当引入动力学因素时，电压窗口可拓展到 1.8V，如图 5-29 所示。水系电解质的稳定窗口与溶液的 pH 值有关，酸性电解质的最低工作电位高于中性电解质；碱性电解质的最低工作电位低于中性电解质。在理论上，电解质 pH 值越大，溶液碱性越强，析氢电位越负，负极材料的工作电位越负，可供选择的负极材料越多。然而，氧气析出电位随电解质 pH 值增大而降低，导致正极材料工作电位降低。因此，在拓宽电解质的电化学窗口方面，调节溶液 pH 值具有局限性。

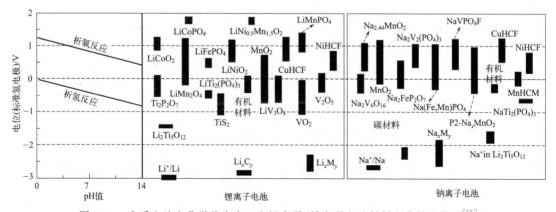

图 5-29　水系电池电化学稳定窗口和锂离子/钠离子电池材料电化学电位图[55]

由于水系电解质的电化学稳定窗口较窄，析氢和析氧副反应普遍存在于水系电池中。由于析氢过电位过高，金属铅负极极板表面的氢气析出速率非常慢，因此铅酸电池的自放电率较低，电池储存周期长达 1 年左右。镍-氢电池的工作电压为 1.2V 左右，自放电率较低，电池储存周期在 3 个月左右。值得注意的是，尽管采用的都是工作电位在水系电解质稳定窗口内的正负极材料，但也不能完全避免析氢、析氧反应的发生。比如，电池极化和较差的电池均一性都会导致正负极材料电极电位超出理论工作电位，进而诱发析氢、析氧反应。

5.6.5 水系离子电池设计基本过程

目前，水系电池主要分为实验室用扣式电池和商业化模组电池。

扣式电池主要由以下六个部分构成：电池壳（包括弹片和垫片）、正极材料、负极材料、隔膜、集流体和电解质。电池壳材质为不锈钢，主要包括 2032 型、2025 型和 2016 型，弹片厚度为 1.5mm，垫片厚度为 1mm。正极材料由活性物质、导电剂、黏结剂和溶剂构成。水系电池常见正极活性物质主要包括锰基材料、钒基材料、普鲁士蓝类似物材料、聚阴离子材料、有机材料等。导电剂通常使用科琴黑或乙炔黑。常见黏结剂包括聚偏氟乙烯（PVDF）、聚四氟乙烯（PTFE）、羧甲基纤维素（CMC）、海藻酸钠（SA）等。溶剂一般使用去离子水、无水乙醇、N-甲基吡咯烷酮（NMP）等。负极材料一般分为金属类和非金属类，金属类主要是用高纯度锌片（纯度在 99.99% 以上，厚度 0.5~1mm，按照需求裁剪成不同尺寸的圆片），非金属类包括有机材料和各种类型碳材料。

在实际应用中，集流体的选择是至关重要的。在商用锂电池中，正极和负极可以分别涂布在柔性铝箔和铜箔上。由于水系电解质需要考虑电解质 pH 值，如在水系锌离子电池中是弱酸性环境，传统的铝箔和铜箔并不适用于水系锌离子电池。为了解决这一问题，不锈钢箔或不锈钢网、钛箔或钛网、镍网或泡沫镍、碳片、碳布、碳纸、碳涂层铝、碳涂层钢和石墨箔已被广泛用作支撑正极的集流体。或者将正极直接制备为独立薄膜或颗粒，自支撑的正极不需要集流体。正极的质量负载大多保持在 $5mg/cm^2$ 左右。负极的集流体也要考虑负极材料和电解质的性质，水系锌离子电池的负极是金属锌，锌箔通常可以直接用作负极和集流体。在实际制造中，考虑到锌的重量和应用成本，锌的用量必须严格控制，在设计过程中需要考虑锌可能的腐蚀问题。

隔膜是电池中的重要部件，用于分离电极以及防止短路。在实验室环境下，水系锌离子电池大部分使用玻璃纤维或滤纸，只有少数研究使用了聚合物基隔膜，如 Celgard 或 Nafion 膜。玻璃纤维与水系电解质具有良好相容性，但是玻璃纤维较脆，在柔韧性方面不如聚合物基隔膜。

常见集流体包括：亲水碳纸、疏水碳纸、不锈钢网、钼箔、钛箔、碳布、泡沫镍等。不同的电池体系选择的水系电解质不同，常见的含有各种金属离子的水系电解质主要有硫酸盐类电解质、氯酸盐（高氯酸盐）类电解质、硝酸盐类电解质，以及各种有机盐类电解质。

粉体材料电极制备方式为：将活性物质与导电剂、黏结剂按照 8∶1∶1 的质量比放入玛瑙研钵中充分研磨 1 小时，加入适量溶剂后磁力搅拌 24 小时后涂覆在集流体上，涂覆厚度约为 $15\mu m$，随后放入真空干燥箱，在真空环境中 120℃ 下干燥 12 个小时。将干燥好的正极极板取出，按照正极电池壳、正极极板、隔膜、电解质、负极极板、弹片、垫片的顺序安装电池后，使用压片机将电池压紧，随后进行相关电化学测试。

商业化模组电池的生产过程主要分为前段、中段、后段三个步骤。前段工序的生产目标是完成正极和负极极板的制造。前段工序主要流程有：搅拌、涂布、辊压、分切、制板、模切。所涉及的设备主要包括：搅拌机、涂布机、辊压机、分条机、制板机、模切机等。中段工序的生产目标是完成电芯的制造，不同类型水系电池的中段工序技术和设备存在差异。中段工序的本质是装配工序，具体来说是将前段工序制成的正极和负极极板，与隔膜、电解质进行有序装配。所涉及的设备主要包括：卷绕机、注液机、封装设备（入壳机、滚槽机、封口机、焊接机）等。后段工序的生产目标是完成化成封装。后段工序的意义在于将其激活，经过检测、分选、组装，形成使用安全、性能稳定的商业化模组电池。后段工序主要流程有：化成、分容、检测、分选等。所涉及的设备主要包括：充放电机、检测设备等。

5.6.6　水系离子电池设计案例

在 2014 年，卡内基梅隆大学 Jay Whitacre[56] 教授创办的 Aquion Energy 公司，成为全球第一家批量生产水系钠离子电池的公司。推出的水系钠离子电池具有较低的成本（每度电成本为 160 美元）和较长的循环寿命（达 5000 次以上），具有良好的前景和竞争力。以 Aquion Energy 公司 S20 和 M100 系列标准化模组为例，分别如图 5-30 所示，对水系离子电池设计过程中的重要技术参数进行详细介绍。以活性炭为负极，钠锰基材料为正极，Na_2SO_4 水溶液为电解质。这种电池的成本低廉，300 美元/（kW·h），不到锂离子电池使用成本的三分之一。S20 系列模组为最小产品单元，由 8 个标准化水系钠离子电池串联而成，额定输出电压为 48V，具有安全、高性能和模块化特点。该系列模组长宽高分别为 330mm、310mm、935mm，重 113kg，额定能量 2.4kW·h，循环寿命超过 3000 次，可在 −40～−5℃ 的环境温度区间内运行。M100 系列电池模组由 12 个 S20 系列电池

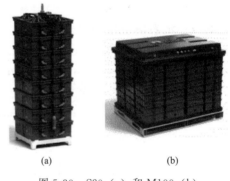

(a)　　　　　　(b)

图 5-30　S20（a）和 M100（b）系列标准化模组[57]

模组并联而成，可选电压、电流、温度监测功能以及多接口功能，长宽高分别为 1321mm、1016mm、1159mm，重 1440kg，额定能量 28.4kW·h，循环寿命大于 3000 次，可在 −40～−5℃ 的环境温度区间内运行。

近些年，我国的新能源企业也在大力开发水系离子电池。恩力能源科技（南通）有限公司的水系离子电池生产线在 2015 年投产，在 2017 年又通过融资得到四亿人民币的资金，并于 2018 年在马鞍山新厂区投产[58]。由于能量密度较低，水系电池的应用受到极大限制，目前只在微电网储能领域得到实际应用。在能量密度上超越铅酸电池是目前水系电池的研究目标。

浙江精研深蓝新能源科技有限公司研制成功的水系电池系统，具有安全可靠和电化学性能优异等特点，广泛适用于发电侧、用户侧和电网侧储能应用。该产品除了解决储能的安全性问题以外，在高寒地区储能、高功率调频和充电站储能等领域有相对其他电化学储能而言明显的技术优势。现有水系电池产品由电池单体电芯和模组构成。单体电芯的尺寸为 77mm×30mm×183mm，标称电压为 1.7V，额定容量为 15A·h，质量比能量为 30（W·h）/kg，体积比能量为 58（W·h）/L，常温循环寿命超过 4000 次，可以在 −30～50℃ 的温度条件下使用；模组的尺寸为 188mm×169mm×186mm，标称电压为 1.7V，额定容量为 200A·h，质量比能量、体积比能量、常温循环寿命和使用温度范围与单体电芯相同。

中电国核新能源产业项目规划用地 600 亩，分两期实施。预计 2030 年，两期项目可实

现年产 10GW·h 水系电解质电池及年产 15GW·h 储能系统的生产规模。一期投资 40 亿元，规划用地 200 亩，采用定制厂房代建的方式建设 4GW·h 水系电解质电池及 6GW·h 储能系统产业化项目；二期投资 60 亿元，规划用地 400 亩，采用直接供地的方式建设 6GW·h 水系电解质电池及 9GW·h 储能系统产业化项目。

深圳为方能源科技有限公司研发的水系钠离子电池产品，其能量密度达 100（W·h）/kg，循环次数达到 8000 次，$-30℃$ 温度下容量保持率达 70% 以上，材料成本比锂电池降低 40% 以上，拥有卓越的性价比。目前公司已经完成钠电材料中试产线，电芯中试线已经搭建完毕，正在生产电芯产品。下一步将尽快推进钠电产品在下游应用场景的示范应用。

综上所述，水系电池作为一种新的电池体系，具有有机系锂离子电池所不具有的优势和潜力，譬如高的安全性、低的成本、高的离子电导率以及环境友好性。由于不涉及有害金属及强酸，相比于铅酸电池具有良好的环境友好性。相比于镍氢电池，水系电池具有价格优势。但水系电池短板是能量密度依然很低，所以，水系电池在未来的电池领域占据动力领域难以实现。然而，在对电池重量或体积要求不高的储能领域（如电网、基站等），低成本的水系电池仍是可以占据一席之地的。

5.6.7　水系离子软包电池

本节以设计软包装水系锰基钠离子电池为例，设计过程中不考虑工艺能力对设计的影响，即设计结果为电池的平均值。设计中正负极配方以及所需材料的相关参数见表 5-12 和表 5-13。容量平衡系数为 1.08；正、负极冷压密度为 3.0g/cm³ 和 1.5g/cm³；烘烤后正、负极膜板反弹系数分别为 1.02 和 1.03；半电状态正极膜板总反弹系数为 1.08；半电状态负极膜板总反弹系数为 1.15。

表 5-12　软包水系钠离子电池正负极配方

电极	材料	质量分数/%	真实密度/(g/cm³)	质量比容量/[(mA·h)/g]
正极	$NaMnO_2$	95.0	4.6	140
	PTFE	3.0	1.78	—
	Super-P	2.0	2	—
负极	硬碳	93	1.6	300
	CMC	1.8	1.3	—
	SBR	3.7	1	—
	Super-P	1.5	2	—

表 5-13　软包水系钠离子电池材料性质

材料	宽/mm	厚/mm	密度/(g/cm³)	电导率/$\times 10^{-8}\Omega\cdot m$	孔隙率/%
Al 箔	—	0.016	2.6	2.6548	—
Cu 箔	—	0.012	8.6	1.6780	—
Al 极耳	4	0.08	2.7	2.6548	—
Ni 极耳	4	0.08	8.9	6.8400	—
隔膜	—	0.016	0.92	—	45
铝塑膜	—	0.115	1.563	—	—

（1）电池最终尺寸计算

电池厚＝20mm，电池宽＝50mm，电池长＝100mm。此电池的设计长、宽、厚均为负公差。

（2）带电状态裸电芯尺寸计算

① 带电状态裸电芯厚：$20-2\times0.115=19.77$（mm）；
② 带电状态裸电芯长为90mm；
③ 带电状态裸电芯宽为46mm。

（3）卷绕层数计算

设计中取正极最大面密度为30mg/cm²，正极冷压密度为3.0g/cm³，负极冷压密度为1.5g/cm³。

$$负极最大面密度=\frac{1.08\times30\times140\times0.95}{300\times0.93}=15.45(mg/cm^2)$$

$$正极冷压厚度=30\div3.0\div100\times2+0.016=0.216(mm)$$

$$负极冷压厚度=15.45\div1.5\div100\times2+0.012=0.218(mm)$$

$$正极半电状态厚度=(0.216-0.016)\times1.08+0.016=0.232(mm)$$

$$负极半电状态厚度=(0.218-0.012)\times1.15+0.012=0.249(mm)$$

$$对应半电状态一层卷绕厚度=0.232+0.249+2\times0.016=0.513(mm)$$

$$对应卷绕层数=\frac{19.77-0.016}{0.513}=38.51(层)$$

因此卷绕层数取39层。

（4）极片面密度计算

$$对应半电状态一层卷绕厚度=\frac{19.77-0.016}{39}=0.507(mm)$$

带电状态正极膜板厚度＋带电状态负极膜板厚度$=0.507-2\times0.016-0.012-0.016=0.447$（mm）

$$\frac{正极面密度}{3.0\times100}\times2\times1.08+\frac{负极面密度}{1.5\times100}\times2\times1.15=0.447(mm)$$

$$\frac{负极面密度\times300\times0.93}{正极面密度\times140\times0.95}=1.08$$

则：正极面密度＝29.60mg/cm²，负极面密度＝15.24mg/cm²，层数＝39层。

（5）裸电芯、电池厚度计算

$$冷压后正极极板厚度=\frac{29.6}{3.0\times100}\times2+0.016=0.213(mm)$$

$$烘烤后正极极板厚度=\frac{29.6}{3.0\times100}\times2\times1.02+0.016=0.217(mm)$$

$$半电状态正极极板厚度=\frac{29.6}{3.0\times100}\times2\times1.08+0.016=0.229(mm)$$

$$冷压后负极极板厚度=\frac{15.24}{1.5\times100}\times2+0.012=0.215(mm)$$

$$烘烤后负极极板厚度=\frac{15.24}{1.5\times100}\times2\times1.03+0.012=0.221(mm)$$

$$烘烤后一层卷绕厚度=0.217+0.221+2\times0.016=0.47(mm)$$

$$半电状态负极极板厚度=\frac{15.24}{1.5\times100}\times2\times1.15+0.012=0.246(mm)$$

$$裸电芯厚度=(0.217+0.221+2\times0.016)\times39+0.016=18.346(mm)$$

$$半电状态裸电芯厚度=(0.229+0.246+2\times0.016)\times39+0.016=19.789(mm)$$

$$电池厚度=(0.229+0.246+2\times0.016)\times39+0.016+2\times0.115=20.019(mm)$$

（6）卷针计算

$$卷针周长=(46-19.77)\times2=52.46(mm)$$

假设卷针为长方形卷针，卷针总厚度为1mm，则：

$$卷针长度=52.46\div2-1=25.23(mm)$$

（7）极板、隔膜尺寸计算

其中，隔膜压缩尺寸为 0.4mm，隔膜超出负极宽度为 2mm，隔膜超出正极宽度为 1mm。余量 1 取 2mm，余量 2 取 2mm，余量 3 取 4mm。

$$隔膜宽度=90+0.4=90.4(mm)$$

$$负极宽度=Cu 箔宽度=90.4-2=88.4(mm)$$

$$正极宽度=Al 箔宽度=88.4-1=87.4(mm)$$

$$L_{p1}=Al 箔宽度=\frac{(39+1)\times52.46}{2}+\frac{3.14}{4}\times\left[2\times\left(\frac{0.217}{2}+0.016\times2+0.221\right)+\right.$$
$$\left.(39-1)\times0.47\right]\times39=1618.1(mm)$$

$$L_{p2}=4+2=6(mm)$$

$$L_{p4}=(4+2)\times2=12(mm)$$

$$L_{p3}=\frac{52.46}{2}-6-\frac{12}{2}=24.23(mm)$$

$$L_{p5}=52.46+\frac{3.14}{4}\times\left[(39+1)\times0.47-\frac{0.217}{2}\right]+4=71.13(mm)$$

$$L_{p6}=4(mm)$$

$$L_{n1}=Cu 箔宽度=\frac{39\times52.46}{2}+\frac{3.14}{4}\times\left[2\times\left(0.217+0.016\times2+\frac{0.221}{2}\right)+\right.$$
$$\left.(39-2)\times0.47\right]\times(39-1)=1563.2(mm)$$

$$L_{n2} = 4 (mm)$$

$$L_{n4} = 4 \times 2 = 8 (mm)$$

$$L_{n3} = \frac{52.46}{2} - 4 - \frac{8}{2} = 18.23 (mm)$$

$$L_{im} = 1563.2 \times 2 + 12 = 3138.4 (mm)$$

(8) 电解质质量计算

$$正极膜板振实密度 = \frac{1}{\frac{95\%}{4.6} + \frac{3\%}{1.78} + \frac{2\%}{2}} = 4.28 (g/cm^3)$$

$$正极膜板孔隙率 = 1 - \frac{3.0}{4.28} = 29.91\%$$

正极膜板孔体积 $= 87.4 \times (2 \times 1618.1 - 2 \times 6 - 12 - 71.13 - 4) \times (0.213 - 0.016) \times 29.91\% = 16155.42 (mm^3)$

$$负极膜板振实密度 = \frac{1}{\frac{93\%}{1.6} + \frac{1.8\%}{1.3} + \frac{3.7\%}{1} + \frac{1.5\%}{2}} = 1.56 (g/cm^3)$$

$$负极膜板孔隙率 = 1 - \frac{1.5}{1.56} = 3.85\%$$

负极膜板孔体积 $= 88.4 \times (2 \times 1563.2 - 2 \times 4 - 8) \times 0.215 \times 3.85\% = 2275.98 (mm^3)$

隔膜孔体积 $= 3138.4 \times 90.4 \times 0.016 \times 45\% = 2042.72 (mm^3)$

裸电芯孔总体积 $= 16155.42 + 2275.98 + 2042.72 = 20474.12 (mm^3)$

电解质质量 $= 20474.12 \times 2 \times 2.369 \div 1000 \times 1.06 = 102.83 (g)$

(9) 电芯质量计算

$$Al 箔质量 = \frac{1618.1 \times 87.4 \times 0.016}{1000} \times 2.6 = 5.88 (g)$$

$$Cu 箔质量 = \frac{1563.2 \times 88.4 \times 0.012}{1000} \times 8.6 = 14.26 (g)$$

$$正极膜片质量 = \frac{29.6 \times 87.4 \times (2 \times 1618.1 - 2 \times 6 - 12 - 71.13 - 4)}{1000 \times 100} = 81.16 (g)$$

$$负极膜片质量 = \frac{15.24 \times 88.4 \times (2 \times 1563.2 - 2 \times 4 - 8)}{1000 \times 100} = 41.90 (g)$$

$$隔膜质量 = \frac{3138.4 \times 90.4 \times 0.016 \times (1 - 0.45) \times 0.92}{1000} = 2.30 (g)$$

$$铝塑膜质量 = \frac{97 \times (90.4 + 3) \times 2 \times 0.115 \times 1.563}{1000} = 3.26 (g)（两侧封宽均为 3mm）$$

假设极耳总长度为 60mm 且忽略极耳胶质量影响，则有：

Al 极耳质量 $= \dfrac{60 \times 3 \times 0.08 \times 2.7}{1000} = 0.039(\text{g})$（假设极耳长度为 60mm）

Ni 极耳质量 $= \dfrac{60 \times 3 \times 0.08 \times 8.9}{1000} = 0.128(\text{g})$（假设极耳长度为 60mm）

电芯质量 $= 5.88 + 14.26 + 81.16 + 41.90 + 2.30 + 3.26 + 0.039 + 0.128 + 102.83 = 251.76(\text{g})$

（10）容量和内阻计算

容量 $= 4.6 \times 0.95 \times 140 = 611.8(\text{mA·h})$

此体系单位面积离子电阻为 $620000(\text{m}\Omega/\text{mm}^2)$

离子电阻 $= \dfrac{620000}{88.4 \times 2 \times 1563.2} = 2.24(\text{m}\Omega)$

Cu 箔电阻 $= 1.678 \times \dfrac{1563.2}{2 \times 0.012 \times 88.4 \times 100} = 12.36(\text{m}\Omega)$

Al 箔电阻 $= 2.6548 \times \dfrac{1618.1}{2 \times 0.016 \times 87.4 \times 100} = 15.36(\text{m}\Omega)$

Al 极耳电阻 $= 2.6548 \times \dfrac{100}{2 \times 0.08 \times 3 \times 100} = 5.53(\text{m}\Omega)$

Ni 极耳电阻 $= 6.84 \times \dfrac{100}{2 \times 0.08 \times 3 \times 100} = 14.25(\text{m}\Omega)$

电芯内阻 $= 2.24 + 13.36 + 15.36 + 5.53 + 14.25 = 50.74(\text{m}\Omega)$

5.7 液流电池设计

5.7.1 液流电池概述

与铅酸电池、铅碳电池、锂离子电池和钠硫电池等固态电池体系不同，液流电池的功率和容量是可分离的，可进行互不干扰的独立调控。液流电池的功率受电压和电极面积、电解质电化学反应的动力学等因素影响。液流电池的容量受电解质溶液的浓度以及储罐尺寸等因素影响，具有从千瓦级到兆瓦级的灵活配置，因此液流电池适用于大规模储能领域，有望解决太阳能和风能的间歇性和波动性问题。此外，由于储存容量易于调控、循环寿命长、选址自由度大、操作安全性高、易于维护等优势，液流电池成为面向规模化储能的首选设备。

液流电池通过液态电解质在循环过程中可逆的氧化还原电化学反应实现能量的存储和释放。1884 年，Charles Renard 研发了锌-氯电池，并将其作为电源为"La France"飞艇提供电能，首次提到了液流电池的概念[59]。在 20 世纪 70 年代初期，美国国家航空航天局采用卤化铁为正极电解质、卤化铬为负极电解质，开发了第一个实用的液流电池[60]。氧化还原液流电池可以由一系列固体和液体电极材料组合而成，正极和负极材料由电解质溶液（即正极液和负极液）制成。负极和正极两侧的电解质通过位于电池堆两侧的多孔电极泵送，在电池堆中，正极液和负极液通过离子交换膜或多孔隔膜隔开以防止混合。电化学氧化还原反应发生在电极表面。氧化还原液流电池的这种独特架构允许独立缩放功率和/或能量。

5.7.1.1 液流电池的工作原理

液流电池的工作原理如图 5-31 所示，液态电解质存储在外部存储罐中，通过泵的驱动在电池主体和存储罐之间循环流动，在电极表面进行可逆的氧化还原反应，实现电能与化学能之间的相互转换。充电时，电解质从存储罐流向电极表面，在外加电场的作用下，正极的电解质溶液在电极上失去电子被氧化，同时负极的电解质溶液在电极上得到电子被还原。放电时，电解质在泵的驱动下流经电极表面发生氧化反应，再次将化学能转化为电能，电子流经外电路做功为负载供电。为了维持两极溶液的电中性，溶液中的带电离子（阳离子或者阴离子）从电极（正极或者负极）经过选择透过性离子选择膜，迁移至另一侧电极（负极或者正极）。离子选择膜需能有效阻隔电解质中活性物质的跨膜渗透，避免电池存储容量的衰减。

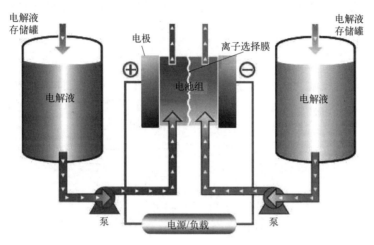

图 5-31　液流电池的工作原理[61]

理想的液流电池的电对必须具备以下特征：a. 在某种液体中有极高的溶解度；b. 负极活性电对的标准电极电势要小，正极活性电对的标准电极电势要大；c. 化学性能稳定；d. 电极反应可逆性高；e. 过程无气析反应等次生反应。

近些年来，能源危机和环境问题的日益突出、清洁可再生能源的大力开发进一步促进了液流电池的发展。

5.7.1.2 液流电池的分类

尽管液流电池体系的种类繁多，但其主要性能参数及影响因素基本一致，如图 5-32 所示。

（1）按电化学体系划分

按电化学体系可以分为以下三类。
① 阳离子变价元素体系：如 Ti-Fe 和 Cr-Fe 体系。
② 阴离子变价元素体系：如多硫化钠-溴体系。
③ 阴阳离子变价元素体系：如钒-多卤化物体系。
④ 正负极电对为同一变价元素：如全钒体系。

（2）按电极反应形式划分

按电极反应形式分为以下三类。

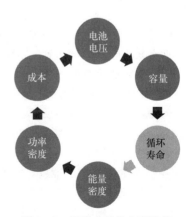

图 5-32　液流电池的主要性能
参数及影响因素

① 无沉积反应：如全钒体系。

② 单沉积反应：如锌-溴体系。

③ 双沉积反应：如铅酸液流体系。

（3）按电解质溶剂划分

按照电解质溶剂液流电池分为非水系液流电池和水系液流电池。

① 非水系液流电池。不受水分解电压的限制，具有较大的工作电压窗口。但溶剂沸点低、充放电过程中电解质的副反应多、隔膜的离子电导率低且结构不稳定，导致电解质体系不稳定、电池循环稳定性差、电池功率低、隔膜选择性窄、成本高。

② 水系液流电池。体系具有高电流密度、高功率、不易燃、安全性高、成本低等优点，其大规模应用和发展速度远超非水系液流电池。目前较成熟的有多硫化钠-溴、全钒和锌-溴体系。

5.7.1.3 全钒液流电池

在水系液流电池领域，研究最为广泛的是全钒液流电池，或称为钒电池，该体系是 20 世纪 80 年代由 Skyllas Kazacos 等首次提出的，利用不同价态的钒离子之间的可逆相互转化实现电能的储存与释放。全钒液流电池体系的反应式如下所示。

正极反应：
$$VO_2^+ + 2H^+ + e^- \rightleftharpoons VO^{2+} + H_2O \qquad (5\text{-}81)$$

负极反应：
$$V^{2+} - e^- \rightleftharpoons V^{3+} \qquad (5\text{-}82)$$

总反应：
$$VO_2^+ + V^{2+} + 2H^+ \rightleftharpoons VO^{2+} + V^{3+} + H_2O \qquad (5\text{-}83)$$

钒电池电能以化学能的方式存储在不同价态钒离子的硫酸电解质中，通过外接泵把电解质压入电池堆体内，在机械动力作用下，在不同的储液罐和半电池的闭合回路中循环流动，采用质子交换膜作为电池组的隔膜，电解质溶液平行流过电极表面并发生电化学反应，通过双电极板收集和传导电流，从而使得储存在溶液中的化学能转换成电能。这个可逆的反应过程使钒电池顺利完成充电、放电和再充电。

由于全钒液流电池体系中两极电解质含有同种元素，避免了正极和负极的半电池之间不同种类活性物质相互渗透导致的交叉污染。经过 40 多年的探索，全钒液流电池的研究和发展已相对成熟，目前在多个国家已经进入规模化应用阶段，如我国的大连融科储能技术发展有限公司、日本的住友电工公司、美国的 UniEnergy Technologies 公司和奥地利 Gildemeister 公司等，甚至已经发展到实际生产或应用示范的程度。我国全钒液流储能技术和产业发展处于世界领先水平，截至 2022 年 3 月，大连融科储能技术发展有限公司的全钒液流电池储能规模达到 559MW·h[62]。

全钒液流电池主要有以下优点。

① 输出功率和储能容量可控，具有较高的能量效率，充放电过程中无相变反应发生，充放电状态可迅速切换。

② 电池的活性物质与电堆相互分离，独立存在于储液罐中；电解质与电堆系统分别决定了电池的储能容量和功率，可根据实际的储能要求对电池进行灵活设计。

③ 电池倍率性能好、启动速度快，电池自放电较为可控。

④ 安全性高、寿命长；采用水系电解质，避免了易燃易爆危险，保证了系统的安全运行，运行过程中不会产生有危害的物质，避免了对环境的污染。

⑤ 资源储量丰富且自主可控，电池材料回收和再利用容易。

5.7.2 液流电池的关键材料

作为液流电池的关键部件，电解质和隔膜直接影响电池的性能。下面将从电解质、隔膜、正负极等方面，对液流电池体系的发展现状进行阐述，并对该体系发展面临的挑战进行讨论。

5.7.2.1 电解质

液流电池的电解质是最关键的材料之一。水系液流电池和非水系液流电池的稳定性取决于选择合适的配套电解质、氧化还原化学物质和电池组件。水溶液系统使用水作为溶剂，具有较窄的电位稳定窗口（通常 < 2.0V），但会受到氢和氧析出的过电位的影响，这可能随着电解质成分和电极表面的变化而变化。除了气体析出外，混合系统中使用的一些金属负极有溶解于酸性/碱性电解质溶液的倾向，导致能量损失，也被称为自放电或腐蚀过程。除活性材料外，应避免金属组件/部件暴露于腐蚀性酸或碱性中，这可能导致循环过程中氧化还原电位不稳定。此外，电解质的纯度（一般需达到 99.9% 以上）、稳定性、适用温度范围等因素也会对液流电池的运行效率和寿命造成较大影响。

与水系液流电池相比，非水系体系有多种溶剂可用，并且往往能提供更宽的电位稳定窗口，也受动力学、所涉及的材料和所需反应的持续时间的影响。溶剂盐在其电化学窗口内发生分解，也可能与相应活性物质和电解质相互作用。然而，非水系电解质通常是基于非极性溶剂，例如乙腈。与金属配合物不同，许多有机活性分子以自由基的形式存在，通常是反应性的，寿命短，但可以通过与取代基官能化的空间和/或共振效应来稳定。在酰胺分子中，由于其碳氧和碳氮之间的高共振稳定作用而具有较高的稳定性。稳定自由基对于长期循环和维持储存能力至关重要，这一直是开发许多非水系电解质的主要障碍。非水系电解质对大多数基于聚合物（塑料）的组件/部件具有腐蚀性。因此，从电解质管到储液器的组件都需要更高的材料稳定性，这也增加了大多数非水系液流电池的总体成本。

液流电池中的电解质包含两部分：正极电解质和负极电解质，二者共同构成一个完整的电池体系，也可将正、负极连接到一起设计成双极电解质，组装对称电池。电解质是液流电池中的核心材料，直接影响液流电池能量单元的性能与成本。作为电能的存储介质，电解质的体积和浓度决定了液流电池储能系统能够储存的最大能量。以全钒液流电池为例，电解质成本约占钒电池成本的 40%，其浓度与体积决定钒电池的容量与能量密度。钒电池正、负极电解质分别独立存在于外置的储液罐中，传统的钒电池正极电解质由 V^{5+} 和 V^{4+} 的硫酸溶液组成，负极电解质由 V^{3+} 和 V^{2+} 的硫酸溶液组成。理论上储存 $1kW \cdot h$ 的电能需要 $5.6kg\ V_2O_5$，但目前电解质的实际利用率仅能做到 70% 左右（即储存 $1kW \cdot h$ 电能需要大约 $8kg\ V_2O_5$）。提升电解质的利用率是降低全钒液流电池成本的重要途径。除了水系全钒液流电池外，在中性水系有机液流电池体系中，通常采用紫精衍生物作为负极电解质，正极电解质是 2,2,6,6-四甲基哌啶氧化物的衍生物和二茂铁的衍生物，在该体系中可通过分子修饰等手段，使原本使用于酸性或碱性体系的电解质材料能够在中性或者接近中性的条件下使用，如蒽醌衍生物。

传统的液流电池是由氧化还原电势（又称电位）较低的负极电解质和氧化还原电势较高的正极电解质构成的，两类电解质具有完全不同的化学结构。因此，任何一种物质的跨膜交换都会导致不可逆的容量衰减，并最终降低电解质的利用率。受全钒液流电池的启发，具有两个氧化还原活性位点并可同时作为负极电解质和正极电解质的双极性氧化还原活性电解质顺势而生[63]。双极性氧化还原活性能够避免由电解质跨膜渗透所造成的交叉污染，同时还能抑制电解质容量的降低，并且易于平衡反应，防止电池损坏发生。通过共价键将负极电解质结构与正极电解质结构连接起来，即可制备得到水性有机氧化还原液流电池的双极性电解质，但由于电解质不仅需要与水溶液具有良好的兼容性，还需要具有适当的氧化还原电势差，以提供适当的电池电位，因此该方法的选择性受到限制。

双极性电解质能够有效地避免电解质的跨膜渗透所造成的容量衰减，提高电池的循环寿命，但双极性电解质的合成过程比较复杂，产率较低。在疏水部分和亲水部分间隔基中，氧化还原活性结构分子尺寸一般较大，在水中的溶解度和电化学动力学活性较低，导致电池的能量效率较低。在长时间循环中，由于电解质结构发生降解，双极性电解质的容量会缓慢衰减，因此电解质的稳定结构至关重要。此外，由于双极性电解质包含两种电活性基团，成本高，规模化应用受到限制。

5.7.2.2 隔膜

在液流电池中，隔膜的主要作用是将正负极电解质溶液分隔开来，同时选择性地支持电解质中部分离子的通过，在电池充放电的过程中与外部负载构成闭合的电流回路，实现能量的存储或者释放。隔膜将正负极电解质分隔开，并在电池运行过程中阻止活性物质的跨膜渗透，如果某一极的电解质经隔膜渗透到另一极电解质溶液中，将导致库仑效率降低，容量逐渐衰减，同时缩短电池的使用寿命。因此，理想的隔膜应具有高的离子传输性、低的活性物质渗透性和优异的结构稳定性，同时还需要具有较低的成本，以满足实际的应用要求。与酸性或者碱性液流电池体系相比，中性水系有机液流电池体系的电解质相对温和，对隔膜的要求较低，通常使用市售的离子选择透过膜。离子选择透过膜具有荷电的功能基团，可与电解质的荷电基团产生静电排斥作用，阻止电解质的渗透。目前，商业化的隔膜主要是全氟磺酸Nafion膜，获得广泛研究的还包括 N112、N1135、N1110、N115、N117、NR212 和NR211 系列等，且隔膜的性能主要与膜厚度以及工作条件相关（如工作温度、充放电电流密度和充放电状态等）。尽管，Nafion膜已在商业化的钒液流电池中获得应用，但仍存在一些问题，包括高钒离子渗透率和昂贵的价格。阳离子隔膜主要有聚醚醚酮系列（PEEK）、聚酰胺系列（PI）和聚苯并咪唑系列（PBI）等。阴离子隔膜主要有聚芳醚类［季铵化金刚烷聚芳基醚酮（QADMPEK）、吡啶聚邻苯二甲嗪酮醚酮（PyPPEKK）、溴化聚邻苯二甲嗪酮醚酮（QBPPEK）、季铵化杂萘联苯聚醚酮（QAPPEK）］、季铵化聚芴基醚（QAPFE）、季铵化聚亚苯基（QDAPP）、聚醚酮（PEK-C）和聚苯基砜类（PyPPSU）等。两性离子隔膜包括在聚偏二氟乙烯（PVDF）膜上接枝甲基丙烯酸二甲氨乙酯（DMAEMA）、DMAEMA 和苯乙烯磺酸钠（SSS）、DMAEMA 和 α-甲基苯乙烯（AMS），或者通过不同的方法接枝在乙烯-四氟乙烯共聚物（ETFE）膜上，还包括磺化聚醚醚酮（SPEEK）、磺化聚芳醚酮（SPAEK）等。非离子多孔膜主要包括 PVC/SiO$_2$ 多孔膜、PVDF 多孔膜、PVDF 改性多孔膜等[64]。

5.7.2.3 正负电极材料

正负电极由惰性材料构成，不直接参与电化学反应，只为反应提供场所。目前一般采用性能稳定、价格低廉、适合工业化生产的碳素类电极，如石墨毡、碳布等。

5.7.3 液流电池设计关键技术

液流电池设计关键技术主要从电堆、电解质、电池管理系统及系统集成几方面进行简单分析。

5.7.3.1 电堆

（1）电堆密封

液流电池需要较强的密封性，保证电池内液体在使用的十几年甚至二十多年的时间里在任何场景下不漏液。要选择耐蚀、抗氧化、易加工的材料做集流框；加工集流框和集流板尽可能地精确；组成的电池堆可用抗氧化胶进行密封；改进电堆结构，使正负极的压力一致。

（2）电极材料

电极材料有很多种，具有不同的生产条件，性能、寿命等都有区别。理想的电极要求稳定性好、机械性好、电化学活性高并且成本尽量低。目前，已经采用过金、铅、钛、钛基铂和氧化铱 DSA（dimensionally stable anode）金属电极，碳素类电极以及导电塑料板或聚合物。金和铅电极电化学可逆性差，且铅表面易形成钝化膜，阻碍了电极反应的继续进行；和铅电极一样，在这一电势区间内钛电极表面也易形成高电阻钝化膜；钛基铂电极在这一电势区间内不出现钝化膜，且表现出好的导电性，但铂较昂贵，不利于大规模应用；与其他的金属电极相比，氧化铱 DSA 电极具有较高的可逆性、优秀的电化学特性和稳定性。经活化处理过的碳素类电极，电化学活性提高。石墨毡材料以其耐高温、耐腐蚀、良好的机械强度、表面积大和导电性好等优点，被广泛用作液流电池的正极材料，成为近年来研究的热点。其主要问题是和集流板（石墨板）的黏合，要使其黏合电阻小，并且导电黏结剂要具有耐酸性、抗氧化性。

（3）双极板材料

双极板材料的选择需要考虑面积、韧性、强度、导电性、价格等多方面因素。双极板材料应具有良好的导电性和化学稳定性，以及高机械强度和低渗透性。由于液流电池的电解质酸碱性不同，且充电电位较高，因此双极板材料还必须是耐腐蚀的导电材料。目前使用的双极板主要有金属双极板、石墨双极板和碳塑双极板。金、钛、铂等贵金属虽然耐腐蚀性较好，但由于其价格昂贵，所以不适合作为双极板材料；铅毒性大，且表面易被氧化，故也不适合作为双极板材料；经处理过的不锈钢不能长期稳定地在钒电池中应用。石墨材料在酸性条件下是稳定的，并且具有良好的导电性，其中，无孔纯石墨板还具有阻液性，是合适的双极板材料，但是石墨双极板的制备工艺复杂，费时且成本高。

为了降低双极板的制备成本，以导电填料和高分子树脂为原料，采用注塑或模压等方法来制备碳塑双极板，目前已经应用于全钒液流电池中。其中采用的导电填料包括石墨粉、炭黑和金属粉末等；而高分子树脂通常是聚乙烯、聚丙烯和聚氯乙烯等，为了提高碳塑双极板的机械强度还可添加碳纤维进行增强。碳塑双极板比金属双极板的耐腐蚀性好；与无孔纯石墨双极板相比，碳塑双极板制备工艺简单，成本较低，但电阻率比金属双极板和无孔纯石墨双极板都要高，造成这一问题的主要原因是碳塑双极板中均含有一定比例的高分子聚合物作为基体，以保证双极板的机械强度。因此如何得到低电阻率、高强度的碳塑双极板一直是液流储能电池双极板的研究重点。

（4）电解质流场分配

流场分配不均匀，会对电池的性能和电堆寿命造成很大影响。先要保证极板液流道的统一，再就是液流道的设计，要尽量保证石墨毡厚度、密度的均匀，实现流场的均匀分配。

5.7.3.2　电解质

开发成本低、储量丰富的电解质是液流电池领域所面临的重要挑战。液流电池的成本取决于活性氧化还原材料、电解质、电堆（包括电极、隔膜、框架、双极板和端板）和附属组件（泵、管道等）。显然，降低成本的方法是使用价廉的活性氧化还原材料、支撑电解质和堆叠材料。活性氧化还原材料的成本很高，可通过开发其他经济效益更好的过渡金属元素（如锰、钛等）材料来降低这部分成本，但会引来其他问题，例如金属离子的副反应、电极不匹配等。

电解质的开发和制备能力是液流电池厂重要的核心竞争力之一。首先，电解质在制备过程中对杂质、价态的控制要求较高，如何在低成本的情况下实现高纯度需要长期的工艺积累。以全钒液流电池为例，目前钒电解质的制备方法主要包括物理溶解法、化学还原法以及电解法三大类，其中规模化制备主要采用电解法。其次，为提升电解质的能量密度、电化学活性与热稳定性，通常需要在电解质中加入一定的添加剂（包括混酸、无机盐、有机物等多种体系），电解质的配方调配亦需要深厚的研发积累。因此，整体来看液流电池电解质的开发和制备还存在较高的壁垒，目前国内只有大连融科储能集团股份有限公司、河钢等少数企业具备批量化制备全钒液流电池电解质生产能力。此外，生产高纯度的电解质也是电解质开发和制备的技术难点。

由于开路电压较低，水系电解质所需的化学成本比非水系电解质低得多。活性物质在水系电解质和非水系电解质中的溶解度应分别达到 $5mol/L$ 和 $2mol/L$ 以上。此外，选择可从自然界或石油化工和煤化工过程中获得的有机电解质，其储量丰富，也能够极大地降低成本。由于有机电解质具有可调控性好、发展空间大、动力学优异等优势，在大规模应用方面显示出极大的优势，成为当前的研究热点。对于水系液流电池和非水系液流电池，每千瓦时的总成本不仅取决于电池成分（如电解质和电池），还取决于活性材料（摩尔质量和溶解度）、氧化还原化学（电位和电子转移）和配套电解质（黏度和电导率）的选择。在不牺牲长期稳定性的情况下提高现有系统的能量和功率密度是困难的，这需要具有高能量含量的电解质，同时提供具有竞争力的电池电压、稳定性和多电子转移。高能量密度意味着更小尺寸或数量的电池可以提供相同的功率输出，从而显著降低成本。这也可以通过有效的活性物质的质量传递和适当的流场减少面积阻力来促进，但可能导致更复杂的结构。

5.7.3.3　电池管理系统

电池管理系统主要就是为了提高电池的利用率，防止电池出现过充电和过放电，延长电池的使用寿命，监控电池的状态。其主要工作原理可简单归纳为：数据采集电路。首先采集电池状态信息数据，再由电子控制单元进行数据处理和分析，然后根据分析结果对系统内的相关功能模块发出控制指令，并向外界传递信息。典型的电池管理系统可简单划分为 1 个子控制单元（ECU）和 1 个均衡电池之间电荷水平的均衡器（EQU）两大部分。其中 ECU 的任务主要由 4 个功能组成：数据采集、数据处理、数据传送和控制。

液流电池系统里可能需要控制的因素包括如下几种。

① 电解质的温度。控制电解质的温度对于整个系统的安全稳定而言至关重要。全钒液流电池控制温度在 $15\sim40℃$ 之间。

② 充电电压。钒电池的充电电压需要控制，原因就是为了避免过充。过充带来的后果就是沉淀和析氢等副反应，导致整个系统几乎无法修复，因此必须要严格控制过充。充电电压单电池不超过 $1.6V$。

③ 正负电解质中离子的价态。钒电池中正负电解质钒离子的价态是否平衡，即正负电解质是否处于同样的充电态，直接影响电池的性能。可以通过电位滴定法来在线监测钒离子的价态。

④ 电解质的流量。电解质的流量控制之所以重要，主要是从系统效率层面（流量过大造成泵消耗大）和系统安全上考虑的（流量过小，电极表面离子扩散慢，过电位升高，副反应增多）。

⑤ 流量分配。主要针对多堆系统而言，在一个多堆系统中，各电堆获得的流量要均匀。可通过流量传感器控制，保证各个电堆的流量一致。

5.7.3.4　系统集成

系统集成技术包括两个层面的问题：系统里面各主要部件的选择和应用集成技术。在全钒液流电池系统层面，实验室推荐蠕动泵（无污染，流体只接触泵管，不接触泵体；精度高，重复精度、稳定性精度高；低剪切力，是输送剪切敏感、侵蚀性强流体的理想工具；密封性好，具有良好的自吸能力，可空转，可防止回流；维护简单，无阀门和密封件），工程一般用磁力泵，以保证支持全钒液流电池系统长期稳定地运行。系统里面应该有控温、防过充、电解质流量监测以及钒离子价态监测的部件，保证电池性能的长期稳定。对于大功率的电池系统，漏电电流的管理也非常关键，漏电保护器可装设于配电变压器低压出线处或各分支线的首端。在应用层面，则应关注与风力发电集成的关系和整个系统管理控制问题。

除了上述四点关键技术，通过优化液流电池的性能，也可以降低成本。例如，增加隔膜的导电性和电极在电解质中氧化还原反应的动力学活性以降低电池过电位，也可以减少所需的堆叠尺寸以获得等效的功率输出（即功率密度）。液流电池体系的可靠性提高，将显著延长电池的使用寿命并大大降低生命周期成本，而电池体系的可靠性取决于电解质、隔膜、电极等的化学稳定性。

金属盐液流电池应用过程中存在一些局限性，比如：a.电解质的溶解度有限，为了实现高的溶解度，大多需要强酸性溶液（比如全钒液流电池一般使用 3mol/L 的硫酸/盐酸混合酸液），对后期的设备维护提出较高的要求；b.氧化还原动力学差，在含有过渡金属元素电解质的循环伏安曲线中，电极反应的氧化峰电位和还原峰电位间距较大，电化学反应速率常数较小，电池的功率较小，且循环充放电过程中的能量效率较低；c.电池体系对隔膜要求较高，金属及其水合离子的半径较小，具有较强的透膜能力，因此开发选择性高、离子电导率大，同时兼容耐强腐蚀性的离子隔膜难度较大。

目前，最有发展前景的液流电池是全钒液流电池，然而，全钒液流电池的实际应用仍受到多种因素的限制，比如：a.尽管钒在地壳中储量丰富，但钒矿资源品质较低，提取过程消耗很大，污染严重，成本高；b.钒具有毒性，钒电解废液的后处理不当以及钒电解质泄漏都会造成环境污染；c.全钒液流电池的电解质一般具有强酸性，对设备的维护提出较高要求；d.全钒液流电池体系目前使用的隔膜仍以全氟磺酸系列膜为主，价格昂贵，亟须开发更加经济耐用的隔膜材料。由于锌沉积型液流电池成本相对降低，且易于实现较高的能量密度，是目前研究较多的另一类电池体系，然而该液流电池容易形成枝晶，严重情况下会导致电池短路，存在安全问题。

基于其他过渡金属元素的液流电池体系也得到了开发，包括铁铬体系、钒溴体系、多硫化钠溴等电化学体系。在商业化层面，目前全钒液流电池刚刚进入商业化的门槛，铁铬液流电池和锌溴液流电池现在还没有达到全钒液流电池的商业化的程度，还有待继续努力。在电池的回收领域，全钒液流电池的电解质可以实现较好的回收，铅碳电池的电解质虽然不能回收，但是铅碳电池里面占比非常高的铅资源可以回收 95% 以上。

5.7.4 液流电池设计基本过程

液流电池功率单元与能量单元相互独立，可根据不同应用场景灵活设计。完整的液流电池储能系统主要由功率单元（电堆）、能量单元（电解质和电解质储罐）、电解质输送单元（管路、泵阀、传感器等）、电池管理系统等部分组成。其中功率单元决定系统功率的大小，而能量单元决定系统储能容量的大小，两者相互独立。在系统设计层面，液流电池储能可实现功率和容量分开设计以及储能时长的按需设计，电解质储罐既可独立，亦可与电堆共同集成为一体化的集装箱产品，从电池设计角度看较其他电池而言更加地灵活。液流电池更适用于中长时储能场景。液流电池的功率由电化学电池（堆叠）的大小和设计决定，而能量则取决于存储的电解质的数量，能量/功率比（E/P）可以在很宽的范围内变化。高能量/功率比可以使整个系统的能耗成本降低 50% 以上。

堆叠型液流电池的结构与传统燃料电池结构相似，是最接近商业适用性的设计。堆叠电池的主要组成部分是负极和正极、双极板、集流体和隔膜。在传统的液流电池中，氧化还原活性材料由外部储罐供应，并在电极表面进行氧化还原反应。碳基材料（例如碳毡或碳纸）被广泛用作提供氧化还原活性位点的基本电极。双极板不仅可以用来防止电解质和金属集流体之间的直接接触，而且还可以用于放大串联结构。电池中有两个外部储层，包含正极电解质和负极电解质。隔膜通常位于每个堆叠电池的中心，将两种不同的电解质分开。此外，隔膜选择性地转移电荷载体离子，从而维持正极电解质和负极电解质中的电荷平衡。电解质循环是液流电池的独特特点，通过连接到电池组的泵实现不断向系统供应正极和负极电解质。大多数实用的基于金属或金属配体络合物的氧化还原电对的水系和非水系液流电池都使用相同的堆叠设计。

评价液流电池性能的主要参数包括电池电压、存储容量、循环寿命、能量密度与效率、功率密度和成本等。从上述液流电池的工作原理得知，液流电池的性能主要受电解质和隔膜影响，作为液流电池体系中最关键的组成部件，电解质和隔膜直接决定了液流电池的性能。电池电压主要由正负极电解质的电极电势、电化学反应中的动力学和离子在离子隔膜中的传导速率等因素决定；电池的存储容量及能量密度取决于电解质的溶解度和可逆氧化还原反应中的电子转移数目；电池的循环寿命由电解质结构稳定性和电解质的跨膜渗透速率决定，而电池的循环寿命和原材料成本又决定了液流电池的成本。液流电池的能量密度可通过式（5-84）计算：

$$E = \frac{n c_{\mathrm{L}} F I}{1 + \dfrac{c_{\mathrm{L}}}{c_{\mathrm{H}}}} \qquad (5\text{-}84)$$

式中，E 是能量密度；n 是反应中转移的电子数；c_{L} 是正负极两种电解质中的较低浓度；F 是法拉第常数，I 是电池的电流；c_{H} 是正负极两种电解质中的较高浓度。因此，能量密度主要取决于转移的电子数目、氧化还原物质的溶解度以及正极和负极电解质的电极电势等。液流电池需要有较高的能量密度，以便在给定的体积中存储尽可能多的能量。因此，提高电解质的溶解度、增加可逆氧化还原过程中的电子转移数目、提高正极电解质的电极电势、降低负极电解质的电极电势，有助于提高液流电池的能量密度。液流电池的功率密度可通过式（5-85）计算：

$$P = \frac{I U}{S} \qquad (5\text{-}85)$$

式中，I 是放电电流，与电解质的动力学性质、传导率等因素有关；U 是输出电压，与正负极电解质的电极电势有关；S 表示隔膜的表面积或电极几何面积。基于此，提高电解质的动力学性质、降低负极电解质的电极电势、提高正极电解质的电极电势等有助于提高液流电池的功率密度。

5.7.5 液流电池发展现状

我国液流电池研究起步相对较晚，以全钒液流电池为例，1995 年中国工程物理研究院电子工程研究所首先开展相关研究，近年来，在国家政策的支持下，中国钒电池产业飞速发展。现阶段全钒液流电池厂商一体化程度较高，产业链生态初步建立。整体来看当前全钒液流电池储能仍处于商业化运营初期，市场参与者相对较少，行业前期的发展很大程度上由头部厂商进行推动。国内对全钒液流电池的研究始于 20 世纪 90 年代初，早期主要由中国工程物理研究院、中国科学院大连化学物理研究所、中南大学、清华大学等科研院所进行相应实验室研发，其中大连化学物理研究所在科学技术部"863"计划项目的支持下于 2005 年成功研制出当时国内规模最大的 10kW 全钒液流电池储能系统，迈出了国内全钒液流电池储能技术应用的第一步。由于前期全钒液流电池技术尚未定型，且项目体量相对较小，行业呈现出非标化、定制化的特点，产业链生态主要由一体化的头部厂商主导。行业龙头大连融科储能集团股份有限公司于 2008 年成立，经过数十年发展，公司具备从前端研发到后端项目运营的全产业链开发能力，深度参与全钒液流电池产业链各个环节。截至到 2020 年，全钒液流电池装机量为 0.1GW，预计到 2025 年储能装机量将达到 4GW。

5.7.6 液流电池设计原则

随着风能、太阳能、潮汐能等可再生能源的开发与应用，大规模储能系统引起了人们的高度重视。由于全钒液流电池具有成本低、循环寿命长、能量效率高、环境友好和设计灵活等突出优势，在大规模储能领域具有良好的应用前景，目前已进入商业化示范运行阶段。本节以全钒液流电池为例，对不同结构的选择以及相关行业标准进行介绍。

全钒液流电池设计原则主要包括以下 9 点[65]：a. 设计应符合 GB/T 34688—2017 规定的安全要求；b. 最低耐火等级应满足 GB 51048—2014 的要求；c. 密封材料应满足输送的流体腐蚀和压力要求，参照 NB/T 10092—2018 执行；d. 应用于同一电池模块内的各电堆流量应保持一致，且流量偏差不超过 ±10%；e. 储罐的充装系数应小于 0.95，并考虑设置防止液体溢出的措施；f. 非箱式产品储罐高于 2m，且应配置爬梯护栏和围栏；g. 电池系统的接地阻抗不宜大于 4Ω；h. 电堆和各电气元件的绝缘电阻应不小于 1MΩ；i. 电池系统漏电电流不应大于 1MA，且不应发生绝缘击穿现象。

以全钒液流电池单电池设计为例，石墨毡电极对应的孔隙率参数为 0.70±0.05；钒电解质对应的活性物质浓度为 1.6mol/L（由 V^{3+} 和 V^{4+} 组成，浓度均为 0.8mol/L），硫酸浓度为 4mol/L。

首先，需要对电极材料和离子交换膜进行预处理。对离子交换膜进行活化：先将离子交换膜浸泡于 80℃ 的去离子水中，浸泡时间 1h，以去除膜上的杂质；然后将离子交换膜浸泡于 80℃、4mol/L 的硫酸溶液中，浸泡时间 1h，使离子交换膜氢离子化；再将离子交换膜用去离子水反复冲洗，以清除残留的硫酸溶液；最后将离子交换膜置于未预充的原始电解质中浸泡 12h，以充分冷却、膨胀并吸收电解质。对石墨毡电极进行活化：先将石墨毡电极用去离子水反复冲洗，以去除杂质；然后将石墨毡电极置于未预充的原始电解质中浸泡 12h，使石墨毡电极在酸溶液中活化并吸收电解质。

单电池，电极尺寸：长×宽×厚＝30cm×30cm×0.6cm。

为将实验中的接触电阻控制在合理范围内，设计液流框厚度为2.4mm（石墨毡厚度为6mm）以控制电极压缩比为60%。电池内部不开设流道，使电解质穿过电极内部进行流通。

将端板、PP板、集流体、双极板、液流框、石墨毡电极、密封垫片、离子交换膜按顺序依次叠合组装，组成半电池的基本结构，除离子交换膜外再依次进行反向堆叠，最后通过夹持装置的压紧完成单电池的组装。在组装好单电池后，用聚四氟乙烯导管将单电池、正负极储罐、蠕动循环泵连接起来，形成闭合的液路循环。

5.8 电化学电容器设计

5.8.1 电化学电容器概述

电化学电容器，又称超级电容器，是一类新型的储能元件，具有较大的电容，可以储存大量电荷，具有优异的瞬间充放电性能。电化学电容器的出现，弥补了功率密度高而能量密度低的传统静电电容器，和功率密度低而能量密度高的化学电池之间的空缺。我国超级电容器的研究工作起步于20世纪80年代，并将"超级电容器关键材料的研究和制备技术"列入《国家中长期科学和技术发展纲要（2006—2020年）》，作为能源领域中的前沿技术之一；2016年，工业和信息化部印发《工业强基2016专项行动实施方案》，将超级电容器列入扶持重点；2021年9月，中国电子元件行业协会发布《中国电子元器件行业"十四五"发展规划（2021—2025)》，电容器被纳入重点规划。依据储能机理不同，超级电容器可分为双电层超级电容器、法拉第电容器（又称赝电容器）以及双机制的混合型超级电容器。本节将着重从电化学储能角度介绍法拉第电容器和混合型超级电容器[66]。

5.8.1.1 法拉第电容器

法拉第电容器，也称赝电容器，结构如图5-33所示。在电极表面或体相中的二维或准二维空间上，具有电化学活性的物质经高度可逆的化学吸附/脱附、氧化/还原反应或欠电位沉积，产生和电极充电电位相关的电容。赝电容不仅在电极表面，还可在整个电极内部产生；不仅通过静电作用力产生，还可通过法拉第过程产生，因而它具有比双电层电容更高的电容量和能量密度。在电极面积相同的情况下，赝电容的电容量是双电层电容的10～100倍。法拉第赝电容器的储能机理与双电层超级电容器也有很大的不同。在充电过程中，极板电势发生变化，电解质中的阴阳离子被吸引到极板表面，与被活化的电极材料结合，发生快速、可逆的法拉第氧化还原反应或欠电位沉积，实现电能的储存；放电时，极板处发生相应的逆反应，电容器恢复初始状态，能量得到释放[66-69]。法拉第赝电容的电极材料一般选用具有一定化学活性的过渡金属氧化物、过渡金属氢氧化物和导电聚合物等。

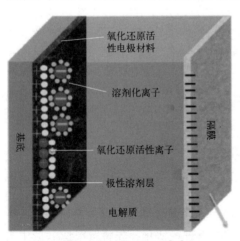

图5-33 赝电容器结构[69]

5.8.1.2 混合型超级电容器

将锂离子电池的能量密度优势以及超级电容器的功率密度优势相结合，获得了混合型超级电容器。混合型超级电容器的一极采用传统的电池电极，通过化学反应进行能量储存；另外一极则是通过双电层进行能量储存。它结合了电池和电容器的特性，具有较高的工作电压，以及比传统超级电容器更高的能量密度。混合型超级电容器又可分为内串型和内并型两种。内串型器件较为典型，一极为能够实现锂离子脱嵌的电极（如石墨或者 $Li_4Ti_5O_{12}$），另一极为电容电极（如活性炭等）；内并型可看作是电容器与锂离子电池的内部并联，通常在正极或者负极当中添加一定比例的活性炭材料。内并型电容器更加直观地体现了电池与电容的结合，因此业内所说的电池电容通常指内并型超级电容器[66-69]。

5.8.1.3 衡量电容器性能的指标

在设计电化学电容器时，无论是法拉第赝电容器还是混合型超级电容器，比电容、能量密度和功率密度、内阻以及循环稳定性等都是衡量其性能优劣的重要指标[66-69]。

（1）比电容

在超级电容器中，每一个电极都是一个电容，因此总电容由正负极两个电容串联而得。总电容可由式（5-86）计算：

$$\frac{1}{C_T} = \frac{1}{C_p} + \frac{1}{C_n} \tag{5-86}$$

式中，C_p 表示正极电容；C_n 表示负极电容。比电容是评价超级电容器性能的关键参数，分为两种，一种为质量比电容，即单位质量的电容值；另一种为体积比电容，即单位体积的电容值。

（2）能量密度和功率密度

能量密度与功率密度是表征超级电容器性能的主要指标。能量密度越大，超级电容器在单位质量或单位体积下能够储存的电能越多；功率密度越大，超级电容器在单位时间能够放出的能量越多。一般来讲，对于理想的超级电容器而言，最大能量密度与功率密度可分别由式（5-87）和式（5-88）计算：

$$E = \frac{1}{2}CU^2 = \frac{QU}{2} \tag{5-87}$$

$$P = \frac{1}{4R_s}U^2 \tag{5-88}$$

式中，E 为能量密度；C 为比电容；U 为电势窗口，即电解质正极析氧电位与负极析氢电位的差；Q 为电容器在单位质量或单位体积下存储的电荷；P 为功率密度；R_s 为电容器等效串联电阻。

（3）内阻

超级电容器的内阻指的是正极电容与负极电容间的串联电阻，与电极材料、电解质、隔膜和组装方式等相关。一般来说，内阻越小，超级电容器性能越好；电极厚度越大，内阻越高，电极厚度通常小于 $150\mu m$；材料的孔径越小，内阻越高，材料的孔径一般在 1.5nm 以上，能够加快电解质中的离子传输，并保证电极表面的充分浸润，有利于电化学反应的进行。

（4）循环性能

循环稳定性是指超级电容器在多次充放电后保持初始电学性能的能力，主要表现在多次充放电后电容值的保持率，即保持初始容量的百分比。超级电容器的循环稳定性通常以数千次循环充放电后的电容衰减程度标定，以第一次循环所测电容值为初始值，数千次充放电循环后的电容值为最终值，初始值与最终值之间每隔一定循环次数记录一次即可，最终绘制容量随充放电次数变化曲线。将初始值与最终值进行比较，即可得到超级电容器的电容保持率。电解质会腐蚀电极材料，导致超级电容器的容量衰减，在法拉第赝电容器中尤为明显。

5.8.1.4 电化学电容器与电池的比较

与电池组成类似，电化学电容器也是由两个电极组成，电极之间由电解质分隔。从机理上看，电池是基于内部发生化学反应，内部电解质和电极之间发生电子转移，并伴随物质的氧化还原状态的改变。然而，部分电化学电容器既包含电荷的非法拉第过程（只包含电极和电解质界面双电层的充放电），又有电化学反应（法拉第过程）的发生。通过比较电化学电容器和电池，可以获得以下结论[69-70]。

① 在主体结构上，二者都是由正极、负极和电解质三部分组成，且都以电功形式释放自身能量储存。

② 电池是以化学反应储存和释放能量，充电时以化学反应储能，放电时直接由化学能做功；而部分电化学电容器采用双电层机制（以静电方式储能，放电也由静电能做功）与化学反应相结合的形式储存电荷，实现能量的存储与释放。

③ 电化学电容器和电池均存在溶液阻抗。部分电化学电容器仅有一极存在电化学阻抗，而电池正负两极均存在电化学反应阻抗，因此电池阻抗大于部分电化学电容器。

④ 与电化学电容器相比，电池具有较高的能量密度，但功率密度较低。电化学电容器的能量密度通常仅为电池的 $\frac{1}{4} \sim \frac{1}{3}$。

⑤ 在高倍率充放电情况下，电化学电容器的充放电过程具有高度的可逆性，可以在短时间内进行能量的储存和释放，性能优于电池。

⑥ 由于内阻等因素，电池在充放电过程中产生的热效应要远远大于电化学电容器，因此电化学电容器的能量利用率较高。

⑦ 电化学电容器具有更长的使用寿命。在充放电循环过程中，电池的电极结构会发生改变，最终崩塌，导致电池失效，且电池失效情况受温度、充放电速率等因素影响，因此电池通常只有数千次的寿命。而电化学电容器的工作温度范围较宽，并且在适当的条件下，其充放电寿命可高达数十万次乃至一百万次。

5.8.2 电化学电容器设计关键技术

5.8.2.1 电极材料和电解质的选择

超级电容器的电极材料主要有碳基材料、过渡金属氧化物、过渡金属氢氧化物、导电聚合物等。其中，碳基材料基于物理吸附的双电层储能机制，其功率密度非常高，输出电压在

3V 左右，输出电流能够达到几百安。因此，具有成本较低、稳定性高、电导率较高等优势的高性能碳基材料具有良好的应用前景。相比于双电层材料，赝电容材料通常具有较高的能量密度，具有较大的发展潜力。常用的赝电容材料主要包括过渡金属氧化物、过渡金属氢氧化物、导电聚合物等。不同的电解质具有不同大小的电化学稳定窗口，且离子电导率也存在差异，需要根据实际应用情况进行选择，匹配合适的且性能优异的电解质可以更好地发挥电容器的性能。不同材料有各自的优缺点，在实际设计和应用过程中需要对性能进行优化。表 5-14 对一些具有代表性的超级电容器材料的性质进行了总结。

表 5-14 超级电容器代表性材料性能总结[66-68]

电极材料	电解质	电位区间	比容量/(F/g)	电极材料优缺点
活性炭	1mol/L H_2SO_4	0～0.8V (vs. SCE)	300	优点：倍率性能优良 缺点：比容量低
碳纳米管	1mol/L H_2SO_4	0～0.9V (vs. SCE)	153	优点：倍率性能优良 缺点：比容量低，价格高
石墨烯	6mol/L KOH	0～1V (vs. Hg/HgO)	349	优点：倍率性能优良 缺点：比容量低
RuO_2	1mol/L H_2SO_4	0～1V (vs. Ag/AgCl)	1300	优点：比容量高，倍率性能优良 缺点：价格高
MnO_2	1mol/L Na_2SO_4	0～0.8V (vs. SCE)	210	优点：环境友好，价格低廉 缺点：比容量低，倍率性能差
$Ni(OH)_2$	6mol/L KOH+10g/L LiOH	0.15～0.57V (vs. Hg/HgO)	1532	优点：比容量高 缺点：电位区间窄，倍率性能差
$Co(OH)_2$	2mol/L KOH	0.2～0.4V (vs. SCE)	735	优点：比容量高 缺点：循环稳定性差
聚苯胺	1mol/L H_2SO_4	0～0.7V (vs. SCE)	548	优点：比容量高 缺点：循环稳定性差
聚吡咯	0.5mol/L H_2SO_4	0～0.8V (vs. SCE)	586	优点：比容量高 循环稳定性差

注：SCE—饱和甘汞电极。

5.8.2.2 结构的设计

目前，电化学电容器结构主要有两种：一种为卷绕式，另一种为纽扣式，如图 5-34 和表 5-15 所示。卷绕式电容器相对成熟，在生活中较为常见，由于电极呈卷绕式结构，通常具有较大的表面积，能够储存较多电荷，但占用体积较大，串联应用较不方便。纽扣式电容器虽然面积受限，但当串联使用时可以获得很高的电压，具有较大应用空间。

表 5-15 超级电容器两种结构对比

优缺点	卷绕式	纽扣式
优点	技术成熟，具有高压缩比，电极面积大	容易串联，封装密度高，便于双极构建
缺点	不易串联，封装密度低，电极连接不方便	电极面积受限，外壳机械性能好，气孔通气困难

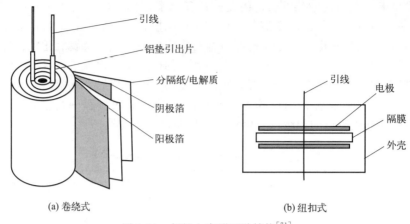

图 5-34　超级电容器两种结构[71]

(a) 卷绕式　　　　　　　　　　　　(b) 纽扣式

5.8.2.3　电压平衡技术

在实际生产应用中，许多精密的器件都需要用电容器，在电容器的串并联使用中，为了保证器件的平稳安全使用，需要确保每个工作单元不超过最大电压，以免发生击穿、出现故障，因此发明了一种电压平衡技术，以实现电压的平均分配，确保电容器不会出现过载。电压平衡分为有源电压平衡和无源电压平衡，这两类技术均是将电容器与其他电源部件相连，通过一定的电路设计达到良好的效果。无源电压平衡采用传统的电阻、电容或者电感与电容器组成电路；有源电压平衡则更多的是采用有源开关器件，例如具有微处理器的智能电子器件，能够实现电容器电压的快速调节[71]。

5.8.3　电化学电容器设计基本过程

5.8.3.1　电极材料的设计

作为超级电容器的核心组成部分，电极材料的性能直接决定器件的整体性能。在混合型超级电容器中，由于有一极不发生化学反应，因此可以根据是否发生化学反应来选择和匹配电极材料。

（1）非化学反应电容器电极材料

在混合型超级电容器中，非化学反应电容器电极材料依靠物理过程储存电荷，不发生化学反应，主要是碳基材料，包括活性炭、纳米级炭、石墨烯等。碳基材料的成本较低，稳定性较高，电导率较高，基于双电层储能机制，具有较高的功率密度、高达几百安的输出电流和 3V 左右的输出电压。对于常规碳基材料来说，由于充电时电解质离子的吸附只发生在电极表面，内部材料往往没有被充分利用，再加上这种物理吸附本身的限制，这类电极材料的能量密度通常较低。提高碳基材料能量密度的关键在于提高比表面积、改善孔径分布、调整颗粒尺寸和修饰表面状态。

石墨烯具有较大的比表面积，是常用的非化学反应电容器电极材料。多纳米孔石墨烯电容器电极的制备过程如图 5-35 所示，先将商业化的氧化石墨烯（GO）剥离成片层状，再加入 KOH 溶液，使层状氧化石墨烯与 KOH 充分混合均匀，再通过传统活化工艺，将氧化石墨烯转化为多孔的石墨烯。由于多孔石墨烯片层上布满了纳米孔洞，电极材料的比表面积可提高到 $3100m^2/g$，电容器的电化学性能也得到了极大提高[72]。

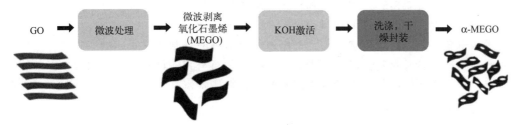

图 5-35　多纳米孔石墨烯制备过程[72]

在电化学电容器电极材料的制备中，模板法也较为常用。如图 5-36 所示，以具有不同孔径大小的三维介孔 SiO_2（3D-SiO_2）作为原始模板，利用商业化的碳酸饮料作为碳源，将 3D-SiO_2 充分浸渍在碳酸饮料当中，去除饮料中的水分；进一步提升温度，使饮料中的糖分碳化，再利用氢氟酸进一步刻蚀掉原始的 SiO_2 模板；最终获得比表面积高（1400～$1810m^2/g$）、孔体积大（1.45～$2.81cm^3/g$）、孔径可调（3.5～5.2nm）、表面功能化且高度有序的中孔碳材料。在 1A/g 电流密度下，中孔碳材料的比电容高达 284F/g[73]。

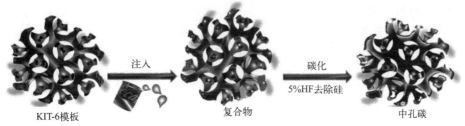

图 5-36　多孔碳制备过程[73]

经过高温处理后，生物质材料也可转化为一种性能优异的碳材料。榆树果实作为碳源可转变为具有三维骨架结构的多孔碳纳米片，制备过程如图 5-37 所示。首先将收集到的果实进行干燥处理，去除水分，然后经 KOH 溶液浸泡去除杂质，再进行碳化处理获得原始碳材料，进一步与多孔碳纳米材料（PCNS）复合，最终获得具有三维多孔结构的碳。以 KOH 为电解质，三维多孔碳具有十分优异的性能，比电容达 470F/g，能量密度约为 11（W·h）/kg[74]。

图 5-37　榆树果实合成三维脚手架骨架结构的多孔碳纳米片[74]

碳基超级电容器也存在一些不足之处，如比电容低、能量密度低、可选择性低等。由于表面利用率较低及孔隙分布不均，碳基材料的比电容通常较低。可通过碳源的选择、工艺路线的设计、模板法等手段，获得具有独特表面形貌、均匀孔隙、分散性好、电解质浸润程度高的新型碳基材料。针对较低的能量密度，改善方法包括：开发新型材料，以扩大比电容；选择合适的电解质，以扩大电势窗口；与赝电容材料搭配，制造非对称型超级电容器等。相比于赝电容材料，碳基材料的种类较少，可将碳基材料与其他材料复合，综合考虑不同材料的优缺点，根据不同情况针对性地开发出不同的材料体系。

（2）电化学反应电极材料

与双电层电容器电极材料相比，赝电容器电极材料的选择相对广泛，且在充放电过程中会发生电化学反应，因此具有不同的储能方式。在外加电压作用下，电解质中的离子会在赝电容器电极材料表面或体相发生吸附/脱附或嵌入/脱出，并与材料发生快速的氧化还原反应，导致材料的价态发生转变。由于通过电荷转移进行能量储存，赝电容材料的能量密度高于双电层材料，因此具有更大应用前景。常用的赝电容材料主要包括过渡金属氧化物、过渡金属氢氧化物、导电聚合物等。

在过渡单金属氧化物材料中，氧化钌是最理想的赝电容材料，它能够在保证功率密度的前提下，使超级电容器具有较高的能量密度。经水热反应，在氧化石墨烯表面合成氧化钌，制备氧化石墨烯与 RuO_2 复合材料（RuO_2-RGO 纳米复合物），其过程如图 5-38 所示。RuO_2-RGO 纳米复合物的比电容高达 540F/g，能量密度超过 70（W·h）/kg。但是，由于具有毒性且原料成本较高，氧化钌的应用领域相对受限[75]。

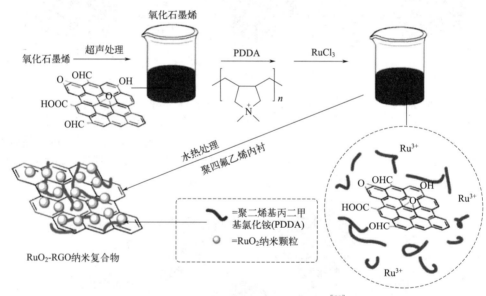

图 5-38　RuO_2-RGO 纳米复合物合成[75]

由于 V_2O_5 材料具有较高的放电电压、较高的理论比容量、成本低等优点，是具有发展前景的超级电容器电极材料。将 V_2O_5 溶胶均匀涂覆在氧化铟锡（ITO）导电玻璃上，经 300℃煅烧后制成 V_2O_5 薄膜。在 1mol/L $LiClO_4$/碳酸丙烯酯（PC）电解质中，V_2O_5 薄膜作为工作电极，与铂片对电极和饱和甘汞参比电极匹配，组装成三电极系统。在首次充放电中，三电极系统的比电容为 346F/g，功率密度为 3.49kW/kg 时的能量密度高达 192.22（W·h）/kg。

由于其层状结构稳定性较差，在电解质离子嵌入和脱出过程中，V_2O_5 薄膜的微观结构容易被破坏，导致容量降低。通过与其他材料复合，制备结构强度高、稳定性好的三维 V_2O_5 微观结构，是高性能 V_2O_5 体系超级电容器的研究热点[76]。

由于具有层状微观结构和较大比表面积，且氧化还原反应速率快、可逆性好，过渡金属氢氧化物/硫化物也可作为超级电容器电极材料，具有良好的发展前景。如图 5-39 所示，通过水热法，在 3D 镍泡沫上合成了具有核-壳纳米结构的 Co/CoO 电极材料。在 150℃ 的退火条件下，Co/CoO 核-壳纳米结构材料的电化学性能最优，面积比电容高达 $6.08F/cm^2$。以 Co/CoO 核-壳纳米结构材料作为正极，活性炭作为负极，组装成的非对称型超级电容器的工作电压为 1.5V，功率密度为 $2.03mW/cm^2$ 时的能量密度为 0.51 $(mW \cdot h)/cm^2$。

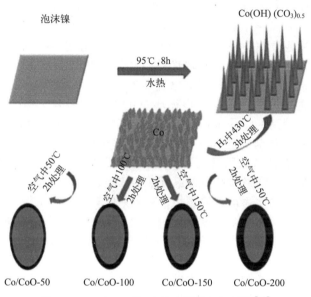

图 5-39 Co/CoO 核-壳纳米结构电极材料[77]

导电聚合物材料是一种赝电容材料，来源广泛、种类繁多、选择面广，且多带有原子掺杂，成本较低，适用于大规模生产；但电阻很大、功率密度低，而且循环稳定性差，对其实际应用造成了限制。常用的导电聚合物包括聚吡咯、聚苯胺等。

通过调控电化学沉积过程中的动力学参数，在二维氧化石墨烯（GO）纳米片模板上生长导电聚苯胺（PANI）纳米线阵，制备成复合材料，如图 5-40 所示。复合材料中有序的 PANI 纳米线阵具有较高的电化学活性面积，可提高离子和电子的传输能力，并且氧化石墨烯的特殊结构对 PANI 纳米线阵有一定的限制作用，抑制了充放电过程中聚合物材料的脱落，进而提高了复合材料的循环稳定性。由 PANI-GO 复合电极材料制备的超级电容器的比电容高达 555F/g，循环充放电 2000 次后的电容保持率为 92%，在以导电聚合物材料为电极的超级电容器中处于领先水平。如何在保证高比电容的前提下，降低导电聚合物对电荷传输的限制，进一步提高稳定性，是相关领域的研究重点。

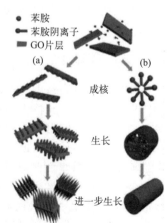

图 5-40 PANI-GO 复合纳米线阵电极材料制备

5.8.3.2 电解质的设计

电解质是超级电容器中的重要组成部分，它决定了超级电容器的工作电压窗口，影响超级电容器的能量密度，其离子电导率还会影响超级电容器的内阻。通常应用于超级电容器中的电解质有三种，分别是水系电解质、有机系电解质以及离子液体。

水系电解质以水作为溶剂，可分为碱性电解质（如 KOH 溶液）、酸性电解质（如 H_2SO_4 溶液）和中性电解质（如 Na_2SO_4 溶液）等。受水分解电压限制，水系电解质的工作电压区间较窄，理论上不超过 1.23V。当工作电压超出电化学窗口时，水会发生分解，产生氧气和氢气，不仅会影响性能，还会破坏超级电容器的内部结构。质量分数为 30％的 H_2SO_4 溶液的离子电导率为 0.73S/cm，比有机系电解质四氟硼酸四乙胺/乙腈（TEA-BF_4/CAN）（0.06S/cm）高一个数量级，因此水系电解质具有较高的输出功率[78]。目前，有关水系电解质的研究主要集中在提高工作电压、扩大工作电压区间等。与酸性或碱性水溶液电解质相比，中性水溶液电解质具有较优异的性能。以中性 Li_2SO_4 水溶液作为电解质，活性炭基材料作为电极组装的对称式超级电容器的工作电压窗口达到 1.6V，在 0.25mA/g 的电流密度下的比容量为 129F/g，充放电循环 5000 次后电容量仍保持在 92％以上[79]。

有机系电解质具有较高的工作电压（2.3～2.5V），较高的能量密度，且可实现大规模生产，在商业市场中具有优势。此外，在有机系电解质体系中，可以采用密度较小的材料（如 Al 等）作集流体，通过降低质量进一步提高器件的能量密度。常用的有机系电解质溶剂包括乙腈、聚碳酸酯等，电解质盐有四氟硼酸四乙铵、四氟硼酸三乙基甲基铵等。由于电解质盐的离子半径较大，与水系电解质相比，有机系电解质的电阻较大，因此提高有机系电解质的导电性非常关键。采用碳酸丙烯酯（PC）作为电容器电解质溶剂时，当浓度为 0.65mol/L 时，四氟硼酸三乙基甲基铵（TEMA-BF_4）电解质的电导率为 0.1068S/cm，明显高于同浓度下四氟硼酸四乙铵（TEA-BF_4）溶液的电导率（0.1055S/cm）。然而，有机系电解质具有毒性，环境友好性差，且成本较高。

离子液体由非对称的有机阳离子和有机或无机阴离子组成，在常温下呈熔融状液体，具有较高的离子浓度，较高的工作电压（最高可达 6V），能够显著拓宽工作电压窗口，提升电容器的能量密度，是一种极具研究价值和应用前景的电解质。然而，当离子液体黏稠度过高时，离子的运动会受到阻碍。探究离子液体与电极材料之间的匹配性，提高离子液体与电极材料之间的浸润程度，并降低离子液体中阴阳离子迁移的阻力，是提高离子液体性能的关键[80]。

5.8.3.3 隔膜设计

作为超级电容器中重要的组成部分，隔膜的性质也会对超级电容器的性能造成影响。在超级电容器中，隔膜位于两电极之间，浸在电解质中，阻止两电极之间的电子传导、防止内部短路，同时传输电解质中的离子。为了实现良好的隔离效果，隔膜的孔径通常要小于电极材料活性物质的粒径，但不宜过小，否则会降低电解质的流通性，导致器件内阻升高、充放电性能下降，因此合理调控隔膜的孔径尺寸是隔膜研究的热点问题。有研究通过溶胶-凝胶法制备琼脂膜隔膜材料，同时对隔膜的孔径进行调控。与隔膜纸相比，琼脂膜显著提升了超级电容器的性能（容量提高了 69％，充放电效率提高了 11％）。采用聚丙烯酰胺（PAM）对琼脂膜进行改性，当 PAM 的质量分数为 $800×10^{-6}$ 时，改性琼脂膜的吸液率与保液率分别为 400.1％和 335.1％，且隔膜韧性得到改善。以此改性琼脂膜作为隔膜，MnO_2/C 超级电容器的放电比电容为 23.4F/cm^3，比传统琼脂膜提高了 49％，等效串联电阻仅为 54mΩ，同时千次循环容量仅衰减 10%[81]。因此，在提高超级电容器电性能方面，高性能隔膜至关重要。

5.8.3.4 集流体设计

在超级电容器中，集流体能够汇聚电流，以形成较大的对外电流输出，还起到负载电极材料的作用。应用于超级电容器的集流体材料应是良好的电子导体，需要具有较小的内阻；需要具有一定的孔隙，保证与电极材料的充分接触；且需要具有较高的稳定性和较强的抗腐蚀能力，不与电解质发生反应。常用的集流体包括铝箔、铜箔、不锈钢网、泡沫镍、碳纤维等。铝箔和不锈钢网由于易与酸发生反应，不适用于酸性超级电容器体系；铜箔由于在碱性条件下易被腐蚀，不适用于碱性超级电容器电解质体系；泡沫镍经一定的化学活化处理后，具有一定的化学活性，可提供电容贡献；碳纤维具有较好的稳定性和较大的比表面积，且与电极材料的接触性良好，但电导率低于金属材料，且经过活化处理后，也具有良好的电容性能。碳布由碳纤维编制而成，具有诸多的优点。在体积比为 1:1 的硫酸与硝酸混合酸液中，在碳布上施加 3V 电压并保持 10min，得到活化的碳布。由于活化过程中大量官能团的引入，活化碳布产生赝电容效应，同时形成核-壳结构；活化碳布具有较大的表面积，与未活化碳布相比，储能容量增加了三个数量级。在 $6mA/cm^2$ 的电流密度下，活化碳布的面积比电容为 $756mF/cm^2$。以活化碳布为负极，MnO_2-TiN 为正极，组装成混合型超级电容器的能量密度为 $1.5mWh/cm^3$，经 70000 次循环后的容量几乎没有衰减，具有超高稳定性[82]。因此，集流体的选择和适宜的活化方式在提升超级电容器性能方面具有重要意义。

5.8.4 电化学电容器设计

5.8.4.1 磷酸铁锂 (LFP)-活性炭 (AC)/石墨烯混合型电容器的制备

(1) 复合正极的制备

称取一定质量的 LFP 与 AC 材料，分散在乙醇溶剂中，经 30min 超声与磁力交替处理后，烘干研磨，得到不同质量比的 LFP/AC 复合材料（以 LFP 在复合材料中的质量比分数为 0、20%、40%、60%、80%、100% 计）。以 8:1:1 的质量比，将复合材料 LFP/AC、导电炭黑 (SP)、黏结剂混合制成浆料，并涂覆于铝箔集流体上，制作成正极。按 LFP 占比，将复合材料及其电极依次命名为 AC、LAC20、LAC40、LAC60、LAC80、LFP。

(2) 石墨负极的制备

以 90:5:5 的质量比，将活性材料 (CP5)、导电炭黑 (SP)、黏结剂混合制成浆料，并涂覆于铜箔集流体上，制作成负极。

(3) 软包器件

将电极片裁切成直径 14mm 的圆片，按正极壳、正极、隔膜、金属锂片、垫片、弹片、负极壳的顺序组装成扣式电池 (CR2016)。

将正、负电极片的尺寸分别裁切为 8.75cm×5cm、9cm×5.25cm，采用叠片法将正极、隔膜、负极组装，焊接极耳，封装铝塑膜外壳，注入一定质量的电解质，完成软包器件制作。

(4) 电容器的测试

以 AC/Li、LAC20/Li、LAC40/Li、LAC60/Li、LAC80/Li、LFP/Li 作为电极材料，

对组装的超级电容器进行倍率、循环等电化学性能测试，优化具有良好倍率和高比容量的复合正极。不同电极在 1C 倍率下的充放电曲线如图 5-41（a）所示，AC/Li 为线性，表现出完全的电容特性；当 LFP 引入后，在约 3.4V 处出现充放电平台，且随着 LFP 含量的提高，平台比例增大；LFP/Li 不具有电容行为。如图 5-41（b）所示，在 1C 倍率下，随着 LFP 含量的增加，电极的放电比容量逐渐升高；随着电流密度的不断增大（1C～30C），低 LFP 含量电容器（AC/Li、LAC20/Li、LAC40/Li）具有较好的容量保持率。随着 LFP 含量的增加，尽管电极放电比容量逐渐升高，但容量保持率逐渐下降。AC 具有良好的电子导电性，可与 SP 一起形成导电网络，能够增加电极的导电性能，且具有多孔结构，能够吸收较多的电解质，增强电极的 Li^+ 传导性能。因此，与 LFP 电极相比，LAC 复合电极具有较高的容量保持率，在高倍率下尤为明显。在对容量及容量保持率进行综合考虑的情况下，以 LAC40 作为正极材料，组装成 LAC40/石墨电容器，并进行性能测试。以 AC/AC 电容器的性能作为参照，LAC40/石墨电容器的能量密度和功率密度如图 5-42（a）所示，AC/AC 电容器的能量密度约为 40（W·h）/kg，LAC40/石墨的能量密度约为 160（W·h）/kg。如图 5-42（b）所示，在 10C 倍率下循环 5000 次后，LAC40/石墨电容器的容量依旧维持在初始容量的 75%，说明具有优异的循环性能[83]。

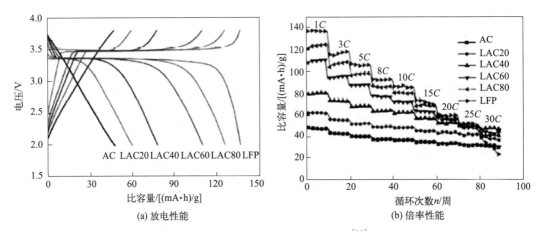

(a) 放电性能 (b) 倍率性能

图 5-41　各种电容器的电化学性能[83]

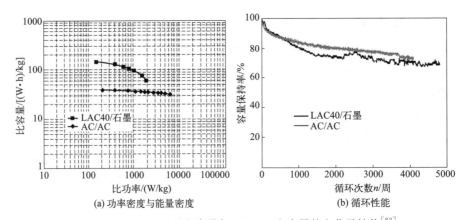

(a) 功率密度与能量密度 (b) 循环性能

图 5-42　LAC40/石墨电容器与 AC/AC 电容器的电化学性能[83]

5.8.4.2 石墨烯/δ-MnO₂ 超级电容器的制备

（1） RGO/δ-MnO₂ 复合材料的制备

以天然石墨为原料，采用改进的 Hummer 法制备得到氧化石墨烯。将 25mL 氧化石墨烯（1mg/L）置于超声波清洗仪中，超声 1h。然后，将 1.01g NaOH 和 1.6g $K_2S_2O_8$ 分别加入 50mL 蒸馏水中，搅拌至溶解，获得溶液 A。将 0.49g 醋酸锰［$Mn(Ac)_2$］和 1.5g 乙二胺四乙酸二钠（EDTA）溶于 25mL 蒸馏水中，获得溶液 B。随后，将超声处理后的氧化石墨烯溶液加入溶液 B 中，得到棕黄色混合液，并搅拌 10min 至沉淀溶解。最后，将溶液 A 逐滴加入上述棕黄色混合液中，发生氧化还原反应，并搅拌 12h，得到棕色絮状溶液。经水和乙醇洗涤、离心、60℃真空干燥 6h 后，即可获得还原氧化石墨烯（RGO）/δ-MnO₂ 粉末。

（2）电容器的制备

以乙炔黑为导电剂，60%聚四氟乙烯乳液（PTFE）为黏结剂，按照质量比 8∶1∶1 的比例，将 RGO/δ-MnO₂ 复合材料与乙炔黑、PTFE 乳液在蒸馏水中混合均匀，置于玛瑙研钵中顺时针研至糊状，并均匀地涂到面积为 1cm×1cm 的泡沫镍上，再在 10MPa 的压力下压制 2～3min。将制备好的电极置于干燥箱中干燥一夜后，裁制成合适大小。采用叠片法将制备好的电极、隔膜、负极组装，焊接极耳，封装铝塑膜外壳，注入一定质量的电解质，组装成超级电容器，进行性能测试，并与以 RGO 和 δ-MnO₂ 为正极的超级电容器进行对比。

如图 5-43 所示，与 RGO 和 δ-MnO₂ 对比，在不同的电流密度下，RGO/δ-MnO₂ 复合材料循环伏安曲线（CV 曲线）的积分面积更大，说明复合材料的协同作用在电化学储能方面的优势。如图 5-44（a）所示，在 5A/g 的电流密度下，经 1000 次充放电循环后，RGO/δ-MnO₂ 复合材料比电容的保留率为 99.6%，明显高于石墨烯的 92.3% 和 δ-MnO₂ 的 89.3%，说明 RGO/δ-MnO₂ 复合材料具有优异的循环稳定性。如图 5-55（b）所示，在 5A/g 的电流密度下，经 10000 次充放电测试后，RGO/δ-MnO₂ 复合材料仍具有 86.1% 的电容保持率。RGO/δ-MnO₂ 复合材料优异的电化学性能可归因于以下三点：a. 石墨烯具有独特的二维空间网络结构和优异的导电性能，能够加快电子的传输；b. 由于 δ-MnO₂ 具有纳米片花状多孔结构，石墨烯与 δ-MnO₂ 之间的接触面积较大，有利于增加电极材料的活性位点，同时实现电解质中离子的较快传输，进而提高电化学性能；c. 石墨烯的双电层行为和 δ-MnO₂ 的赝电容行为的协同作用也可提高上述复合材料的电化学性能[84]。

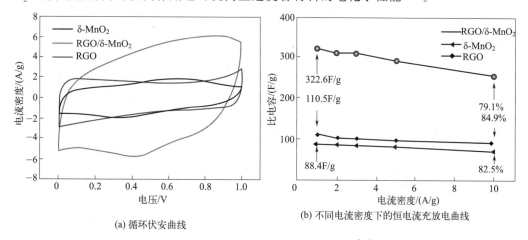

(a) 循环伏安曲线

(b) 不同电流密度下的恒电流充放电曲线

图 5-43　不同电容器的电化学性能测试[84]

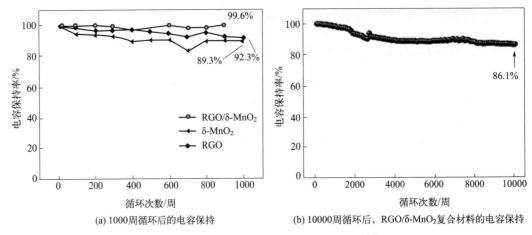

(a) 1000周循环后的电容保持　　　　　(b) 10000周循环后，RGO/δ-MnO₂复合材料的电容保持

图5-44　不同电容器的电化学性能测试[84]

思考题

1. 目前已经实现商业化的电池有哪些？
2. 软包锂离子电池的相关设计参数有哪些？
3. 简述钠离子电池电极极板制造工序。
4. 简要阐述锂-空和锌-空电池进一步发展所面临的关键问题。
5. 通过本章学习，简单阐述你对化学电源设计的认识，并对电池行业的发展前景进行展望。

参考文献

[1] 王昭. 锂离子电池富锂锰基三元正极材料的研究[D]. 北京：北京理工大学，2015.
[2] 张菊芳. 从2019年诺贝尔化学奖看锂离子电池的发展及前景[J]. 化工设计通讯，2020，46(3)：237-237.
[3] Reddy T B. Linden's handbook of batteries[M]. New York：McGraw-Hill Education，2011.
[4] Horiba T. Lithium-ion battery systems[J]. Proceedings of the IEEE，2014，102(6)：939-950.
[5] 罗雨. 动力锂离子电池制备工艺对一致性影响研究[D]. 长沙：湖南大学，2012.
[6] 王力臻. 化学电源设计[M]. 北京：化学工业出版社，2008.
[7] 陈光海，白莹，高永晟，等. 全固态钠离子电池硫系化合物电解质[J]. 物理化学学报，2020，36(05)：50-68.
[8] 周权，戚兴国，陆雅翔，等. 钠离子电池标准制定的必要性[J]. 储能科学与技术，2020，9(5)：1225.
[9] 李慧，吴川，吴锋，等. 钠离子电池：储能电池的一种新选择[J]. 化学学报，2014，72(1)：21-29.
[10] 胡勇胜，陆雅翔，陈立泉. 钠离子电池科学与技术[M]. 1版. 北京：科学出版社，2020.
[11] Kang J-H，Lee J，Jung J-W，et al. Lithium-air batteries：Air-breathing challenges and perspective[J]. ACS Nano，2020，14(11)：14549-14578.
[12] 任逸伦，胡金龙，仲皓想，等. 高比能锂硫电池正极材料研究进展[J]. 2018，6(5)：410-421.
[13] Jiang J，Fan Q，Chou S，et al. Li₂S-based Li-ion sulfur batteries：Progress and prospects[J]. 2021，17(9)：1903934.
[14] Seh Z W，Sun Y，Zhang Q，et al. Designing high-energy lithium-sulfur batteries[J]. 2016，45(20)：

5605-5634.

[15] 刘云霞. 锂硫电池的性能改进研究[M]. 重庆：重庆大学电子音像出版社有限公司，2018.

[16] 丁兵. 锂硫电池正极的结构设计、界面调控及其电化学性能研究[D]. 南京：南京航空航天大学，2016.

[17] 张强，程新兵，黄佳琦，等. 碳质材料在锂硫电池中的应用研究进展[J]. 2014,29(4):241-264.

[18] Xing Z, Tan G, Yuan Y, et al. Consolidating lithiothermic-ready transition metals for Li₂S-based cathodes [J]. 2020,32(31):2002403.

[19] Zhao H, Deng N, Yan J, et al. A review on anode for lithium-sulfur batteries:Progress and prospects[J]. 2018,347:343-365.

[20] Zhou L, Zhang W, Wang Y, et al. Lithium sulfide as cathode materials for lithium-ion batteries:Advances and challenges[J]. 2020:1-17.

[21] Fang R, Zhao S, Sun Z, et al. More reliable lithium-sulfur batteries:Status, solutions and prospects[J]. 2017,29(48):1606823.

[22] Yannis D L, Mohanad A, Dimassi S N, et al. All-solid lithium-sulfur batteries:Present situation and future progress[J]. 2021(12):27.

[23] Wu F, Chen J, Chen R, et al. Sulfur/polythiophene with a core/shell structure:Synthesis and electrochemical properties of the cathode for rechargeable lithium batteries[J]. 2011,115(13):6057-6063.

[24] Song M-S, Han S-C, Kim H-S, et al. Effects of nanosized adsorbing material on electrochemical properties of sulfur cathodes for Li/S secondary batteries[J]. 2004,151(6):A791.

[25] Xiao L, Cao Y, Xiao J, et al. A soft approach to encapsulate sulfur:polyaniline nanotubes for lithium-sulfur batteries with long cycle life[J]. 2012,24(9):1176-1181.

[26] Yang Y, Yu G, Cha J J, et al. Improving the performance of lithium-sulfur batteries by conductive polymer coating[J]. 2011,5(11):9187-9193.

[27] Yao X, Liu D, Wang C, et al. High-energy all-solid-state lithium batteries with ultralong cycle life[J]. 2016,16(11):7148-7154.

[28] Kong L L, Wang L, Ni Z C, et al. Lithium-magnesium alloy as a stable anode for lithium-sulfur battery[J]. 2019,29(13):1808756.

[29] Pei F, Fu A, Ye W, et al. Robust lithium metal anodes realized by lithiophilic 3D porous current collectors for constructing high-energy lithium-sulfur batteries[J]. 2019,13(7):8337-8346.

[30] Chen K, Huang G, Zhang X B J C J O C. Efforts towards practical and sustainable Li/Na-air batteries[J]. 2021,39(1):32-42.

[31] Liu Q, Chang Z, Li Z, et al. Flexible metal-air batteries:Progress, challenges, and perspectives[J]. 2018,2(2):1700231.

[32] Liu T, Liu Q C, Xu J J, et al. Cable-type water-survivable flexible Li-O₂ battery[J]. 2016,12(23):3101-3105.

[33] Chi X, Li M, Di J, et al. A highly stable and flexible zeolite electrolyte solid-state Li-air battery[J]. 2021,592(7855):551-557.

[34] 刘彦奇，宋兆海，何田，等. 可充锌空气电池一体化空气电极研究进展[J]. 储能科学与技术，2023,12(2):383-397.

[35] Shu X, Chen Q, Yang M, et al. Tuning co-catalytic sites in hierarchical porous N-doped carbon for high-performance rechargeable and flexible Zn-Air battery[J]. 2022:2202871.

[36] Rahman M A, Wang X, Wen C J J O T E S. High energy density metal-air batteries:a review[J]. 2013,160(10):A1759.

[37] Lee J S, Tai Kim S, Cao R, et al. Metal-air batteries with high energy density:Li-air versus Zn-air[J]. 2011,1(1):34-50.

[38] 胡铭昌，周雪晴，陈锦军，等. 实用大容量三电极方形锌空气电池[J]. 2022,11(2):434.

[39] Li W, Dahn J R, Wainright D S J S. Rechargeable lithium batteries with aqueous electrolytes[J]. 1994,264(5162):1115-1118.

[40] Tang W,Zhu Y,Hou Y,et al. Aqueous rechargeable lithium batteries as an energy storage system of superfast charging[J]. 2013,6(7):2093-2104.

[41] Fan N,Li X,Li H,et al. The application of spray drying method in valve-regulated lead-acid battery[J]. 2013,223:114-118.

[42] Liang Y,Yao Y. Designing modern aqueous batteries[J]. Nature Reviews Materials,2023,8(2):109-122.

[43] Li W,Dahn J R,Wainwright D S. Rechargeable lithium batteries with aqueous electrolytes[J]. Science,1994,264(5162):1115-1118.

[44] Luo J-Y,Cui W-J,He P,et al. Raising the cycling stability of aqueous lithium-ion batteries by eliminating oxygen in the electrolyte[J]. 2010,2(9):760-765.

[45] Zhang H,Zhang F,Wang Y,et al. Strategies for design and modification of electrode materials in novel aqueous ammonium ion battery[J]. Journal of Alloys and Compounds,2023:956.

[46] Liu J,Zhou W,Zhao R,et al. Sulfur-based aqueous batteries:electrochemistry and strategies[J]. Journal of the American Chemical Society,2021,143(38):15475-15489.

[47] Guo W,Tian Z,Yang C,et al. ZIF-8 derived nano-SnO_2@ZnO as anode for Zn/Ni secondary batteries[J]. Electrochemistry Communications,2017,82:159-162.

[48] Bai P,Li J,Brushett F R,et al. Transition of lithium growth mechanisms in liquid electrolytes[J]. Energy & Environmental Science,2016,9(10):3221-3229.

[49] Wang R Y,Kirk D W,Zhang G X. Effects of deposition conditions on the morphology of zinc deposits from alkaline zincate solutions[J]. Journal of The Electrochemical Society,2006,153(5):C357.

[50] Bin D,Wang F,Tamirat A G,et al. Progress in aqueous rechargeable sodium-Ion batteries[J]. Advanced Energy Materials,2018,8(17).

[51] Chao D,Ye C,Xie F,et al. Atomic engineering catalyzed MnO(2) electrolysis kinetics for a hybrid aqueous battery with high power and energy density[J]. Adv Mater,2020,32(25):e2001894.

[52] Liang Z,Tian F,Yang G,et al. Enabling long-cycling aqueous sodium-ion batteries via Mn dissolution inhibition using sodium ferrocyanide electrolyte additive[J]. Nat Commun,2023,14(1):3591.

[53] Zhao L N,Rong L H,Niu Y S,et al. Ostwald ripening tailoring hierarchically porous $Na_3V_2(PO_4)_2O_2F$ hollow nanospheres for superior high-rate and ultrastable sodium ion storage[J]. Nano Micro Small,2020,16(48):2004925.

[54] Whitacre J,Tevar A,Sharma S J E C. $Na_4Mn_9O_{18}$ as a positive electrode material for an aqueous electrolyte sodium-ion energy storage device[J]. 2010,12(3):463-466.

[55] Kim H,Hong J,Park K-Y,et al. Aqueous rechargeable Li and Na ion batteries[J]. 2014,114(23):11788-11827.

[56] Whitacre J,Wiley T,Shanbhag S,et al. An aqueous electrolyte,sodium ion functional,large format energy storage device for stationary applications[J]. 2012,213:255-264.

[57] Ding J,Hu W,Paek E,et al. Review of hybrid ion capacitors:from aqueous to lithium to sodium[J]. 2018,118(14):6457-6498.

[58] Hittinger E,Wiley T,Kluza J,et al. Evaluating the value of batteries in microgrid electricity systems using an improved energy systems model[J]. 2015,89:458-472.

[59] Wang Y,He P,Zhou H J a E M. Li-redox flow batteries based on hybrid electrolytes:at the cross road between Li-ion and redox flow batteries[J]. 2012,2(7):770-779.

[60] Soloveichik G L J C R. Flow batteries:Current status and trends[J]. 2015,115(20):11533-11558.

[61] 缪平,姚祯,刘庆华,等. 电池储能技术研究进展及展望[J]. 2020,9(3):670.

[62] 尹丽. 全钒液流电池储能系统仿真建模及其应用研究[D]. 长沙:湖南大学,2014.

[63] Zhang D,Xin L,Xia Y,et al. Advanced Nafion hybrid membranes with fast proton transport channels toward high-performance vanadium redox flow battery[J]. 2021,624:119047.

[64] Zhang L,Yu G J a C I E. Hybrid electrolyte engineering enables safe and wide-temperature redox flow batteries[J]. 2021,60(27):15028-15035.

电化学储能设计及应用

[65] 张华民. 液流电池技术[M]. 北京:化学工业出版社,2015.

[66] 王凯,李立伟,黄一诺. 超级电容器及其在储能系统中的应用[M]. 1版. 北京:机械工业出版社.

[67] 魏颖. 超级电容器关键材料制备及应用[M]. 北京:化学工业出版社,2018.

[68] 马季军. 化学电源技术[M]. 2版. 北京:科学出版社,2020.

[69] Choudhary R B,Ansari S,Majumder M J R,et al. Recent advances on redox active composites of metal-organic framework and conducting polymers as pseudocapacitor electrode material[J]. 2021,145:110854.

[70] Lemian D,Bode F J E. Battery-supercapacitor energy storage systems for electrical vehicles:a review[J]. 2022,15(15):5683.

[71] 张治安,杨邦朝,邓梅根,等. 电化学电容器的设计[J]. 2004,28(5):318-323.

[72] Zhu Y,Murali S,Stoller M D,et al. Carbon-based supercapacitors produced by activation of graphene[J]. 2011,332(6037):1537-1541.

[73] Liang J,Zhao J,Li Y,et al. In situ SiO_2 etching strategy to prepare rice husk-derived porous carbons for supercapacitor application[J]. 2017,81:383-390.

[74] Chen C,Yu D,Zhao G,et al. Three-dimensional scaffolding framework of porous carbon nanosheets derived from plant wastes for high-performance supercapacitors[J]. 2016,27:377-389.

[75] Kim J-Y,Kim K-H,Yoon S-B,et al. In situ chemical synthesis of ruthenium oxide/reduced graphene oxide nanocomposites for electrochemical capacitor applications[J]. 2013,5(15):6804-6811.

[76] Yang J,Lan T,Liu J,et al. Supercapacitor electrode of hollow spherical V_2O_5 with a high pseudocapacitance in aqueous solution[J]. 2013,105:489-495.

[77] Wang L,Wang H,Qing C,et al. Controllable shell thickness of Co/CoO core-shell structure on 3D nickel foam with high performance supercapacitors[J]. 2017,726:139-147.

[78] Lewandowski A,Galiński M J P J O C. Chemical capacitor based on activated carbon powder and poly(vinyl alcohol)-H_2SO_4 proton conducting polymer electrolyte[J]. 2001,75(12):1913-1920.

[79] 孙现众,张熊,王凯,等. 高能量密度的锂离子混合型电容器[J]. 2017,23(5):586.

[80] Zhong C,Deng Y,Hu W,et al. A review of electrolyte materials and compositions for electrochemical supercapacitors[J]. 2015,44(21):7484-7539.

[81] 王德玄,王磊. 三维结构聚丙烯酰胺/聚乙烯醇水凝胶的合成及其在超级电容器中的应用[J]. 2018,32(17):2907-2911.

[82] Mishra A,Shetti N P,Basu S,et al. Carbon cloth-based hybrid materials as flexible electrochemical supercapacitors[J]. 2019,6(23):5771-5786.

[83] 张世明,车海英,杨柯,等. 基于 $LiFePO_4$ 和活性炭的混合型电化学储能器件研究[J]. 2018,7(2):86-93.

[84] 朱红艳,赵建国,庞明俊,等. 石墨烯/δ-MnO_2 复合材料的制备及其超级电容器性能[J]. 2017,68(12):4824-4832.

第 6 章

各类化学电源应用场景

自 1859 年法国物理学家普兰特发明可充电铅酸电池以来，电池由一次电池发展到二次电池，之后经历了由氧化银电池、锌-锰电池、镍-镉电池、镍-氢电池到锂离子电池等的发展过程。随着现代社会的不断发展，高比能、轻量化、无污染、低成本等已逐渐成为新化学电源重要的性能指标需求。由此，诸如金属锂电池、钠离子电池、钾离子电池、锌离子电池以及超级电容器等一系列新型化学电源应运而生。上述代表性化学电源技术，目前有些已规模化生产应用，有些正在落地试产，还有一些则尚处于研发阶段。总体而言，根据不同的市场需求与应用场景，这些化学电源都表现出了良好的应用前景。本章重点介绍各类典型化学电源的性能特点及适用领域，帮助读者了解国内外化学电源的实际应用场景及产业化发展现状，深入体会化学电源给人们日常生活和社会发展带来的影响。同时帮助读者了解我国化学能源在国际竞争中的地位，了解国内外市场需求与国家发展规划，准确把握我国化学能源的发展方向。本章旨在帮助读者拓宽思路，引导读者探索更丰富的应用场景，为未来化学电源的设计开发提供案例指导。

6.1 传统水系电池的应用

6.1.1 铅酸电池的应用

铅酸电池是一种电极由铅及其氧化物制成，电解液为硫酸溶液的蓄电池。它是发明最早且仍常用的二次电池之一，具有容量大、功率高、寿命长、安全可靠且性价比高等优点，是目前世界上产量最大、用途最广的一种电池。

铅酸电池作为一种稳定、廉价的供电系统，是最常见的后备电源之一。铅酸电池按最终用途可分为汽车摩托车启动型、电源动力型、固定型和储能型[1]。其中，电源动力型铅酸电池在我国主要用于电动自行车、电动叉车、电动三轮车、低速电动车等应用领域，在整个铅酸电池产业中占比最大，达 40% 以上。其次为汽车摩托车启动型铅酸电池，约占 27%[1]。铅酸电池的具体应用领域占比如图 6-1 所示。

2017 年底，《电动助力车用阀控式铅酸蓄电池　第 1 部分：技术条件》（GB/T 22199.1—2017）、《电动助力车用阀控式铅酸蓄电池　第 2 部分：产品品种和规格》（GB/T 22199.2—2017）发布，并于 2018 年 7 月 1 日正式实施。电池新国标对电池能量密度有明确规定，对电池轻量化设立了标准，如新标准中明确指出，电动车整车质量（含电池）不得大于 55kg[1]。这个硬性要求导致大部分的铅酸蓄电池被淘汰，进而促进了轻巧便携的锂离子电池发展。但是从图 6-1 中可以看出，截至到 2021 年，铅酸电池在汽车摩托车启动领域仍有极高的占比，这主要取决于启动电池的使用环境和要求，其中主要原因有以下几点。

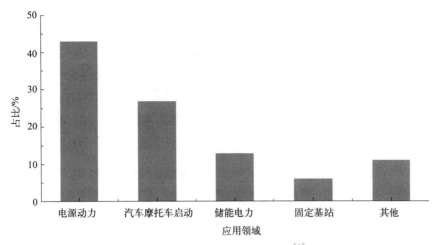

图 6-1 铅酸电池应用领域占比[1]

① 关于成本要求：铅酸电池成本要比锂离子电池低一半，更换锂离子电池需要对充电用电系统进行更改，导致成本较高。

② 关于低温大电流充放电性能要求：启动电池要求在−40℃能够正常启动车辆，而锂离子电池在低温下的大电流充放电性能很差，很难满足我国西北和东北地区的使用。

③ 关于安全性要求：启动电池一般位于发动机附近，处于高温且密闭的空间，同时锂离子电池受撞击后易燃易爆且会分解挥发有毒气体，这些均不利于锂离子电池的应用。

铅酸电池成本低，在空间宽裕、成本要求高的场合具有很大竞争优势。随着新技术的突破和新结构的应用，铅碳电池、双极性电池、非铅板栅电池等先进铅酸蓄电池不断问世，质量比能量偏低、循环寿命较短等不足得到了改善，并且随着行业标准的逐步健全，铅污染的风险也变得可防可控，这为铅酸蓄电池产业的持续发展注入了新的活力。但是，为了有效应对锂离子电池等新型能源的竞争，铅酸电池急需在轻量化、长寿命、低成本、快充等性能方面进行一次彻底的技术革命。未来铅酸电池新技术必须借鉴其他学科，如材料科学、电子技术、网络技术等先进技术及先进理念，将其引为己用，才能在未来日益激烈的竞争中有一席之地。

6.1.2 镍-镉电池的应用

1899 年，瑞典科学家首次发明了镍-镉电池。镍-镉电池是一种直流供电电池，它内阻小，可快速充放电。由于其具有使用寿命长、适用温度范围广、耐过充过放、放电电压平稳等优点，该电池一经发明便被广泛应用到各个领域。不同类型的镍-镉电池具有不同的应用场景：大型袋式和开口式镍-镉电池主要用于铁路机车、矿山、装甲车辆等作启动或应急电源；圆柱密封式镍-镉电池主要用于电动工具、剃须器等便携式电器；小型扣式镍-镉电池主要用于小电流、低倍率放电的电动玩具等。

但是，一方面，镍-镉电池的原材料金属镉及其化合物流入环境会产生严重的环境污染，并对人体的健康造成严重损害。基于环保政策，许多发达国家已逐渐禁止使用镍-镉电池，该系列电池已逐步被性能更优良的镍-氢电池所替代。另一方面，镍-镉电池具有严重的记忆效应，这些缺点导致镍-镉电池已基本被淘汰出数码设备电池的应用范围。但是，镍-镉电池优异的倍率性能仍使其在大功率需求等应用场景表现出巨大应用价值，例如磁悬浮列车、地铁、航空、船舶及特殊车辆设备等。

20 世纪以来，英、法、美、德等一些国家不仅用镍-镉蓄电池大量装备中小型直升机、歼击机，还在波音、空客、麦道等大型运输机上也使用了镍-镉蓄电池组。近年来，我国引进的军用和民用飞机均采用了镍-镉蓄电池作机载电源[2]。另外，我国动车组列车普遍采用镍-镉电池作为辅助电源，在动车组启动或出现故障时，镍-镉电池为列车控制设备和网络系统等负载提供直流 110V 电压[3]。2021 年，我国镍-镉电池的产量约为 7863.5 万只，镉耗用量约 2865.9 吨[4]。由此可见，镍-镉电池被完全取代还需要很长时间。

简言之，与铅酸电池类似，为了有效应对锂离子电池等新型能源的竞争，镍-镉电池急需解决废旧电池的回收问题。因此，必须研究出高效的废旧电池处理方法，使其中的有价金属资源得到回收，从而减轻废旧镍-镉电池对环境的污染。

6.1.3 镍-氢电池的应用

镍-氢电池是在镍-镉电池的基础上发展而来的新产品，以氢氧化镍为正极，高能贮氢合金为负极，比前一代镍-镉电池具有更高的能量密度，更加环保。镍-氢电池作为一种成熟的二次电池，具有很多优点，例如：良好的安全性、优秀的高低温性能、清洁无污染、镍金属具有很高的可回收价值。同时，镍-氢电池也具有比能量相对较低（相对锂离子电池而言）、循环寿命较短、原材料成本较高（与锂离子电池相比，价格优势不明显）等诸多缺点，使其在与锂离子电池的市场竞争中处于劣势地位。

稀土金属是镍-氢电池负极储氢合金的主要原料，我国拥有世界上 70% 的稀土金属储量，因此我国的镍氢电池产业发展很快。20 世纪 90 年代初，北京理工大学吴锋教授主持创建了我国第一个镍-氢电池中试基地和第一条镍-氢电池连续自动化生产线。该团队攻克了镍-氢电池产业化的一系列关键技术难题，申请了多项发明专利，主持制定了多项电池标准，极大地推动了我国镍-氢电池产业化的发展进程。自 20 世纪 90 年代以来，我国先后在天津、辽宁、广东、河南、湖南等多个地区建立了镍-氢电池及相关材料的生产基地。2006 年，我国镍-氢电池生产量达到 13 亿只，超过日本成为镍-氢电池第一生产大国[4]。

早期镍-氢电池的用途主要是在笔记本电脑和移动电话领域取代镍-镉电池，但从 1991 年锂离子电池商业化以来，在此后的十余年时间里，锂离子电池已经取代镍-氢电池占领了便携式电子设备市场，镍-氢电池逐渐退出通信领域。由于具有优异的低温性能和倍率性能，镍-氢电池常被装配成镍-氢电池组来满足中小型电子设备需求[5]，例如：打印机医疗设备、液晶电视机、激光仪器等。

镍-氢电池的高能量密度、大功率、无污染等特点也使其适用于电动汽车动力电池。作为全球主要的汽车动力电池厂商，日本的 PEVE 公司生产的镍-氢动力电池组已用于丰田的 Prius 系列、Alphard 系列和 Estima 系列，以及本田的 Civic 系列、Insight 系列[6]。此外，镍-氢电池的优秀性能还使其在军事领域有广泛的应用，涉及通信后备电源、空间技术、机器人和潜水艇等方面。

综上所述，在锂离子电池技术取得重大突破之前，镍-氢电池难以被锂离子电池完全取代。在环保方面，镍-氢电池相比于铅酸电池和镍-镉电池有着不可超越的优势；在制造方面，国内的镍-氢电池加工技术路线也非常成熟。但是，为了应对未来锂离子电池等新型能源的竞争，研究低成本、高性能、高稳定性贮氢合金材料，提高镍-氢电池的比能量和比功率仍然是非常重要的。

6.2 碱金属离子电池的应用

6.2.1 锂离子电池的应用

锂离子电池因具有高的能量密度和功率密度以及良好的可靠性和稳定性等优点，已被广泛认为是一种高效的电化学能源储能与转化技术。近年来，锂离子电池的应用范围越来越广，已在众多应用领域占据了不可替代的地位，同时它也是绿色环保电池的首选。如今，锂离子电池已广泛应用于各种便携式设备，水力、火力、风力和太阳能电站等储能电源系统，以及电动工具、电动自行车、电动摩托车、电动汽车、特种装备、航天航空等多个领域[7]。

6.2.1.1 锂离子电池在便携设备中的应用

自 1991 年索尼公司推出第一款商业化锂离子电池产品以来，锂离子电池迅速渗透到日常生活中，被广泛用作电子手表、移动电话、照相摄影、笔记本电脑等便携式电子设备的供电电源[8]。锂离子电池已成为当今信息化、移动化社会所需的便携、娱乐、计算和通信设备的关键部件。例如，绿巨能品牌的锂离子电池容量可达 4965mA·h，适用于联想 Y7000、Y7000P 等型号的电脑。iPhone 的电芯主要由日本的索尼、美国的 American Technical Ceramic 以及韩国乐喜金星（LG）公司提供，并由德赛、欣旺达、（新普）华普、顺达等工厂代工制备成品电池。苹果公司 2017 年发布的 iPhone X 使用了"L 型"锂离子电池，该电池由 LG 公司特别定制提供，采用了分离式的两块电池设计，电池容量达到了 2716mA·h。小米公司在 2019 年开始对锂离子电池新型负极材料开展研究。2019 年 9 月，小米在概念机 MIX Alpha 上使用了基于纳米硅碳负极的锂离子电池，其容量为 4050mA·h，并实现了 40 W 有线闪充，但 MIX Alpha 只是技术验证机型，并未量产。2021 年 3 月，小米全球首发基于硅氧负极的锂离子电池，并在其成功量产后搭载在小米 11 Pro、小米 11 Ultra 手机上。该电池不仅容量高达 5000mA·h、内阻低，还采用了多极耳的设计，可以在支撑大电流充电的同时有效控制充电过程中温度的升高。该电池属于小米第二代硅负极电池，通过掺硅补锂的方式在负极中新增了纳米级硅氧化物，与第一代硅碳材质相比拥有更加稳定的结构，有效避免了充放电过程中硅颗粒膨胀导致的破裂粉化，进而延长了电池寿命。

6.2.1.2 锂离子电池在电动汽车中的应用

目前，环境污染问题，特别是温室气体排放问题，是研究者最关心的问题之一。由于内燃机的车辆、工厂和工业大量排放含碳气体而导致环境污染和全球变暖，电动汽车的开发吸引了越来越多的研究人员的关注[9]。除了对电动汽车的急切需求，太阳能、风能等可再生能源的间歇性也进一步促进了以锂离子电池为代表的稳定、可持续的电化学储能器件的应用[10]。

尽管锂离子电池自推出以来已经取得了众多进步，但在电动汽车应用中仍然面临一些技术挑战。如图 6-2 所示，与消费电子产品相比，电动汽车对电池有更严格的技术要求，如使用年限（10 年）、循环寿命（1000 次循环）、温度范围（30～52℃）以及成本 [100 美元/（kW·h）] 等。这些更高的性能要求导致锂离子电池在汽车中的引入与在消费电子产品中的应用相比有着 17 年延迟[11]。

电动汽车使用电能来驱动电机，图 6-3 展示了基本的电动汽车结构，其中包含差速器、机械传动系统、电动机、功率转换器、电池管理系统和电池组。目前，市场上具有代表性的电动汽车车型有本田 EV Plus、通用 EV1 和丰田 RAV4。

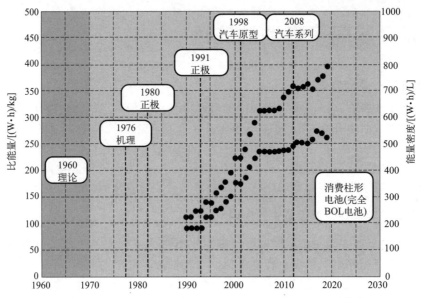

图 6-2　锂离子电池和消费圆柱形电池比能量的发展历史[11]

图 6-3　电动汽车结构[9]

　　一般来说，电动汽车可以根据动力源分类如下：混合动力电动汽车、蓄电池电动汽车、插电式混合动力电动汽车、光伏电动汽车和燃料电池汽车[12]。其中，混合动力电动汽车使用一个电动机和一个内燃机运行，其能源来源为电池供给和燃料燃烧[13]，在低功率需求期间依靠电池运行，在加速或高负载功率期间依靠燃料运行，有效减少了化石燃料的消耗。目前，已实现大规模生产的混合动力电动汽车车型包括本田 Insight、丰田 PRIUS 和本田 CIVIC 混合动力车[12]。

6.2.1.3　锂离子电池在电网中的应用

　　目前，电气化已成为可持续未来的核心概念，为了适应增加的电力需求和应对气候变化，必须将更多的可再生能源纳入电网系统。由于可再生能源具有地域性和间歇性，因此储能系统的利用对电网发展显得至关重要。

　　储能系统能够更高效、更有弹性地整合具有不同作用的分布式、间歇性发电资源，有效地平衡波动，并通过协调电源和能量时移来补偿发电和消费的不匹配[14]。与电动汽车应用相比，由于电网服务的特征，固定式的储能系统需要进行更复杂的操作。因具有灵活、额定功率高和充放电容量大的优势，锂离子电池已成为目前电网运行的主要电化学电池[15]。

　　图 6-4 绘制了电池储能系统、电力系统耦合以及电网接口组件的原理图。锂离子电池储

能系统通常包括电池本身（组装到模块中的电池单体和可选组件配置）、热管理系统以及能量管理系统。其中，热管理系统可细分为电池-热管理系统和系统-热管理系统；根据不同的应用场景，电力系统可能由单个或多个电压逆变器单元（DC/AC 连接）和潜在的变压器耦合元件集成为更高的电网电压水平；电网接口组件中的应用端通过集成存储系统确定可获得的利润，并强烈影响存储单元放置和运行的先决条件。存储系统规模的适当性是系统进一步优化的标准，这是因为收入最大化不仅要实现高利润，而且还必须考虑前期投资成本和潜在的更换成本[16]。

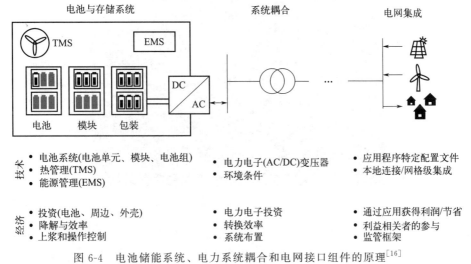

图 6-4　电池储能系统、电力系统耦合和电网接口组件的原理[16]

锂离子电池在电网存储方面的应用已在国内外多次报道。国内方面，2009 年，总投资 10 亿元的国家风光储输示范工程落户张北（位于河北省张家口市的张北县和尚义县境内），该项目是财政部、科学技术部、国家能源局及国家电网有限公司联合推出的"金太阳工程"首个重点项目，同时也是国家电网有限公司建设坚强智能电网首批重点工程中唯一的电源项目。该项目示范应用了磷酸铁锂电池、钛酸锂电池、全钒液流电池、铅炭电池、超级电容等多种技术路线，是集风力发电、光伏发电、储能系统、智能输电于一体的新能源示范电站。此外，国网浙江省电力有限公司结合电网侧储能建设，在动力锂离子电池梯度利用上逐步展开相关探索，并在 2020 年 7 月与杭州铁塔公司合作开展基于锂离子电池的 5G 通信基站储能改造。国外方面，以日本东芝为例，该公司在市场中投放了基于二氧化钛负极的锂离子电池用于电网储能，该电池具有较好的循环寿命，能够用于平衡电网供电以及在电网断电的情况下提供紧急供能。

6.2.1.4　锂离子电池在航空航天中的应用

自卫星诞生以来，其储能系统已经发展了三代。第一代和第二代储能系统分别使用镍-镉和镍-氢电池，这两代电池都存在重量大的问题，其重量分别占卫星总重量的 40% 和 20%。第三代储能系统采用锂离子电池作为能量中间存储，其能量密度可以达到老一代电池的 2～4 倍[17]。

锂离子电池被报道用在太空任务中。一些微型卫星，例如 2000 年发射的 STRV-1d、2001 年发射的 PROBA 和 2006 年发射的 ST-5 均使用锂离子电池为负载供电[17]。为了了解火星的地质、气候条件和火星上存在生命的可能性，2003 年美国开展"火星探测漫游车"

计划，在火星上部署了两个探测车。与之前的火星车 Sojourner（11kg，32cm）相比，该计划中的火星探测车重量（173g，142cm）增大了 10 倍以上，高度增大约 4 倍，如图 6-5 所示。性能方面，其载荷、预期任务寿命和穿越的总距离都比 Sojourner 高一个数量级。该航天器采用了多种电池、即着陆器上的一次电池、后壳上的热电池和探测车上的可充电电池。其中，锂离子电池是最为重要的用于探测车的可充电电池[18]。

图 6-5　MER 探测车与火星探路者旅行车[18]

欧洲航天局于 2003 年发射了火星轨道飞行任务"火星快车"，其应用的锂离子电池由索尼公司生产的容量为 1.2A·h 的 18650 圆柱形电池制成，该电池由硬碳负极和 $LiCoO_2$ 正极组成。

2009 年，美国航空航天局将索尼 18650 电池应用于包括开普勒太空望远镜、月球勘测轨道器在内的多个机器人任务以及低地球轨道/地球同步轨道卫星中。另外，还有多次太空任务也采用了锂离子电池，如 2007 年的火星"凤凰号"着陆器、2011 年的火星科学实验室巡视器、2013 年的火星大气与变轨轨道器、2018 年的火星"洞察号"着陆器以及 2020 年的火星毅力巡视器。这些电池是由美国 Eagle Picher 技术公司用不同尺寸和容量（5～55A·h）的平板棱镜电池制作的，电池的负极为中间相碳微球，正极为 $LiNi_{0.8}Co_{0.2}O_2$，电解液为 JPL 公司开发的等比例碳酸乙烯酯（EC）、碳酸二甲酯（DMC）和碳酸二乙酯（DEC）三元混合物的低温电解液[19]。2018 年的"洞察号"着陆器所使用的电池中还使用了含酯基的电解质，可使操作温度降至 −35℃[20]。美国航空航天局还积极研究各种锂离子电池技术在机器人和人类任务中的使用。截至 2024 年，美国航空航天局有两个重要的机器人任务在筹备，一个是木卫二快船，目的地是木星的一个名叫欧罗巴的卫星。木卫二快船使用 LG 公司的 18650 MJ1 电池。另一个是木卫二着陆器，与木卫二快船前往相同目的地并着陆，进而执行表面任务。木卫二着陆器包括三个航天器：着陆器、巡航器和下降器。着陆器将由一个高能 Li/CF_x 主电池提供动力，下降器将协助着陆器从巡航状态脱离轨道，并执行下降和着陆操作[21]。

日本 GS Yuasa 品牌生产的更大尺寸的棱柱形电池（容量 195A·h）也被应用于国际空间站和许多 GEO、LEO 卫星。法国 Saft 公司的圆柱形电池也多次应用于欧洲卫星。我国台湾 E-One Moli Energy 公司的 ICR18650J 电池也成功应用于航天员在舱外活动期间的便携式生命支持系统。

为了保障锂离子电池在使用、存储及运输等过程中的安全性，锂离子电池须满足国家标准安全要求。《便携式电子产品用锂离子电池和电池组安全技术规范》（GB 31241—2022）于 2024 年 1 月 1 日起强制实施，所有锂离子电池产品必须符合该标准。此外，用于电力储能的锂离子电池还需满足《电力储能用锂离子电池》国家标准，2023 年 12 月 28 日，国家市场监督管理总局和国家标准化管理委员会发布了国家标准《电力储能用锂离子电池》，标准号为 GB/T 36276—2023，取代了旧版的《电力储能用锂离子电池》（GB 3627—2013），该标准自 2024 年 7 月 1 日起生效。

6.2.2　钠离子电池的应用

6.2.2.1　钠离子电池发展的驱动力

钠是地球上含量较多的元素之一，具有与锂相似的化学性质，可以应用于类似的电池体系。钠离子电池和锂离子电池的基本原理是一致的：碱金属离子（Li^+ 或 Na^+）在两个电极（负极和正极）之间的化学势差在电池上产生电压。在充放电过程中，碱金属离子在两个电极之间来回穿梭[22]。在 20 世纪 70～80 年代，钠离子电池和锂离子电池都曾被广泛研究，但锂离子电池由于能量密度较高，更适用于小型、便携式电子设备，因此关于可充电电池的研究在此后十余年时间内主要集中在锂离子电池上。但是，由于锂资源危机，近年来，对于钠离子电池研究重新复苏[7]。

钠离子电池引发当今研究热潮主要是由于以下原因：随着电池应用扩展到大规模存储，如电动公交车，与可再生能源相关的固定存储，高能量密度变得没有那么关键。此外，如图 6-6（a）所示，地球中 Na 的高丰度和低成本相较于 Li 来说具有很大的优势，有利于钠离子电池的大规模应用[23]。目前，大多数电池材料都是以碳酸锂（Li_2CO_3）和碳酸钠（Na_2CO_3）为前驱体合成的，因此，这些原材料的价格波动会对每千瓦时电池的成本产生重大影响。图 6-6（b）比较了过去 15 年 Li_2CO_3 和 Na_2CO_3 的价格走势[24]。2019 年 Li_2CO_3 为 13000 美元/公吨，而 Na_2CO_3 为 150 美元/公吨，Na_2CO_3 的价格比 Li_2CO_3 低两个数量级。此外，两种材料的价格趋势也不同，这在很大程度上归因于锂矿资源有限，且随着电池需求的增长，锂矿价格逐渐上涨。相比之下，钠的普遍供应以及成熟的纯碱采矿业使得 Na_2CO_3 的价格在可预见的未来相对稳定。

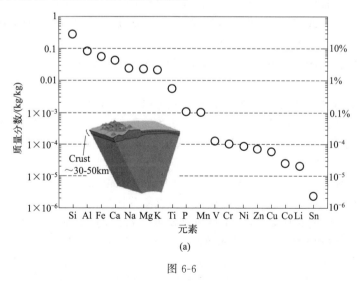

(a)

图 6-6

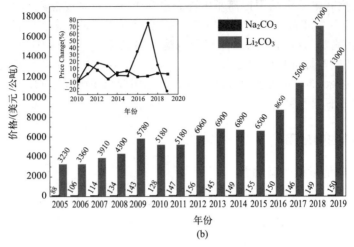

图 6-6 地壳中元素丰度[23]（a）和 2005～2019 年碳酸钠和碳酸锂的价格走势（b）[24]

6.2.2.2 钠离子电池产业化现状

已有来自不同国家的众多公司致力于钠离子电池商业化的发展[25]。例如，英国 Faradion 公司优先开发低成本高能量密度的电池，主要研发的钠离子电池为 Ni-Mn-Fe 层状金属氧化物/硬碳的有机电解液体系。电池的电压范围为 0～4.3V，原型电池的能量密度超过 140（W·h）/kg，10A·h 软包电池的设计性能为 155（W·h）/kg。电池的循环倍率的示例范围为 2C（0.5h）～0.1C（10h），循环寿命从数百到数千个循环周期不等，具体取决于放电深度和充放电条件。5 小时的放电条件下，循环效率为 92%，远大于铅蓄电池的 70%。在 −20～60℃ 范围内工作可以表现出最高的效率和寿命。该公司的钠离子电池是低成本电力运输用铅酸电池的理想替代品，能提供更大的续航范围和承载能力，可用于电动滑板车、电动三轮车和电动自行车的电池。为了证明钠离子电池的商业可行性，Faradion 与商业合作伙伴合作，将生产的钠离子电池化学性能提升到 40～80W·h 的水平。这些原型电池在全放电深度条件下可提供约 140（W·h）/kg 的特定能量，并已成功应用于电瓶车、电动摩托车和其他示范应用。2015 年 11 月 18650 圆柱形电池被法国 Tiamat 公司推出，其正极为 $Na_3V_2(PO_4)_3$，负极为硬碳，该电芯能量密度达到 90（W·h）/kg，在 10C 时显示出良好的倍率性能。此外，美国 Novasis 公司与夏普实验室合作，专注于普鲁士蓝正极和硬碳负极技术研发[26]。

中国的研究机构和企业也参与并推动了钠离子电池的研究和产业化。例如，中科海钠科技有限责任公司作为我国的高新技术企业，长期致力于新一代储能体系——钠离子电池的研发、生产及产业化。在 2018 年，中科海钠完成了钠离子电池低速电动车的示范运行。该公司开发的具有 Cu-Fe-Mn 的层状氧化物正极和软碳负极的钠离子电池于 2019 年成功应用于首个 100kW·h 的钠离子电池储能站，如图 6-7 所示。该电站建立于江苏溧阳，已成功为中国科学院物理所长三角物理研究中心供电，这标志着我国实现了钠离子电池储能电站的示范运行[27]。此外，2021 年 6 月 28 日，中科海钠研发并投运的 1MW·h 钠离子储能电池系统在山西综改区示范区推广[28]，如图 6-8 所示。该储能系统利用阳泉储量丰富、成本低廉的无烟煤作为前驱体，采用中国科学院的碳基负极材料生产技术和正极廉价原料加工工艺进行生产，具有成本最低、安全性能高、低温性能良好、循环寿命长等特点，可广泛应用于低速电动车、家庭储能和 5G 通信基站等大规模储能装置。该项目成功入选国家能源局 2021 年度能源领域首台（套）重大技术装备项目。

图 6-7　江苏溧阳钠离子电池储能电站和钠离子电池示范车[27]

2020 年，三峡能源在内蒙古乌兰察布开工建设全球最大"源网荷储"一体化综合应用示范基地[29]。如图 6-9 所示，该项目是全国首个"源网荷储"一体化项目，项目总装机容量 3×10^6 kW，包括新一代电网友好绿色电站、"源网荷储"一体化绿色供电示范两个子项目。该项目采用新能源、电网、储能、负荷相互协同优化的供电技术，可精确控制用电负荷和储能资源，解决清洁能源消纳及其产生的电网波动性等问题，缓解当地快速增长的电力缺口问题。

图 6-8　1MW•h 钠离子储能系统率先
在山西综改区示范区推广[28]

图 6-9　三峡能源乌兰察布源网
荷储技术研发试验基地[29]

浙江钠创新能源公司主要开展关于 Ni-Fe-Mn 元素组成的层状氧化物正极材料、铁酸钠基三元正极材料以及磷酸钒钠正极材料的研究[30]。2022 年 10 月 25 日，钠创新能源举行万吨级钠离子电池正极材料生产线投运仪式。辽宁星空公司致力于普鲁士蓝正极材料的研发[31]。在 2021 年 7 月，宁德时代发布了第一代以普鲁士白 $\left[Na_2Mn[Fe(CN)_6] \right]$ 为正极、硬碳为负极的钠离子电池，如图 6-10 所示，该电池具有 160（W•h）/kg 的能量密度以及优异的快速充电和低温能力[30]。

6.2.2.3　钠离子电池的应用市场

钠离子电池凭借其低成本和可持续性的优势，被认为是一种在风力和光伏发电领域非常有前景的储能技术。考虑到其安全的供应链，钠离子电池对 A 类纯电动汽车表现出高度的兼容性。特别地，其成熟的换电解决方案，如宁德时代的 EVOGO 换电站提供的换电解决方案，进一步促进了钠离子电池在不同功能单元中的灵活组合，如图 6-11 所示。

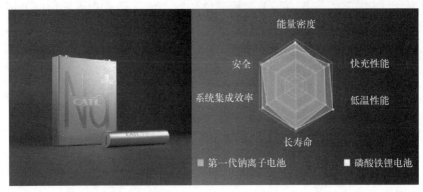

图 6-10　宁德时代公司发布的第一个版本的钠离子电池具有高度竞争的性能[30]

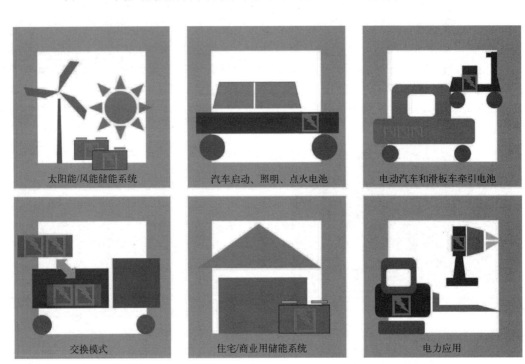

图 6-11　钠离子电池的应用场景[30]

　　钠离子在常规电解液中也具有比锂离子更高的脱溶剂能力[32]，因此，采用具有微孔结构的硬碳负极和具有立方或类立方形结构的普鲁士白正极的钠离子电池表现出优异的功率及循环性能，可以用作叉车、电动工具和汽车用 12V/48V 启动、照明和点火电池。与传统的动力应用技术铅酸蓄电池相比，钠离子电池具有更长的使用寿命（8 年以上相较于 2 年）和更高的能量密度［160（W·h）/kg 相较于 40（W·h）/kg］。随着汽车智能化，动力电池将承担更多的汽车功能，因此，动力电池将需要更多的能量，钠离子电池为未来车辆智能化的概念提供了更大的空间。

　　总体来说，目前钠离子电池的发展尚不及锂离子电池那样成熟，统一、规范的钠离子电池行业标准仍在制定中。根据工业和信息化部于 2022 年 7 月 14 日印发的《工业和信息化部办公厅关于印发 2022 年第二批行业标准制修订和外文版项目计划的通知》，《钠离子电池术语和词汇》和《钠离子电池符号和命名》制定计划正式下达，该计划由中国电子技术标准化研究院归口并组织起草。2022年10月，该研究院钠离子电池标准起草组完成了征求意见1稿的编制工作及征求意见工作，并于2023年7月13日召开会议对征求意见3稿进行了讨论。除此之外，2023年11月2日，中国化学与物理电源行业协会批准发布《钠离子电池通用规范》（T/CIAPS 0031—2023）团体标准，该系列标准自2023年11月30日起实施。

6.3 金属锂电池的应用

环境污染和能源危机的加剧，推动了新能源行业的发展。对此，国家大力出台各项新能源政策，极大地推动了电化学储能的应用。我国制定的《中国制造2025》明确了动力电池的发展规划：2020年，电池能量密度达到300（W·h）/kg；2025年，电池能量密度达到400（W·h）/kg；2030年，电池能量密度达到500（W·h）/kg[33]。有限的能量密度极大地阻碍了锂离子电池在电动汽车上的大规模应用，因此，开发新一代高效锂电池至关重要[34]。具有超高的理论比容量[3862（mA·h）/g]和较低的电极电势（与标准氢电极相比−3.04V）的金属锂，是一种非常具有前景的材料[35]，当其分别与空气和单质硫搭配，便可形成超高能量密度的锂-空气电池[3500（W·h）/kg]和锂-硫电池[2600（W·h）/kg][36-37]。锂-空气电池和锂-硫电池具有超高的能量密度优势，能够明显改善电动汽车的续航。基于上述背景，商业化的锂-空气电池和锂-硫电池显示出巨大的应用前景和市场价值。本节主要介绍利用金属锂作为负极材料的高比能锂-硫电池和锂-空气电池。

6.3.1 锂-硫电池的应用

一般意义上的锂-硫电池，是以单质硫为正极，金属锂为负极构成的二次电池，具有高比容量[1675（mA·h）/g]和高能量密度[2600（W·h）/kg]的优势，应用前景广阔。此外，硫在地球上储量丰富、易于获得，极具成本优势。但由于单质硫的低导电性、多硫化物"穿梭效应"和正极结构大体积变化等问题，锂-硫电池的循环寿命不佳，实际大规模商业化应用还未完全实现[38]。

经过近60年的发展，特别是近十年的发展，锂-硫电池在基础研究方面取得了众多突破。截至目前，针对锂-硫电池存在的问题，研究人员对锂-硫电池的正极、负极、电解质都进行了深入研究。在电池正极侧，针对正极材料存在的多硫化物穿梭、单质硫的导电性差以及反应前后体积膨胀等问题，研究人员一般采用各种碳材料、金属氧化物、高分子材料等与硫复合。在电池负极侧，金属锂负极存在严重的枝晶问题，会影响电池的循环寿命，甚至引起电池短路失效。金属锂负极保护方法包括电极结构设计、构造人工界面层、电解液调控合金化、预钝化等。在电解质方面，利用固态电解质代替液态电解质是当下研究的热点。通过使用固态电解质可以在取代隔膜的同时避免多硫化物溶于液态电解质，显著提升了电池性能[39]。就商业化而言，近年来，在一些龙头企业的持续投入下，锂-硫电池在特定领域也实现了应用。

美国Sion Power公司于2004年对锂-硫电池的比功率进行了研究，发现电池产品可以在1000W/kg下持续放电，器件的比能量大于150（W·h）/kg。2008年，美国Sion Power公司研制了"Zephyr"无人驾驶飞机，其储能系统采用锂-硫电池组，Zephyr在飞行实验中实现了最高18000m升限高度，滞空时间可达三天，一举打破当时无人飞行器留空时间最长的吉尼斯世界纪录。2010年，该公司经过两年的持续投入和技术部的技术攻关，刷新了之前保持的成绩，使锂-硫电池驱动的无人驾驶飞机创造了连续飞行 14 天的新纪录[39-41]。Sion Power 公司的 Zephyr 无人机飞行实验成功吸引了众多公司的目光，此后，有关锂-硫电池的应用报道越来越多。

英国奥克斯能源（OXIS Energy）公司主要在航空、国防、电动汽车和船舶领域开展锂-硫技术商业化探索，研究内容涉及锂-硫电池正极、负极、电解质的开发。图 6-12（a）所示为该公司研制的软包锂-硫电池和电池组。2018 年，相关电池产品的能量密度可以达到 450（W·h）/kg 左右。2020 年初进一步优化电池设计和材料后，电池的能量密度进一步提升。2020 年 1 月，Greeen Car Congress 报道 OXIS Energy 生产的能量密度为 471（W·h）/kg 的锂-硫电池原型测试成功。此外，该公司还致力于开发先进的锂金属保护机制，以显著提升锂-硫电池循环寿命。2020 年，该公司与美国航空航天局（NASA）的艾姆斯研究中心（AMC）合作，加入 NASA 的无人机（UAS）项目中，研发高度专用的锂-硫能量存储单元，实现了基于锂化学电池更轻、更安全的电池 [图 6-12（b）][39,42]。

图 6-12　奥克斯公司研制的软包锂-硫电池和电池组（a）和与
美国航空航天局合作研制的无人机（b）[39,42]

图 6-13（a）、（b）、（c）为中科派思能源科技有限公司研制的锂-硫电池产品相关照片。该研发团队的研发时间线如图 6-13（d）所示。团队从 2010 年开始研发 275（W·h）/kg 的锂-硫电池产品，经过三年的技术沉淀，2013 年电池的能量密度陆续突破 350（W·h）/kg 和 380（W·h）/kg，并于 2014 年试制成功 430（W·h）/kg 的软包产品。同年，为了产品能够应用，团队着手开发了能量高达 1kW·h 的电池组产品。2015 年，团队研制成功 12kW·h 大能量锂-硫电池组，并用于光伏发电储能联合测试，获得成功。2016 年，团队创立公司，开始相关锂-硫电池产品的生产中试和应用推广，同年 4 月，研发部门研发的电池能量密度突破 570（W·h）/kg，达到新起点。2017 年，该公司发布了 609（W·h）/kg 的高能量密度锂-硫电池组，并完成了太阳能无人机地面集成试验，这是实用锂-硫电池能量密度的重大突破。此外，该锂-硫电池组原型在 −20℃ 的环境下，能量密度可达 400（W·h）/kg，极限低温工作温度可达 −60℃。2018 年，该公司研发的锂-硫电池成功装配在高空太阳能无人机上，并成功进行了试飞试验。2020～2022 年，该公司将锂-硫电池产品应用到电动汽车上，并完成了落地试用驾驶。截至 2023 年 2 月，该公司已建成了超过 6700m² 现代化锂硫电池生产车间和自动生产线，产能 3×10^6（A·h）/年[39,43]。

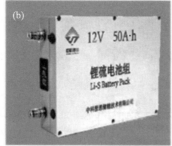

图 6-13 （a）、（b）、（c）锂-硫电池产品图；（d）锂-硫电池产品研发时间线[39,43]

韩国的 LG 集团在锂-硫电池的研发方面也具有多年的经验。在 2020 年 9 月 13 日，装载该公司研发的新一代锂-硫电池的无人机 EVA-3 在韩国完成高空飞行试验，装配的锂-硫电池的能量密度为 410 （W·h）/kg。在总长为 13h 的飞行中，无人机在 12～22km 高度的平流层中进行长达 7h 的稳定飞行[39]。

6.3.2 锂-空气电池的应用

锂-空气电池正极为空气、负极为金属锂，主要包括锂-氧电池、锂-氮电池、锂-二氧化碳电池等。在锂-空气电池中，锂-氧电池的研究最为广泛，充放电过程中，来自外部环境的活性材料（氧）在正极催化点上持续还原，理论上金属锂可以反应完全，因此可以提供高达 3623 （W·h）/kg 的理论能量密度。拥有超高能量密度的锂-氧电池可为电动汽车提供超过 550 公里的行驶距离，但由于存在反应机理复杂、极化大、效率低、循环寿命不佳等问题，很多技术难关亟待攻克[44]。

目前锂-氧电池商业化的难点在于如何在空气环境中设计电池以及成组，主要涉及以下几个方面的问题[45]：a. Li 反应后形成 Li_2O_2，会带来巨大的体积膨胀问题；b. 即使在 Li 完全参与电化学反应的情况下，也必须保证模块内部有足够的体积来保留氧气通道和电解质流动空间；c. 需要合理设计电池结构，从而保证空气持续不断地输送和电解液不流失，以及实现电池内部热量管理。合理的电池设计是实现锂-氧电池正常运行的关键。截至目前，虽然能够商业化的锂-氧电池系统模型并未完全建立，需要进一步研究，但是其在电动汽车上的系统架构模型的相关设计可以带来很多启发。

2014 年，两种电动汽车可实用化锂-氧电池系统模型被研究人员提出，一种为开放型，一种为封闭型（如图 6-14）[46]。开放型架构可在空气环境下工作，空气为电池系统提供源源不断的氧气，从而实现持久动力。但是，该系统需要通过变压吸附和无油螺杆压缩机来分离、排出反应前后的杂质，这些组件会额外增加电池的自身质量、体积和成本。封闭型架构使用的是纯氧，在使用过程中，氧气需要提纯压缩，储存在储存罐中，用于和系统中储存

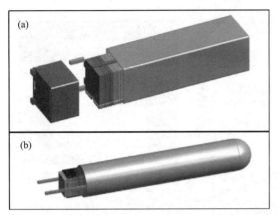

图 6-14　开放架构锂-氧系统模型（a）和
封闭架构锂-氧系统模型（b）[46]

的锂金属反应。相较于开放型系统，封闭型系统可提供更强劲的动力，但是存在高压氧气储存运输风险高、需要在车身上增加额外空间的问题。这两种模型的提出，为用于电动汽车的锂-氧电池提供了优良的参考价值。

近年来，随着众多科技人员持续不断地进行技术攻关，锂-氧电池技术取得了重大突破。例如，在 2019 年，一种新型的可折叠锂-氧电池被提出，如图 6-15（a）所示，该形态的电池由正极、负极、隔膜和气体扩散层组成。这种类型结构设计的锂-氧电池，极大地减少了多余的电池组分并有效减小了电池的体积。这种类型的电池可具备 1214（W·h）/kg（按整个电池重量计算）的质量能量密度和 896（W·h）/L（按整个电池体积计算）的体积能量密度。这种折叠式电池结构可作为便携式/可穿戴电子设备中的小型电池[47]，如图 6-15（b）所示。目前，三星公司基于此已经发布相关专利技术，在未来，期望通过继续深入的研究将这种小巧轻便且具有高能量密度的锂-氧电池带入人们的生活当中。

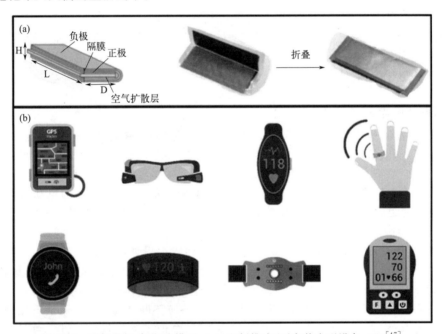

图 6-15　可折叠锂-氧电池模型（a）和便携式/可穿戴小型设备（b）[47]

2022 年 1 月，一种可充电的锂-氧电池被研发报道，如图 6-16 所示[48]。该电池以锂作为负极，以可吸附催化氧气的多孔碳作为正极。这种锂-氧电池可以组成 10 个电池的堆叠装置，尺寸微小，面积仅为 4cm×5cm，单层电池的尺寸面积为 2cm×2cm。研究人员表示，在堆叠式电芯结构中，氧气需要在气体扩散层中沿水平方向传输；此后，氧气需要进一步向垂直方向输送，才能穿过整个正极部分。在室温下运行时，这种电池的能量密度为 500（W·h）/kg，约为目前锂离子电池能量密度的 2 倍，但是目前该电池可充电的循环寿命有限。在此基础上，研究团队表示将持续展开深入研究，在正极和电解液等方面进一步优化，期望提升该锂-氧电池的循环寿命。新型锂-氧电池的出现，有望解决电池能量密度和循环次数之间的对立问题，有助于实现锂-氧电池在住宅电力存储系统、电动汽车、无人机和物联网设备中应用的目标。

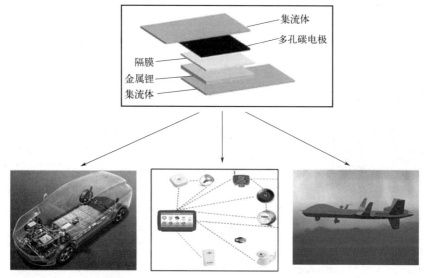

图 6-16 可充电锂-氧电池及其应用场景[48]

锂-氧电池的商业化还有很长的一段路要走，现在的研究还基本处于实验室阶段，仍有很多的机理等待着揭示和完善。近年来，先进的计算技术和人工智能飞速发展，衍生出了锂-氧电池的设计和新技术手段结合的发展方向，机器学习、建模和仿真可以快速帮助科技人员制定出高性能电池的方案策略[45]。未来的锂-空气电池研究方向可以朝着利用空气中的二氧化碳、氮气、水分和锂金属反应发展，从而实现利用空气就可以实现汽车出行的愿景。

简言之，由于锂金属为负极的锂-硫电池和锂-空气电池拥有超高的能量密度优势，近年来有关锂-硫电池和锂-空气电池的报道越来越多。从应用市场分布来看，航空市场对锂-硫电池需求最大，2017 年，锂-硫电池几乎占据了全球航空市场。随着新能源汽车的兴起，锂-硫电池将逐渐推广到新能源汽车应用中[49]。360iResearch 在 2024 年 1 月发布的锂-硫电池市场报告书中说明了 2024～2030 年全球锂-硫电池市场预测情况，以 2023 年锂-硫电池市场规模为 46018 万美元作为基准，预测 2030 年将达 79376 万美元，复合年增长率为 8.09%。

6.4 新型水系电池的应用

6.4.1 锌-空气电池的应用

锌-空气电池可分为一次锌-空气电池和二次锌-空气电池。一次锌-空气电池早在 19 世纪 20 年代就已经商业化。其中，纽扣式一次锌-空气电池常作为助听器电源，而大型的一次锌-空气电池的电荷量一般在 500～2000A·h，主要用于铁路和航海灯标装置上。

一次锌-空气电池具有工作电压平稳、噪声小等优点，可以很好地进行小电流长时间的放电，是耳背式、耳内式和耳道式高级助听器的常用电源。常见的用于助听器的一次锌-空气电池型号及尺寸见表 6-1。

表 6-1　常见的用于助听器的一次锌-空气电池型号及尺寸[50]

参数	尺寸 675	尺寸 312	尺寸 13	尺寸 10
直径/mm	11.6	7.8	7.8	5.8
高度/mm	5.4	3.6	5.4	3.6
使用天数/d	10~20	5~8	6~10	5~7
适用助听器类型	大功率耳背式	RIC 耳背式和耳道式	耳背式和个别耳内式	深耳道式

图 6-17　组装好的平板式锌-空气电池单体[52]

二次锌-空气电池即可充电锌-空气电池（图 6-17），其不仅在能量密度上优于铅酸电池、镉-镍电池、锂离子电池等，而且在循环寿命、服役年限等方面同样具有优势。另外，由于其使用的锌负极和碱性电解液都易于回收、污染性小，而且我国已经建立了一整套对于锌-锰干电池的回收体系，因此二次锌-空气电池在回收环保等方面具有独特的优势[51]。更加重要的是，虽然二次锌-空气电池是半开放体系电池，但是其使用的是水系电解液，发生着火和爆炸的可能性极小，具有极高的安全性。

综上所述，二次锌-空气电池有着出色的储能效果和安全性。通过近几年商业化项目的实施，二次锌-空气电池已经大量应用于军事领域和日常生活中。目前，二次锌-空气电池的应用场景主要在储能系统、应急备用电源、柔性便携储能装置以及电动汽车四个方面。

6.4.1.1　储能系统

在日益严重的环境污染和能源危机背景下，探索清洁、可再生的储能技术对人类社会可持续发展十分重要。过去的数十年里，锂离子电池因具有较高的能量密度、良好的循环稳定性和较低的自放电等特点，成为电池技术研究和产业应用的焦点。然而，随着锂离子电池的应用普及，储量有限的锂金属资源、严重的安全隐患及成本高等问题，限制了锂离子电池在储能领域的大规模应用。相较于锂离子电池，二次锌-空气电池兼具低成本、安全可靠、环保、可灵活定制等特点，打破了多个蓄电池市场的现有竞争格局，是一项非常有市场竞争力和具有广阔市场空间的技术。因此，在近十年，二次锌-空气电池在储能领域受到越来越广泛的关注。

在美国、加拿大等国家，很多专攻二次锌-空气电池的公司已开始筹备二次锌-空气电池在大规模储能领域的应用。在 2020 年 2 月，纽约电力局宣布与储能开发商 Zinc8 Energy Solutions 公司共同部署一个二次锌-空气电池储能系统的示范性项目。该 100kW/1 MW·h 的储能项目源于纽约电力局 2019 年进行的一项"创新挑战"，将其作为满足电网需求的备用电源。2022 年，Zinc8 Energy Solutions 公司与纽约 Digital Energy Corp 公司合作，在纽约皇后区安装了一个 100kW/1.5 MW·h 的二次锌-空气电池储能系统，这一系统为二次锌-空气电池与热电联供系统和光伏阵列的混合项目，展示了该公司专有的二次锌-空气电池技术，以及锌-空气储能系统所拥有的长期储能能力[53]。2022 年 6 月，加拿大的 e-Zinc 公司与丰田通商公司达成了一项试点项目合作，在得克萨斯州的一个风电场试用其储能系统，采用 e-Zinc 的二次锌-空气电池系统储存风力发电场中多余的发电量，后续可以为当地的建筑物供电，缓解了风力发电的间歇性问题。

6.4.1.2　备用电源与应急电源

备用电源与应急电源是两个用途完全不同的电源。备用电源是当正常电源断电时，由于非安全原因用来维持电气装置或其某些部分所需的电源。而应急电源，又称安全设施电源，是用作应急供电系统组成部分的电源，是为了保障人体和家畜的健康和安全，以及避免对环境或其他设备造成损失的电源。蓄电池既可以满足人们作为应急电源的需求，又可以满足作为备用电源的需求，多用于偏远地区。

常见的蓄电池有铅酸电池、镍-镉电池、镍-氢电池等，这些电池的应用已在本章的 6.1 小节介绍过。二次锌-空气电池相比于其他传统蓄电池在能量密度上有着不可超越的优势，并继承了空气电池体积小的优势。更重要的是，二次锌-空气电池无毒无害，环境友好，且不会有着火的隐患。

综上所述，二次锌-空气电池的一系列优点使其能够与梯度利用的锂离子电池配合，作为应急备用电源的综合解决方案，应用于通信基站、轨道交通、智能制造以及家庭的应急电力保障当中，从而取代安全性差、维护复杂、噪声污染严重的柴油发电机。

6.4.1.3 柔性便携储能装置

随着市场对于曲面折叠设备、柔性穿戴电子设备等的需求日益增长，人们对柔性电池的需求也更加迫切。现阶段，相较于二次锂离子电池的理论能量密度 [$130 \sim 160$（W·h）/kg]，二次锌-空气电池的理论能量密度更高，为 1350（W·h）/kg，并具有良好的安全性，因此便于组装成柔性电池。近年来，虽然正极电催化剂在提高柔性二次锌-空气电池的电化学性能方面取得了很大进展，但用于穿戴应用的柔性二次锌-空气电池在机械柔韧性和耐久性上仍面临许多技术挑战。

目前国内外科研团队报道的柔性二次锌-空气电池结构主要有一维线缆型、二维平面型和三维三明治层状结构，其负极一般采用柔性金属箔片、金属丝线等，电解质采用固态凝胶电解质，正极则采用涂覆法或原位生长方法，在柔性基底上涂覆或生长催化剂材料[54]。

柔性二次锌-空气电池仍然停留在实验室研究阶段，虽然目前国内外有很多研究团队在高水平科研期刊上报道了自己的研究，但是柔性二次锌-空气电池距离未来的商业化应用仍旧任重而道远。要想进一步推进柔性二次锌-空气电池的商业应用，需要进一步深入的研究，主要需要解决的问题可以概括为以下几个方面[55-56]。

① 在电化学机理研究的基础上，开发高效、稳定、能量和功率密度高、循环稳定性好的电极材料；

② 通过使用较少的非活性材料，设计具有机械柔性的电极，为反应物和电子提供必要的传递通道；

③ 探索具有高离子导电性、界面亲和性和力学性能的中性水凝胶电解质，特别是防止电极腐蚀的固态电解质；

④ 合理设计具有片内可积性的电池结构，通过成本效益高、制作方法简单的方法满足不同变形模式下的机械要求；

⑤ 深化耐磨性研究，包括机械强度、柔韧性、拉伸性、导热性、空气和水分子的渗透性；

⑥ 系统研究动态机械变形（包括弯曲、扭转、折叠、拉伸和压缩）下的循环性能，而不仅仅是静态机械变形。

6.4.1.4 电动汽车

一方面，二次锌-空气电池具有安全、零污染、能量密度高、大功率、低成本及材料可再生等优点，是电动汽车的理想动力电源之一。另一方面，新能源汽车行业的需求不断上升，推动了二次锌-空气电池的研究。早在 1995 年，以色列电燃料（Electric Fuel）有限公司将锌-空气电池用于电动汽车上，使得二次锌-空气电池电动汽车进入了实用化阶段。此后，美国的 Dreisbach ElectroMotive Inc.（DEMI）以及来自德国、法国、瑞典、荷兰、芬兰、西班牙和南非等国家的公司也都在电动汽车上积极地推广应用二次锌-空气电池[57]。二次锌-空气电池可作为动力电源进行长时间大电流放电，使用方便、续航里程长，且在使用时不需专门充电，只需到换液站对电解液进行置换，这一过程也仅需要几分钟。

在我国，锌-空气电池还未完全产业化，但相关产业已有所发展。2010 年 3 月 7 日，中国航空工业集团公司旗下的中国航空技术国际控股有限公司所属的中航国际（香港）集团有限公司投资北京长力联合能源技术有限公司成立中航长力联合能源科技有限公司暨北京锌-空气电池研究中心，致力于实现二次锌-空气电池的产业化，其产品不断在城市公交车和环卫车中进行大量实验。2011 年 9 月 27 日，东风扬子江汽车（武汉）有限公司客车工程研究院与湖北武汉泓元新能源科技有限公司共同开发的扬子江牌 12m 锌-空气电池纯电动公交车样车正式完工下线。该电动公交车每充一次电可行驶约 300 公里，最高时速可达每小时 80 公里。2015 年 9 月，《电动汽车用锌空气电池》（GB/T 18333.2—2015）正式实施。数据显示，截至 2019 年 11 月，我国新能源汽车产销量位居全球第一，占市场份额的 50％以上[58]。

虽然二次锌-空气电池在诸多种类的金属电池中脱颖而出，率先得以实际应用，但动力技术上的瓶颈一直制约着其在电动汽车领域的发展。如用来衡量一辆车瞬间爆发力的比功率就是限制因素之一。实际上，二次锌-空气电池电动汽车最高时速只能达到 80 公里，较难完成加速和爬坡等动作，因此难以规模化应用于轿车，目前只有部分城市观光车、邮政车等使用二次锌-空气电池。

综上所述，使用二次锌-空气电池的电动汽车是一种新型绿色环保的交通工具，虽然目前其在动力方面无法和锂离子电池电动汽车媲美，但是随着技术的更新迭代，这种新型电动汽车有望实现更加广泛的应用。

6.4.2 水系离子电池的应用

自锂离子电池商业化以来，凭借高比能、轻量化等优点，锂离子电池迅速占领电池市场，并广泛用于小型移动器件和电动汽车等设备[59]。然而，尽管锂离子电池具有诸多优势，但具有毒性和易燃性的有机电解液存在较大的安全隐患。为了解决锂离子电池安全性的问题，一方面可以选择高安全性的电极材料，或加入过充电保护剂；另一方面可以采用具有本征安全性的水系电解液。此外，生产成本高也限制了锂离子电池在大型固定式储能设备中的应用。有别于移动通信市场和电动汽车市场对电池以几千瓦时或几十千瓦时为单位的储能需求，风能、水能及光伏产业对固定式储能的需求通常能达到兆瓦时级。采用水系电解液不仅带来更高的离子电导率，而且还能避免采用有机电解液所必需的苛刻的组装条件，使成本显著降低。目前，对水系离子电池及其相关材料的研究已经成为电化学储能领域的热点之一。由于具有无污染、低成本和高安全性等优点，水系离子电池有望成为极具潜力的新一代储能器件。

在水系离子电池的商业化应用中，水系锌离子电池走在前列。2018 年 3 月，国内首个水系锌离子电池储能系统在温州乐清湾港区落地，总投资约 3.646 亿元，占地面积 63.5 亩[60]，如图 6-18 所示。作为水系锌离子电池首个示范工程，此次投运的光储充一体化项目的核心——50kW/105kW·h 储能系统由 2944 节新型水系锌-镍电池电芯组成。该电池采用水系电解液，具有高安全性、优异的低温性能，并且可以支持快速充放电，因此适合应用在大规模储能领域中，包括但不限于电网侧储能、太阳能和风能的并网，以及通信、不间断电源等后备电源系统。2020年，浙江浙能中科储能科技有限公司投资6000万元建设1MW·h产能的水系锌离子电池中试产线，该电池在成本、安全性、稳定性、系统集成方面具有显著优势，适用于大规模工业电力储能。模组电池以30A·h电芯为核心组件，电池的充放电总容量分别可达到40.01A·h和36.524A·h，库仑效率达到91.29%。此外，浙江瀚为科技有限公司于2021年建设了一条能量密度200～300（W·h）/L的水系锌离子电池的试产线；广州倬粤动力新能源有限公司研发的基于半固态电池架构的水系锌-锰电池也进入试产状态；山东省章丘鼓风机股份有限公司生产的准固态锌离子电池已于2022年正式投产，年均产能8.4MW·h。国外方面，近年来也出现了一批在水系锌离子电池领域布局的公司，例如：Zinc Five、EnZinc等。Zinc Five研发的Z5 13-90镍-锌电池在2024年荣获银奖，主要应用于数据中心、发电机启动、电动汽车充电调峰等方面。EnZinc采用3D海绵微结构的锌制备了一种低成本锌基电池，该电池可应用于城市电动车、两轮和三轮车辆、高尔夫球车和校园车辆、本地送货卡车，并且可提供短期或长期能量存储所需的安全性和灵活性，例如微电网领域。

水系钠离子电池兼具钠资源储量丰富和水系电解液本质安全的双重优势，被视为一种理想的大规模储能技术。目前水系钠离子电池主要受到水系电解液电压窗口窄（小于2V）的制约，进而限制了水系钠离子电池的输出电压、能量密度和循环寿命等关键电化学性能指标的提升。因此，如何开发出宽电压窗口水系电解液是实现高性能水系钠离子电池的关键核心技术。

2014年，Aquion Energy公司在美国宾夕法尼亚州建设32000m²的现代化蓄电池生产工厂，正式向客户供应标准化的蓄电池产品[61]。该公司以活性炭为负极，钠锰基材料为正极，硫酸钠水溶液为电解液，建设了水系钠离子电池标准化生产线，如图6-19所示。该电池具有模组化、规模化、无污染等特点，单个电池能够持续运行4小时以上，具有较长的循环寿命，可以持续充放电循环5000次以上，库仑效率超过85%。该电池已经应用在光伏产业储能系统中，并且取得很好的测试效果。此外，这种电池的成本低廉，约为300美元/（kW·h）。应用方面，该产品适用于长时间运行、深度循环的使用场景，例如可再生电网系统和微型智能电网、并网系统和终端客户端、公共电网设施的削峰填谷和能源调节服务、军事基地和广场的保障后备电源等。

图6-18 水系锌离子电池示范工程[60]

图6-19 水系钠离子电池生产线[61]

上海然新能源科技有限公司在位于上海金桥的自由贸易试验区建设了24个水系钠离子电池和218个有机系锂离子电池大型电池堆。厂区在夜间通过能源管理系统将电能存储在其中，白天将电能从电池中释放给厂区负载，实现能源调峰。此外，恩力能源科技有限公司的

第一条水系钠离子电池生产线于 2015 年在江苏南通投入生产，该公司的光伏能源和储能自发自用系统已有示范工程。

水系离子电池未来将主要应用于固定式储能和动力电池领域。在固定式储能领域，2021年 7 月 15 日，国家发展改革委、国家能源局发布了《关于加快推动新型储能发展的指导意见》，提出加快飞轮储能、水系离子电池等技术开展规模化试验示范，以需求为导向，探索开展储氢、储热及其他创新储能技术的研究和示范应用。因此，在国家政策的推动下，水系离子电池有望加快应用于电网侧、用电侧和发电侧储能。另外，在动力电池领域，2023 年中国电动两轮车全国总销量达到 5880 万辆，同比增长 4.8%，水系离子电池可以以此为契机，主打两轮电动车市场。长期来看，家庭储能、工商业不间断电源、大型储电站等对安全性要求较高的静态应用场景，仍然是水系离子电池的主要发展方向。

6.5 液流电池的应用

在液流电池中，活性物质储存于流动的电解质溶液中，具有长寿命、高放电深度、高安全性等优点。液流电池作为一种环境友好型储能设备，通常应用于中大型固定式储能设备。液流电池的发展历经半个世纪，形成了一系列技术路线和示范性产品，代表体系包括全钒液流电池、铁-铬液流电池、锌-溴液流电池、锌-镍液流电池、锌-铁液流电池、锌-空气液流电池、全铁液流电池等。目前，液流电池的商业化进展可以分为技术开发阶段、千瓦时到百千瓦时技术示范阶段、兆瓦时商业示范阶段、十兆瓦时商业化应用阶段、百兆瓦时大规模商业化应用阶段[62]，见表 6-2。

表 6-2　各类液流电池的应用情况（截止到 2021 年）

液流电池分类	循环寿命/次	能量效率/%	国内现状	国外现状
全钒液流电池	20000	80	百兆瓦时	百兆瓦时
铁-铬液流电池	10000	70	兆瓦时	兆瓦时
锌-溴液流电池	6000	70	兆瓦时	百兆瓦时
锌-镍液流电池	10000	80	千瓦时	千瓦时
锌-铁液流电池	15000	80	千瓦时	兆瓦时
锌-空气液流电池	20000	65	技术开发	百兆瓦时
全铁液流电池	20000	75	技术开发	十兆瓦时

6.5.1　全钒液流电池的应用

全钒液流电池，又称钒电池，以钒离子溶液作为正负极活性物质。全钒液流电池目前商业化程度和技术成熟度相对较高，其储能电池系统如图 6-20 所示[63]。钒存在 V^{2+}、V^{3+}、V^{4+}、V^{5+} 多种价态，可以形成多组相邻的氧化还原电对，每个电对都具有特定的标准电势差值，全钒液流电池通过不同价态钒离子的相互转化实现电能的储存与释放。由于使用同种元素组成电池系统，从原理上避免了电池正极和电池负极间由于不同种类活性物质相互渗透产生的交叉污染。

全钒液流电池行业发展主要经历了以下关键阶段：1971 年日本科学家 Ashimura 和 Miyake 提出液流电池概念，1974 年 NASA 科学家 L H Thaller 构建具有实际意义的液流电池模型。20 世纪 80 年代初，澳大利亚新南威尔士大学 Skyllas-Kazacos 教授提出了全钒液流电池体系并做了全面有效的研究工作，内容涉及电极反应动力学、电极材料、隔膜材料评价及改性、电解质溶液制备方法及双极板的开发等方面。此后，日本住友电工、加拿大 VRB、国内中国科学院大连化学物理研究所等机构从 20 世纪 90 年代起相继开始进行产业化的研究。2006 年，中国科学院大连化学物理研究所研制成功 10kW 试验电堆，并通过国家科学技术部验收，这标志着中国的全钒液流电池系统取得阶段性成功。此研究开发的全钒液流储能电池示范系统由千瓦级电池模块、系统控制模块和 LED 屏幕三部分组成。通过该系统可

图 6-20　全钒液流储能电池系统[63]

实现利用储能电池储存夜间电能，在日间对 LED 屏幕进行供电。此后，我国全钒液流电池进入商业化落地阶段。2015 年，攀钢集团有限公司参与合作研发的千瓦级钒电池产品批量生产，兆瓦级产品处于商业化示范阶段。2016 年 4 月 14 日，国家能源局正式批准建设大连液流电池储能调峰电站国家示范项目；2016 年 12 月 13 日，项目由大连市发展改革委正式核准批复。该项目建设规模 200MW/800MW·h，占地面积 5.01 万平方米，建筑面积 7.13 万平方米，总投资约 38 亿元人民币。该项目于 2019 年 7 月正式开工建设；2022 年 5 月 23 日，电站正式接入辽宁电网；2022 年 10 月 30 日，液流电池储能调峰电站正式并网发电。该电站由大连恒流储能电站有限公司建设和运营，电池系统由大连融科储能技术发展有限公司设计制造。2020 年，中国科学院大连化学物理研究所[64] 自主开发了新一代可焊接全钒液流电池技术集成的 8kW/80kW·h 和 15kW/80kW·h 储能示范系统，并在陕西省商洛市山阳县成功投入运行。该系统由电解液循环系统、电池系统模块、电力控制模块以及远程控制系统组成，系统设计额定输出功率分别为 8kW 和 15kW，额定容量均为 80kW·h。此外，该电池系统还与太阳能光伏装置配套，作为项目现场机房重要负载的备用电源使用，以确保负载的供电可靠性。此次投入运行的储能示范系统的电堆采用了该研究所自主研发的可焊接多孔离子传导膜、可焊接双极板、集成的可焊接电堆。新一代技术打破了传统电堆的装配模式，大大提高了电堆的可靠性及装配自动化程度。与传统电堆相比，新一代电堆总成本降低 40%，进而提升了整个电池系统的稳定性和经济性。该应用示范项目的成功运行，为新一代全钒液流电池技术的工程化和产业化开发奠定了坚实的基础，如图 6-21 所示。

图 6-21　新一代全钒液流储能电池系统[64]

政策方面，钒液流电池产业化应用在2022年被列入"十四五"新型储能技术试点示范。在地方层面政策上，四川攀枝花和河北承德等地发布了钒电池相关政策。2023年5月，四川攀枝花市政府办正式印发《"中国钒电之都"——攀枝花市钒电池储能产业发展规划（2023—2030年）》。该规划提出"到2025年，力争形成电堆800MW（占全省规划1GW的80%）和2GW·h钒电池容量生产能力，到2030年，形成1.5GW电堆和4GW·h的钒电池成套装备和系统集成能力"。河北省于2023年6月发布《关于支持承德钒钛产业高质量发展的若干措施》，提出"建设国家钒钛产业基地"，"支持承德市创建钒储能示范区"。此外，2023年8月，河北省承德市发展改革委针对加快钒电池储能发展的建议进行回复时还提到，"强化与电网深度合作，引导风光能源项目积极配置钒储能设施，重点向河北省申请将配套储能占比提升到50%且储能时长不低于4小时"，鼓励促进钒电池应用。受到政策鼓励及电力储存需求的影响，众多全钒液流储能项目相继开展。表6-3中列举了能链（厦门）能源科技研究院有限公司发布的2023年全国各省市全钒液流储能项目。

表6-3 2023年全国各省市全钒液流储能项目

签约时间	地点	项目名称
2023-01-05	四川省凉山彝族自治州西昌市	电网侧百兆瓦级全钒液流电池储能示范项目
2023-02-20	浙江省杭州市临平区	浙江大有实业0.5MW/5MWh全钒液流储能项目
2023-02-24	河南省开封市杞县	中核汇能杞县100MW/200MWh独立共享储能项目
2023-02-24	河南省开封市尉氏县	中电建尉氏独立共享储能项目一期
2023-03-02	河北省承德市丰宁满族自治县	1GW全钒液流储能电池生产暨共享储能电站项目
2023-03-21	宁夏回族自治区中卫市沙坡头区	1.2GW全钒液流电池项目
2023-05-10	湖北省宜昌市长阳土家族自治县	湖北长阳土家族自治县龙坪镇70MW/280MWh全钒液流化学储能项目
2023-05-10	湖北省洪湖市曹市镇	中节能洪湖曹市镇100MW/200MW全钒液流储能项目
2023-05-10	湖北省枣阳市	湖北枣阳100MW/200MWh全钒液流储能电站项目
2023-05-10	湖北省枣阳市	中钒枣阳市100MW/215MWh全钒液流混合钛酸锂储能电站试点示范项目
2023-06-30	湖南省怀化市	鹤城高新区全钒液流储能项目
2023-07-03	四川省内江市	内江100MW/400MWh全钒液流储能示范电站项目
2023-07-04	甘肃省兰州市榆中县	榆中县300MW/1200MWh全钒液流独立共享储能电站
2023-07-05	甘肃省庆阳市	240MW/960MWh全钒液流共享储能电站项目

随着可再生能源的渗透率提升，电力系统对电力储存的需求增大，对更长周期维度的调峰要求也更高。全钒液流电池储能属于长时间储能（通常时间超过4小时），调峰能力更强，能显著降低电网运行成本，适用于电源侧、电网侧、工商业侧、用户侧等多个应用场景，典型应用场景包括高风光发电比例下的能量管理、约束管理、孤岛运行、备用与黑启动、工商业应用电表后储能等。在发电侧，以大连融科储能技术发展有限公司参与的国电龙源卧牛石5MW/10MW·h全钒液流电池储能应用示范电站为例，该项目于2012年12月并网运行，并于2013年5月通过验收，所有指标都达到了设计要求，系统已无故障运行十余年。该项目实现了包括平滑输出、提高风电场跟踪计划发电能力、暂态有功出力紧急响应和暂态电压紧急支撑、调峰调频等功能，充分验证了全钒液流电池对于风电波动控制、计划发电能力和响应电网服务的功能。在电网侧，辽宁大连液流电池储能调峰电站一期工程于2022年10月

正式并网。该项目规模为 200MW/800MW·h，一期工程 100MW/400MW·h。该项目定位参与电网调峰、可再生能源接入、紧急电源及黑启动。除削峰填谷之外，调峰电站也可以在出现极端情况，如电网与外部电源全部中断的情况下，为政府、医院、电视台等重要部门和单位提供 4 小时以上电能，也可以为附近的北海热电厂提供黑启动电源。在用户侧，以日本住友电工集团于横滨工厂的微电网储能电站项目为例，该项目于 2012 年 7 月开始试运行，全钒液流电池系统规模为 1MW/5MW·h。该微电网系统由 28 台聚光光伏（最大总发电 200kW）、全钒液流电池系统和 6 台燃气发电机系统（总计 3.6MW）组成，能起到工厂维度的削峰填谷、平衡太阳能发电波动、稳定供电等作用，具备良好的长期稳定性。

据国际钒技术委员会统计，目前有数以百计的全钒液流电池在全世界范围内得到应用。根据 Emergen Research 的分析，2022 年，北美地区的全钒液流电池市场收入排名仅次于亚太地区，位居第二。此外，得益于欧洲地区先进的基础设施和技术发展，欧洲地区在 2022 年也占据了相当大的收入份额。

6.5.2　其他液流电池的应用

除全钒液流电池以外，其他各类液流电池在近几年也进入发展的快车道，但由于各种技术因素制约和外部环境影响，只有少数液流电池进入工业化、商业化应用阶段。本节以铁-铬液流电池、锌-溴液流电池、锌-镍液流电池为例，详细介绍这三类液流电池的应用现状。

铁-铬液流电池是最早被提出的液流电池技术之一，有关铁-铬液流电池的研究已经取得了阶段性进展[62,65]。铁-铬液流电池初期由美国能源部支持，美国国家航空航天局的科学家进行研究。20 世纪 80 年代初，美国 NASA 将铁-铬液流电池作为 "Moon Project" 的一部分，把相关的技术转让给日本。随后，日本在 1984 年和 1986 年相继研发成功了 10kW 和 66kW 的铁-铬液流电池系统原型样机。在同一时期，中国的研究机构也致力于铁-铬液流电池的研究。其中，中国科学院大连化学物理研究所于 1992 年成功研发出了 270W 的小型铁-铬液流电池电堆。然而，铁-铬液流电池的产业化和工程化进一步应用受到了 Cr^{2+}/Cr^{3+} 电对活性较低、负极易产氢以及容量衰减等技术难题的限制而被搁置。

近年来，出于迫切的大规模储能技术需求，铁-铬液流电池因低成本和适用范围广等优势再次受到了关注。2014 年，EnerVault 公司开发的 250kW/1000kW·h 铁-铬液流电池在加州特罗克的示范应用项目中投入运行。此外，中国国家电投集团科学技术研究院有限公司在铁-铬液流电池的研发和应用上也进行了大量工作。2019 年，由国家电投研发的首个 31.25kW 铁-铬液流电池电堆（"容和一号"）成功下线，如图 6-22 所示。在 2020 年，国家电投联合上海发电设备成套设计研究院开展国内首个千瓦级铁-铬液流电池储能示范项目的建设工作，250kW/1.5MW·h 铁-铬液流电池在河北省张家口市光储示范项目中正式投产运行。

锌-溴液流电池的早前研究主要由美国 Exxon Mobil Corporation 公司进行，之后各国相关研究机构针对锌-溴液流电池应用难点开展改进研究和示范工作[62]。2016 年，Primus Power 公司在哈萨克斯坦的阿斯塔纳部署 25MW/100MW·h 的锌-溴液流电池，是当时容量最大的液流电池储能系统；2021

图 6-22　国家电投铁-铬液流电池示范项目[62]

年，Redflow 公司在加利福尼亚州建设 2MW·h 的锌-溴液流电池。国内方面，北京百能汇通科技有限责任公司在黄河水电百兆瓦时光伏发电实证基地储能项目中提供 1MW·h 锌-溴液流电池系统。此外，北京百能汇通科技有限责任公司还为华能拓日格尔木光伏电站设计了一个复合型储能系统，包含采用 1 MW/4MW·h 的锌-溴液流电池。2017 年，陕西华银科技股份有限公司同中国科学院大连化学物理研究所合作开发国内首套 5kW/5kW·h 锌-溴单液流电池储能示范系统，并在陕西省安康市陕西华银厂区内投入运行。

锌-镍液流电池在 2007 年由中国人民解放军军事科学院防化研究院推出。随后，锌-镍液流电池在我国经历快速发展，其在基础技术研究、原理验证、小规模中试等阶段都取得了一定基础，现有的实验室原理电池循环寿命已经突破了万次以上，并且浙江裕源储能科技有限公司已经开始了锌-镍液流电池的生产。目前，锌-镍液流电池已经研发出三代规模化产品。第一代锌-镍单液流电池在国家电网公司进行了初步演示与应用；第二代产品的生产线基本完成，储能规模已经达到 1MW·h；第三代产品 300A·h 的电池正在优化改进阶段，具有良好的应用前景。表 6-4 是三代产品及改进产品的性能参数。三代产品依次在容量上有所提升，图 6-23 为展示实物图。

表 6-4　锌-镍液流电池三代参数对比[66]

产品	额定电压/V	额定容量/A·h	电对/个	库仑效率/%	循环寿命/次	供液方式
第一代	1.6	200	15	>90	>10000	外部水泵
第二代	1.6	216	19	>90	>10000	外部水泵
第三代	1.6	300	23	>90	>10000	内部微型泵
第三代改进	1.6	300	23	>90	>10000	外部螺旋泵

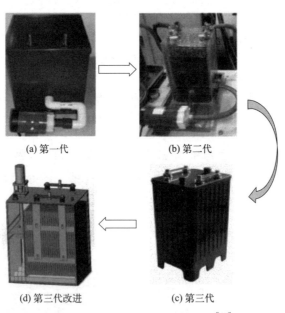

(a) 第一代　　(b) 第二代

(d) 第三代改进　　(c) 第三代

图 6-23　锌-镍液流电池发展过程[66]

虽然目前锌-镍液流电池还没有像全钒液流电池那样接近商业化应用，但是锌-镍液流电池综合性能较佳，完成了初步的应用示范，显示出了一定的工程化和商业化应用前景。就锌-

镍电池而言，国内外的企业已经开始部署，美国 PowerGenix 公司前期研发中心在美国，后来搬迁至中国深圳，已经投入 3 亿美元进行技术研发。主要开发电动工具、通信 UPS 电源、汽车起动用锌-镍电池等（该公司被收购并更名"Zincfive"）。此外，深圳倍特力公司、比亚迪公司、ATL 公司、江苏海四达公司、深圳格瑞普公司、河南环宇集团、广州博特公司、杭州新研公司等都也对锌-镍电池进行了大量的研究工作。2018 年，我国张北国家风光储能示范区搭建存储容量为 50kW·h 的单液流锌-镍电池储能系统，该系统由 168 个 200A·h 的单体电池串联而成，能量效率可达 80%[66]。

综上所述，目前储能市场对于液流电池技术呈关注度逐渐加深、认可度逐步加大的态势。在"碳中和、碳达峰"大背景下，储能技术将快速发展。作为适用于大规模储能设备的技术形式，液流电池在电力储能方面具有广阔的应用前景，在发电侧、电网侧、用户侧均有很好的应用切入点，技术需求切合度较高。同时，液流电池发展种类丰富，各种技术路线渐趋成熟，成本逐渐下降，近几年更是呈现爆发式发展。通过相应的技术方案和产业整合，液流电池会得到更蓬勃的发展。

6.6 超级电容器的应用

超级电容器是 20 世纪 70~80 年代发展起来的一种介于常规电容器与化学电池之间的新型储能器件。超级电容器作为传统电容器的升级版，在近些年得到了飞速发展，填补了传统静电容器（高功率密度、低能量密度）和化学电池（高能量密度、低功率密度）的空白，吸引了各行各业的关注。目前，超级电容器已在交通运输、国防军事、计算机、医疗、工业和电力等领域得到了广泛应用，成了储能领域中的新亮点。

6.6.1 超级电容器的市场和政策导向

中国对超级电容器的需求正在逐年增加。为了促进超级电容器产业的发展，我国制定了一系列相应的发展规划。"十一五"时期，我国重点发展片式电容器；"十二五"期间，我国提出了发展高端电容器，加强自主品牌建设的目标；"十三五"规划明确罗列了继续重点发展满足新型需求的产品及技术；"十四五"时期，根据《基础电子元器件产业发展行动计划（2021—2023 年）》，产品与技术创新仍作为该时期的重要任务[67]。此外，地方政府也出台了相关优惠政策。例如，辽宁省朝阳市政府在 2019 年 10 月发布了几项支持超级电容产业基础设施建设的政策。这些政策可以在技术、投资、资金支持等方面为企业和项目提供帮助。图 6-24（a）为超级电容器的应用场景。图 6-24（b）为 2018~2020 年中国超级电容器的市场容量。图 6-24（c）分析了 2020 年超级电容器的市场结构组成。2020 年，中国超级电容市场成为全球最大的超级电容器市场并且增速持续高于全球，其规模达到 143.8 亿元，占全球总规模的 70% 以上。2020 年，中国纽扣型、缠绕型、大型超级电容器市场规模分别为 32.47 亿元、69.37 亿元、41.96 亿元，同比分别增长 9.58%、8.15%、8.62%[68]。

全球超级电容器市场规模持续扩大。根据 2022 年的统计数据，全球超级电容器行业市场规模达到了 18.18 亿美元。国外超级电容器的发展起步较早。1970 年，日本 Panasonic 公司研究出了以活性炭为电极材料，以有机溶剂为电解质的超级电容器，开启了超级电容器的大规模应用。1990 年，超级电容器与电池、燃料电池一起被用于混合动力汽车，以提供加速所需的动力和回收制动能量。根据 2021 年的统计数据，日本 Elna、Panasonic，韩国 Samyoung Electronics 以及美国 Maxwell 等公司在国际超级电容器市场占据了较大的份

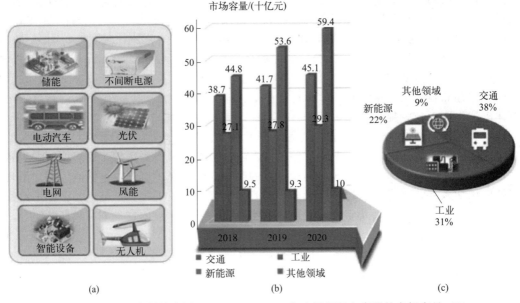

图 6-24 超级电容器的应用（a）；2018～2020 年中国超级电容器的市场容量（b）；
2020 年超级电容器的市场结构（c）[68]

额[69]。在中国国内市场方面，我国对超级电容器技术的研发起步相对较晚，但近年来发展迅猛，市场规模持续扩大。相关数据显示，2021 年我国超级电容器市场规模已达到 198 亿元，且随着新兴应用领域的不断涌现，行业竞争格局也在逐步形成和优化[70]。随着新能源政策的支持和市场需求的增长，预计超级电容器的市场规模将继续保持增长态势。

6.6.2 超级电容器的应用

超级电容器作为电力和电子系统的重要组成部分，其应用和普及对可持续发展具有重要意义。作为介于电池和常规介电电容器之间的储能器件，超级电容器具有独特的性能优势。首先，超级电容器可提供远高于传统电容器及蓄电池（$100～2000W/kg$）的功率密度（约 $10kW/kg$），允许瞬时超大电流的发生和通过。其次，超级电容器的工作温度范围较宽（$-40～70℃$），低温性能良好，器件性质稳定，为其在应急启动电源装置的应用上提供了可行性。此外，由于不存在充放电过程中化学能与电能转化的损耗，超级电容器显示出超长的循环寿命，可进行数十万次深度充放电循环，是较为理想的储能器件。基于以上优点，超级电容器在交通与运输、电网系统、国防军事、日常生活、工业及柔性可穿戴设备等领域展现出广阔的应用前景。

6.6.2.1 超级电容器在交通与运输领域的应用

超级电容器弥补了电池和常规介电电容器之间的差距（电池电压、比功率和运行成本），可在短短几秒钟内提供 $196kW/kg$（电解电容器能量密度的 $10～100$ 倍）的电力输送和吸收[71]，这对于运输系统中的强力制动及能量回收有着重要意义。

对于传统燃油汽车，超级电容器可与内燃机相连，在启动时提供极大的瞬时电流，使汽车快速启动。同时，超级电容器的工作温度范围宽，低温性能良好，可作为应急启动电源装置解决低温环境下蓄电池难以启动汽车的问题。此外，在车辆制动过程中，大量被浪费的动能可通过车载动能回收装置进行回收并转化为电能，储存于超级电容器中，在重新启动时为汽车起动机提供电能。相比于采用传统蓄电池启动系统的汽车而言，配备了超级电容器启动系统和动力回收系统的汽车拥有更低的燃油和维护成本以及更优的驾驶体验。例如，2010年，法国雪铁龙公司在汽车的启停系统中加入超级电容器，使汽车在寒冷的冬天也能实现快速点火启动。2018年，该公司发布最新 e-HDI 车型，将汽油发动机换成了柴油发动机，并开发了一种用于汽车的交流发电机。交流发电机搭配两个超级电容器和一组常规电池，共同组成整车的电力供应系统。交流发电机可以为曲轴提供比常规"整合式马达/发电机"大50％的扭矩，超级电容器和电池的加入使得该车具备了动力回收系统。得益于该车设计的电力供应系统，e-HDI 车型可在满足汽车短时间、低温大功率的启动需求的同时节省燃油的使用[72]。

　　超级电容器在交通领域的另一个重要应用场景是城市公交客车。在城市中，公交车站间距通常较小，对纯电动公交客车的长距离续航能力要求较低，可充分利用超级电容器充电快速的优良性能，在上落客间隙进行快速充电，以支撑车辆行驶至下一站点。例如，2015年，我国中车株洲电力机车有限公司的公交车采用了超级电容储能系统，如图 6-25（a）所示。该型公交车无需架设空中供电网，只需要在公交车站点设置充电桩，利用乘客上下车 30s 的时间，即可把电充满并维持运行 5 公里以上。此外，由于城市公交客车在行驶工况中启停频繁，反复的制动刹车会造成动能的大量浪费，使得整车经济性下降。根据城市客车的行驶工况特点，采用超级电容器作为动力源，可对所回收的制动能量进行储存，提高车辆的经济性。2017年，该公司研制出了采用电力和超级电容器组合的混合动力动车组，如图 6-25（b）所示，列车运行时速 100 公里，四节编组载客量达 500 余人。混合动力电动车组运行时，大功率 60000 F 超级电容器可以短时间提供大功率电流供列车启动加速。列车制动时，超过 85％ 的制动能量可以被超级电容吸收存储供列车下次启动使用。超级电容器在动车组电力系统中的使用，实现了能量循环利用，减少了能源的消耗[73]。

图 6-25　10s 闪充公交车（a）；电力和超级电容器混合动力动车组（b）[73]

6.6.2.2　超级电容器在智能分布式电网系统领域的应用

　　当今社会对能源和电力供应的质量以及安全可靠性方面的要求越来越高，传统的大电网供电方式由于自身的缺陷已经不能满足这种要求。因此，能够集成分布式发电的新型电网——微电网应运而生，其具有节省投资、降低能耗、提高系统安全性和灵活性的优点。超级电容器作为一种新型的储能器件，以其无可替代的储能优势，成为微电网储能的首选装置之一。

　　微电网由微电源、负荷、储能以及能量管理器等组成。储能在微电网中发生作用的形式有：接在微电源的直流母线上、包含重要负荷的馈线上或者微电网的交流母线上。其中，前两者可称为分布式储能，后者称为中央储能。当并网运行时，微电网内的功率波动由大电网进行平衡，此时超级电容器储能处于充电备用状态。当微电网由并网运行切换到孤网运行时，中央储能立即启动，弥补功率缺额。微电网孤网运行时负荷的波动或者微电源的波动则可以由中央储能或者分布式储能平衡，如图 6-26 所示。对超级电容器的控制主要体现在直流/直流（DC/DC）变换器、直流/交流（DC/AC）变换器的控制上，通过变换器实现直流电和交流电的变换储存和输出。

一般情况下，微电网的系统规模不大，维持电网平稳状态的能力有限，对于系统中发生的用电网络负荷波动的抵抗力比较小。超级电容器储能系统可以配合数字技术，根据实时需求，动态调整微电网的功率来达到功率平衡。例如，在用电量低峰时期储存多余电量，在用电量高峰时期进行释放，用于补偿电网负荷不足。在极端负荷条件下运行的微电网中，如电梯、提升机、地铁电站等，超级电容器储能单元可以储存下降时浪费的能量，弥补上升时大功率输出不足，减少电力驱动系统对微电网的负面冲击影响。对于风力发电、光伏发电等不可控的微电源，发电机的功率波动会使电能质量下降。在针对系统故障引发的瞬时停电、电压骤升、电压骤降等时，超级电容器可以起到缓冲作用，减少不可控因素带来的影响[74]。

浙江省温州市的南麂岛地区发展了风能、太阳能、锂电池组加超级电容器储能的一体化分布式发电系统。该发电系统利用四个锂电池组和两个超级电容器储存太阳能和风能产生的电能，在实现低碳排放的同时保证稳定的供电[75]。此外，我国地广人稀的青藏地区，部分州县距离电网近 1000 km，稳定的供电系统搭建困难，因此采用的多是光伏发电、风电、小水电等混合供电方式[76]。研究人员通过攻克超级电容器储能的技术难关，利用超级电容器和当地的供电方式相结合，建成了供电质量好、抗扰动能力强、自动化程度高、施工调试方便的可再生能源供电系统。

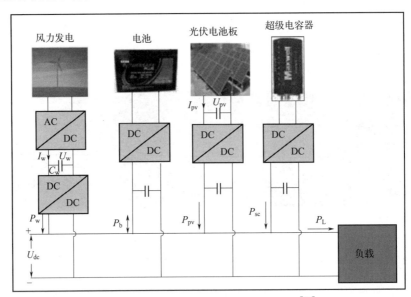

图 6-26　超级电容器在微电网中的应用[74]

I_{pv}、I_w—光伏和风能的电流；U_{pv}、U_w—光伏和风能的电压；U_{dc}—直流电压；C_w—风能的电容；

P_{sc}、P_{pv}、P_w、P_b 和 P_L 分别表示超级电容器、光伏、风能、电池和负载的功率

6.6.2.3　超级电容器在国防军事领域的应用

超级电容器可以用在导弹、炮弹、鱼雷上作为短期电源，还可以用在坦克火炮炮塔上作为辅助电源。由于具有可提供超高瞬时功率密度的优势，超级电容器常用作高功率脉冲武器装备的供能部件，堪称众多军用装备的"能量核心"。在定向能武器和电磁炮等对未来战场具有重要影响的先进武器系统中，超级电容器也发挥着重要作用。

定向能武器又叫"束能武器"，是利用各种束能生成强大杀伤力的武器，因其发射能量的载体不同，可以分为激光武器、粒子束武器、微波武器。定向能武器中，束能传播速度可接近光束，一旦指向目标发射即可命中，可做到"指哪儿打哪儿"。如图6-27（a）所示，激光武器利用高能激光束对目标进行摧毁，激光束能量集中且巨大，输出功率可达几百至几千千瓦，击中目标后能使之毁坏或熔化，且激光束聚集细密，激光速度快，敌方来不及回避或对抗，可做到"杀敌于无形"。如图6-27（b）所示，电磁炸弹又被称为"电磁杀手"，是介于常规武器和核武器之间的新式大规模杀伤性炸弹。电磁炸弹爆炸后，可产生高强度电磁脉冲，覆盖面积广，频谱范围宽，几乎可以毁灭杀伤半径内所有武器系统的电子部件。电磁炸弹的电波发射器可以在十亿分之一秒的瞬间放射出十亿瓦的微波，足以瘫痪所有地下工事、电力供应、电话通信、计算机等系统。上述定向能武器中，都需要超大脉冲功率输出，传统的电力供应方式往往难以实现，而经过优化的超级电容器有望满足要求。

电磁炮，也叫脉冲电源电磁炮，是应用电磁加速技术发射弹丸的一种纯电能武器，如图6-27（c）所示。轨道式电磁炮发射原型由两条平行的导轨组成，弹丸夹在接入电源的导轨之间。电流经一导轨流向弹丸，再流向另一导轨产生强磁场，磁场与电流相互作用，会形成强大的洛伦兹力推动弹丸，使其达到很高的速度。在此基础上，将上千个电容器并接在轨道上，形成超级电容器，瞬间释放电容器储存的电能，即可获得巨大电流和电磁推力。如果将电磁炮作为直接火力支援武器，配备超级电容器共同安装在作战舰艇上，将有助于提升舰艇的毁伤能力[77]。

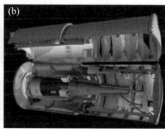

图 6-27　激光武器（a）；电磁炸弹（b）；电磁炮（c）[77]

超级电容器在军事卫星系统中也具有很大的应用前景。现代卫星系统逐渐向小型化发展，电源需要满足在失重和低温的极端太空环境中使用的要求，从而保障特殊环境下卫星的电力供应。超级电容器可以在低温下快速启用，运行平稳可靠，经过改良还可以满足航天设备轻量化的设计需求，非常适合在小型军事卫星上使用。北京合众汇能科技有限公司研发的HCCCap系列超级电容在国网、南网持续、稳定地运行了超过十年，并开创性地将超级电容成功地应用于装甲车、坦克和航天卫星领域，其研制的星箭分离电源系统在航天卫星领域进入批发射应用阶段[78]，如图6-28所示。2017年，北京合众汇能科技有限公司正式筹建了大规模的超级电容研发生产基地，并且在2021年正式投产，该基地的顺利投产使用为实用化的超级电容器大规模的生产提供了保障。

6.6.2.4　超级电容器在日常生活领域的应用

超级电容器在日常照明领域有广阔的应用前景。为解决相机电池不能为闪光灯提供大电流的问题，美国安森美半导体公司于2009年推出了超级电容闪光驱动器NCP5680，该驱动器可为相机的闪光灯和视频摄像灯提供高达10的大电流[79]。我国湖南耐普恩新材料有限公司将超级电容器和光伏路灯结合，推出了超容光储一体灯，如图6-29（a）所示，该路灯能

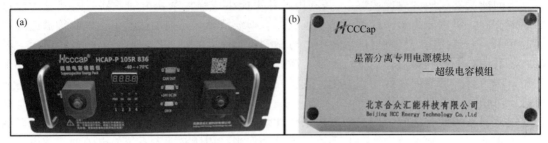

图 6-28 HCCCap 系列超级电容器[78]

高效利用光伏发电板产生的电能，具有宽工作温度区间，使用寿命可达 10 年以上[80]。

超级电容器在智能电表上也有应用。时钟芯片是智能电表的核心部件，负责电费的记录和计算。如果突然断电，芯片中的数据就会丢失，影响用户和供电单位使用。因此，国网单相电能表要求时钟芯片断电后能保持 48h 以上的运行时间。我国武汉盛帆电子股份有限公司推出了以超级电容器为备用电源的单相电能表，时钟芯片断电后能保持 240h 以上运行时间，如图 6-29（b）所示。

行车记录仪是车辆中必不可少的设备，其负责为用户实时记录用车情况，即使在断电的特殊情况下也希望能及时保存数据。目前大部分厂商均采用超级电容器作为行车记录仪的备用电源，如图 6-29（c）所示[80]。

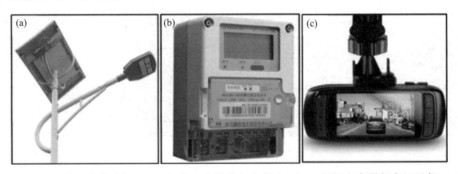

图 6-29　超级电容器光伏路灯（a）；超级电容器单相电能表（b）；超级电容器行车记录仪（c）[80]

超级电容器在日用电子产品中也有广泛的应用。21 世纪的今天，很多电子产品已经在向小型化、轻量化、多功能、舒适化的方向发展。功率大、轻量化、反应时间短的超级电容器搭配轻量化的电池，组成联合储能系统安装到手机、耳机、电子手表等小体积设备当中，可以满足综合化的功能需求，如图 6-30 所示。超级电容器与普通电容器相比，储存一样的电量时，具备更小的体积，具有更大的体积优势[81]。

超级电容器在数据存储领域的掉电保护中应用越来越广泛，具有充电时间短、循环寿命长、响应速度快等优势。在计算机与内存的使用过程中，为防止突然断电对数据、系统或者硬件产生不利影响，通常在硬件上采用备用电源来进行缓冲，以确保断电后数据可以及时被保存。以固态硬盘为例，计算机在实时数据保存中，会先将数据存放在缓存中，然后通过固态硬盘控制器写入闪存中。若在此过程中突然断电，数据传输过程就会中断，缓存的数据将无法完整录入闪存，数据会在下次开机时被清理，造成丢失。此外，在一些重要数据链传输时断电，还会引起系统崩溃。对此可采用超级电容器作为计算机的应急电源，在突然断电时为固态硬盘应急供电，从而保证计算机滞后停止工作，计算机在感知后能够迅速对数据进行储存，避免数据丢失，如图 6-31 所示[82]。

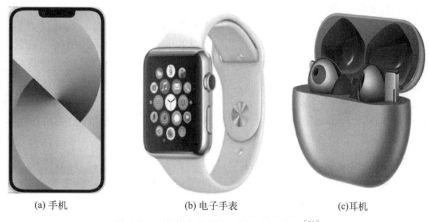

(a)手机 (b)电子手表 (c)耳机

图 6-30 搭载电容器的日用电子产品[81]

除了上述提及的小型常用设备外，超级电容器在电梯等大型机械设备中也具有显著的应用潜力。电梯是生活中常用的电力设备之一，通常占建筑能耗的 2%～10%。在高层建筑中，电梯的能耗可占总能耗的 17%～25%。在高峰时期，电梯可以消耗高达 40% 的建筑能源[83]。近年来，利用超级电容器实现能量再生利用，从而实现电梯系统节能的方式引发了关注，出现了相关电梯节能装置的设计，如图 6-32 所示，其主要部件有轿厢、配重、导轨和电动马达等。该电梯有电动机模式和发电机模式两种运行模式：在电动机模式下，电动马达从电网中吸收能量；而在发电机模式下，它产生的电能可以反馈到电网中。发电机模式下反馈的能量可以在电动机模式下调用，减少了电能的消耗，节约能源[84]。

图 6-31 以超级电容器作为应急电源的固态硬盘[82]

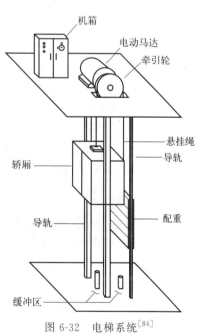

图 6-32 电梯系统[84]

6.6.2.5 超级电容器在工业领域的应用

中国自改革开放以来，工业发展迅速，已经成为世界制造业大国，正在向世界制造强国的目标迈进。在工业生产中，当大型机械设备启动和使用时，需要瞬时输出大功率，在制动和下降的过程中又会浪费大量能量。采用超级电容器能量管理系统，既可以为机器提供瞬时大功率，又可以将浪费的能量储存再利用，在实现节能减排的同时，提高经济效益[84]。

在各大港口、建筑工地、矿业工地等都可以见到起重机的身影，起重机可以有效搬运大型重物，可靠性、维修性好，运行费用低。装备超级电容器能量管理系统的起重机，可将制动和下降产生的能量储存于超级电容器中，在调运货物时释放能量进行辅助，可为起重机节省大量燃油。为了验证起重机超级电容器模块化技术的节能效果，2019年中船澄西船舶修造有限公司以一台50t桥式起重机为样机进行测试，如图6-33（a）所示。测试起升高度为10m，下降势能为 $W = 50 \times 1000 \times 9.8 \times 10 = 1.36 \text{kW} \cdot \text{h}$，考虑0.8的机械效率，选择超级电容的储能量为1kW·h。超级电容器模块的额定电压为54V，额定容量为178F。选择20个模块串并联后，电容柜额定电压为540V，额定容量为35.6F，最低放电电压为250V，那么储存能量 $E = 0.5 \times 35.6 \times (540^2 - 250^2) = 1.13 \text{kW} \cdot \text{h}$。系统搭建完成后，现场起吊50t额定载荷进行测试，用电能表记录充放电量，反复测试得出下降过程超级电容器平均储能为0.9kW·h，上升过程起重机耗电量为 $1.36 \text{kW} \cdot \text{h} \div 0.8 = 1.7 \text{kW} \cdot \text{h}$，节电率超过50%[85]。

超级电容器在油井设备中也可以发挥作用。在一般的钻油井流程中，钻头需要保持恒定转速，但是实际地底情况非常复杂，在遇到硬度不同的地质层时，钻头转速会急速变化，极大影响钻杆的扭矩输出，有时甚至会发生跳钻现象，导致浪费能量和钻杆寿命降低。钻井过程中，钻杆扭矩增大，设备消耗功率增大，能量消耗增大；相反，当扭矩减小，消耗功率相应就变小。超级电容器能量管理系统的加装，可以有效将浪费的能量回收到电容器中；电容器的能量管理，能有效降低钻井过程中柴油的燃烧量，节能减排，有效提升化石能源的利用率。2016年，湖南中车株洲电力机车有限公司（简称中车株机）的石油钻井机采用了超级电容储能系统，如图6-33（b）所示，该钻井机配备有1280只9500F超级电容器单体，总功率最大可达600kW，日均节省柴油500L[86]。

图6-33　50t桥式起重机（a）和中车株机公司石油钻井机（b）[85-86]

6.6.2.6　超级电容器在柔性可穿戴设备领域的应用

近年来，便携式、柔性和可穿戴电子产品的需求不断增加，促进了高柔性、低重量、长寿命和高安全的小型化储能器件的发展。用于可穿戴电子设备的储能器件应满足特定的标准，如具有小尺寸和高效率，以及柔性、轻量和生物兼容性等。与电池相比，超级电容器具有更简单的结构、更快的充放电时间、更高的功率密度（约10kW/kg）和更长的循环寿命

（超过 10 万次）。此外，由于使用柔性的电极材料，超级电容器更适用于集成到自供电传感系统、检测网络和可植入设备中作为柔性器件的能量供应单元，展现出优异的电化学性能[87]。

图 6-34 为一种身体感测网络方案，多个传感器节点定位在身体上的各个位置，通过应变传感器采集人体生理信号。该方案由无线配对的可拉伸传感器和利用射频识别技术的柔性读写器组成，并通过柔性超级电容器替代刚性电池组件，实现了软贴片器件在皮肤和织物上的附着，这对于电子设备的微小化和柔性化的发展具有重要意义[88]。

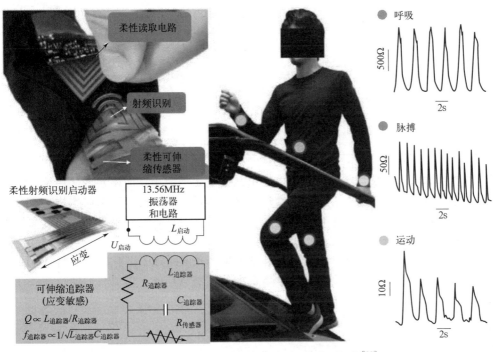

图 6-34　身体感测网络和传感器性能[88]

通过集成柔性透明超级电容器和透明应变传感器，可制备自供电一体化透明电子皮肤[89]。该超级电容器采用缺氧氧化钼（MoO_x，$x<3$）、纳米线和纤维素纳米纤维复合物作为赝电容电极来实现高电容，实现了 1.0 $(\mu W \cdot h)/cm^2$ 的高能量密度和出色的机械柔韧性。该透明应变传感器由过渡金属碳化物/碳氮化物纳米片和银纳米线网络喷涂涂层构建而成，具有"岛桥"结构，这种结构赋予了透明应变传感器超高灵敏度（表压因子约 220）、高信噪比、快速响应（<54ms）、高耐用性和良好的稳定性。如图 6-35 所示，在集成柔性透明超级电容器和可拉伸透明应变传感器后，电子皮肤的自供电传感能力可实时检测呼吸和手腕脉搏以及手指关节等多种活动和细微的物理信号，且不会牺牲美观性。

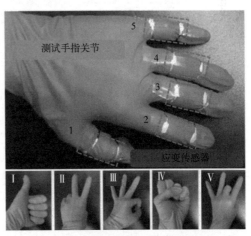

图 6-35　装配透明电子皮肤的数据手套用来检测手指关节活动信号[89]

6.6.3 超级电容器标准及展望

简言之，关键材料的成功制备和技术进步推动了超级电容器的商业化。商业化的发展需求催生了一系列相关的标准，只有符合相关行业标准的超级电容器，才能合规合法地在市场上销售。截至 2024 年 4 月，我国实行的电容器国家检测标准，是 2017 年发布的《超级电容器 第 1 部分：总则》（GB/T 34870.1—2017），总则中指出上市的电容器需要进行单体检测和模组实验项目检测[91]，相关检测标准如表 6-5 所示。

表 6-5 超级电容器检测的国家标准[90]

单体试验项目	外观及标志检查；外形尺寸及质量检验；电容测量；电阻测量；最大质量功率密度测量；短路放电试验；电压保持能力试验；高温老化试验；高温特性试验；穿刺试验；挤压试验；加热试验；海水浸泡试验；低温特性试验；恒定湿热试验；循环寿命试验；过放电试验；过充电试验；跌落试验；温度循环试验；阻燃烧试验
模组试验项目	外观及标志检查；外形尺寸及质量检验；电容测量；内阻测量；极对壳交流电压试验；短路放电试验；电压保持能力试验；循环寿命试验；过放电试验；振动试验；穿刺试验；加热试验；海水浸泡试验；过充电试验；挤压试验；温度循环试验

科技的进步和市场的需求不断驱使超级电容器从研究走向应用，应用领域从传统的单一储能过渡到日常应用品、电子设备、工业和交通运输等领域，目前已经逐渐向生物、医疗和神经计算等领域拓展。未来，超级电容器的应用领域会越来越广，会在更多的应用层面发光发热，进而带来社会经济效益，改变人们的生活方式。

综上所述，随着科技的进步和社会对可持续能源的需求日益增长，化学电源将在未来的能源系统中扮演越来越重要的角色。各类化学电源的发展前景广阔，值得我们期待和关注。

思考题

1. 简述传统水系电池的应用领域。
2. 简述锂离子电池的优缺点，及提高锂离子电池安全性的可行措施。
3. 相较锂离子电池，钠离子电池有哪些优势？
4. 为什么要开发锂-空气电池？目前锂-空气电池的应用处于什么阶段？锂-空气电池应用有哪些难点？
5. 锂-硫电池有什么特点？为什么锂-硫电池商业化难以完全实现？锂-硫电池的应用目前有哪些？
6. 锌-空气电池相比于锂-空气电池在电动车领域有哪些优势？
7. 若想将水系离子电池应用于电动汽车，需要解决的问题有哪些？
8. 为什么大型电化学储能电站要选择液流电池？
9. 超级电容器与电池相比有哪些优点？适用于哪些应用场景？

参考文献

[1] 张永锋,俞越,张宾,等.铅酸电池现状及发展[J].蓄电池,2021,58(1):27-31.

[2] 王家捷,王永红,穆举国,等.航空镉镍蓄电池的应用前景[J].电池工业,2002,7(5):266-267.

[3] 裴春兴,吴磊,王聪聪,等.动车组车载蓄电池健康状态判别方法综述[J].蓄电池,2022,59(5):217-226,245.

[4] 何艺,王兆龙,鲍伟,等.2021年我国电池材料需求情况研究[J].电池工业,2022,26(4):201-206.

[5] 唐海,张宜楠.镉镍、金属氢化物镍电池的应用及发展[J].电源技术,2013,37(8):1489-1490.

[6] 蒋志军,吴保华,朱晓梅,等.基于镍氢电池的192V/200A·h储能系统[J].电池,2022,52(04):437-440.

[7] Kim S W,Seo D H,Ma X,et al. Electrode materials for rechargeable sodium-ion batteries:Potential alternatives to current lithium-ion batteries[J]. Advanced Energy Materials,2012,2(7):710-721.

[8] Tarascon J M,Armand M. Issues and challenges facing rechargeable lithium batteries[J]. Nature,2001,414(6861):359-367.

[9] Hannan M A,Hoque Md M,Hussain A,et al. State-of-the-art and energy management system of lithium-ion batteries in electric vehicle applications:Issues and recommendations[J]. IEEE Access,2018,6:19362-19378.

[10] Morita Y,Saito Y,Yoshioka T,et al. Estimation of recoverable resources used in lithium-ion batteries from portable electronic devices in Japan[J]. Resources,Conservation and Recycling,2021,175:105884.

[11] Masias A,Marcicki J,Paxton W A. Opportunities and challenges of lithium ion batteries in automotive applications[J]. ACS Energy Letters,2021,6(2):621-630.

[12] Majlan E H,Daud Wan W R,Sulaiman N,et al. A review on energy management system for fuel cell hybrid electric vehicle:Issues and challenges[J]. Renewable & sustainable energy reviews,2015,52:802-814

[13] Manzetti S,Mariasiu F. Electric vehicle battery technologies:From present state to future systems[J]. Renewable and Sustainable Energy Reviews,2015,51:1004-1012.

[14] Malhotra A,Battke B,Beuse M,et al. Use cases for stationary battery technologies:A review of the literature and existing projects[J]. Renewable and Sustainable Energy Reviews,2016,56:705-721.

[15] Wang W,Choi D,Yang Z. Li-ion battery with LiFePO$_4$ cathode and Li$_4$Ti$_5$O$_{12}$ anode for stationary energy storage[J]. Metallurgical and Materials Transactions A,2013,44(S1):21-25.

[16] Hesse H,Schimpe M,Kucevic D,et al. Lithium-ion battery storage for the grid-a review of stationary battery storage system design tailored for applications in modern power grids[J]. Energies,2017,10(12):2107.

[17] Yu B,Zhang T,Liu T,et al. Reliability evaluation and in-orbit residual life prediction for satellite lithium-ion batteries[J]. Mathematical Problems in Engineering,2018,2018:1-12.

[18] Ratnakumar B V,Smart M C,Kindler A,et al. Lithium batteries for aerospace applications:2003 mars exploration rover[J]. Journal of Power Sources,2003,119-121:906-910.

[19] Smart M C,Ratnakumar B V,Surampudi S. Electrolytes for low-temperature lithium batteries based on ternary mixtures of aliphatic carbonates[J]. Journal of the Electrochemical Society,1999,146(2):486-492.

[20] Smart M C,Ratnakumar B V,Ewell R C,et al. The use of lithium-ion batteries for JPL's Mars missions[J]. Electrochimica Acta,2018,268:27-40.

[21] Krause F C,Ruiz J P,Jones S C,et al. Performance of commercial Li-Ion cells for future NASA missions and aerospace applications[J]. Journal of the Electrochemical Society,2021,168(4):040504.

[22] Vassilaras Plousia,Ma Xiaohua,Li Xin,et al. Electrochemical properties of monoclinic NaNiO$_2$[J]. Journal of the Electrochemical Society,2013,160(2):A207-A211.

[23] Yabuuchi N,Kubota K,Dahbi M,et al. Research development on sodium-ion batteries[J]. Chemical Reviews,2014,114(23):11636-11682.

[24] Hirsh H S,Li Y,Tan D H S,et al. Sodium-ion batteries paving the way for grid energy storage[J]. Advanced Energy Materials,2020,10(32):2001274.

[25] 马琳,刘晨曦,王敏,等.推动我国钠离子电池产业化路径探析[J].信息记录材料,2022,23(03):

224-226.

[26] Bauer A, Song J, Vail S, et al. The scale-up and commercialization of nonaqueous Na-ion battery technologies[J]. Advanced Energy Materials, 2018, 8(17): 1702869.

[27] 陈福平, 曾乐才. 储能用钠离子电池的发展[J]. 上海电气技术, 2021, 14(02): 74-80.

[28] 陈海生, 李泓, 马文涛, 等. 2021 年中国储能技术研究进展[J]. 储能科学与技术, 2022, 11(03): 1052-1076.

[29] 马晓晴, 王璐, 吴卓彦. 三峡乌兰察布"源网荷储"试验基地创下多项"国内之最"[J]. 新能源科技, 2022(06): 23-24.

[30] Wu K, Dou X, Zhang X, et al. The sodium-ion battery: An energy-storage technology for a carbon-neutral world[J]. Engineering, 2022: S2095809922003563.

[31] Wang W, Gang Y, Hu Z, et al. Reversible structural evolution of sodium-rich rhombohedral Prussian blue for sodium-ion batteries[J]. Nature Communications, 2020, 11(1): 980.

[32] Babu C S, Lim C. Theory of ionic hydration: Insights frommolecular dynamics simulations and experiment [J]. The Journal of Physical Chemistry B, 1999, 103(37): 7958-7968.

[33] 浙江省人民政府. 浙江省人民政府办公厅关于印发工业和信息化部浙江省人民政府共同推进"中国制造 2025 浙江行动战略合作协议实施方案的通知. 2018.

[34] Lv C, Zhou X, Zhong L, et al. Machine learning: An advanced platform for materials development and state prediction in lithium-ion batteries[J]. Advanced Materials, 2022, 34(25): 2101474.

[35] Liu J, Bao Z, Cui Y, et al. Pathways for practical high-energy long-cycling lithium metal batteries[J]. Nature Energy, 2019, 4(3): 180-186.

[36] Matsuda S, Ono M, Yamaguchi S, et al. Criteria for evaluating lithium-air batteries in academia to correctly predict their practical performance in industry[J]. Materials Horizons, 2022.

[37] Arcelus O, Franco A A. Perspectives on manufacturing simulations of Li-S battery cathodes[J]. Journal of Physics: Energy, 2022, 4(1): 011002.

[38] 张义永. 锂-硫电池的原理及正极的设计与构建[M]. 北京: 冶金工业出版社, 2020.

[39] Chen Y, Wang T, Tian H, et al. Advances in lithium-sulfur batteries: From academic research to commercial viability[J]. Advanced Materials, 2021, 33(29): 2003666.

[40] Guo M, Gao L, Wei Y, et al. Solar transparent radiators based on in-plane worm-like assemblies of metal nanoparticles[J]. Solar Energy Materials and Solar Cells, 2021, 219: 110796.

[41] Mikhaylik Y, Kovalev I, Scordilis-Kelley C, et al. Sion Power's Licerion$^®$ Batteries[C]//ECS Meeting Abstracts. IOP Publishing, 2018(3): 302.

[42] Bugga K, Jones J P, Jones S, et al. Performance assessment of prototype lithium-sulfur cells from oxis energy[J]. 2018.

[43] Zong X, Li C. State Key Laboratory of Catalysis, Dalian Institute of Chemical Physics, Chinese Academy of Sciences and Dalian Laboratory for Clean Energy, Dalian, China[J]. Metal Oxides in Heterogeneous Catalysis, 2018: 355.

[44] 马季军. 化学电源技术[M]. 北京: 科学出版社, 2020.

[45] Kang J H, Lee J, Jung J W, et al. Lithium-air batteries: Air-breathing challenges and perspective[J]. ACS nano, 2020, 14(11): 14549-14578.

[46] Gallagher K G, Goebel S, Greszler T, et al. Quantifying the promise of lithium-air batteries for electric vehicles[J]. Energy & Environmental Science, 2014, 7(5): 1555-1563.

[47] Lee H C, Park J O, Kim M, et al. High-energy-density Li-O_2 battery at cell scale with folded cell structure[J]. Joule, 2019, 3(2): 542-556.

[48] Li S, Guo H, He S, et al. Advanced electrospun nanofibers as bifunctional electrocatalysts for flexible metal-air(O_2)batteries: Opportunities and challenges[J]. Materials & Design, 2022: 110406.

[49] 李平. 在新的历史起点上推进生态文明建设[J]. 社会主义论坛, 2021(10): 1.

[50] 朱梅, 徐献芝. 锌空气动力电池的应用与循环经济建设[J]. 中国资源综合利用, 2007(05): 38-40.

[51] 邓润荣,谭惠珠.锌空气电池的应用和技术现状[J].电池工业,2007(01):53-56.

[52] Zhao Zequan,Liu Bin,Fan Xiayue,et al. Methods for producing an easily assembled zinc-air battery[J]. MethodsX,2020,7:100973.

[53] Liu J,Zhao C,Wang J,et al. A brief history of zinc-air batteries:140 years of epic adventures[J]. Energy & Environmental Science,2022,15(11):4542-4553.

[54] 陈志城,李宗旭,蔡玲.柔性金属空气电池的发展现状及未来展望[J].储能科学与技术,2022,11(05):1401-1410.

[55] Fang W,Zhao J,Zhang W,et al. Recent progress and future perspectives of flexible Zn-air batteries[J]. Journal of Alloys and Compounds,2021,869:158918.

[56] Lang X,Hu Z,Wang C. Bifunctional air electrodes for flexible rechargeable Zn-air batteries[J]. Chinese Chemical Letters,2021,32(3):999-1009.

[57] 秦凤华.锌空气电池:储能新军[J].中国投资,2010(06):70-72.

[58] 洪为臣,马洪运,赵宏博.锌空气电池关键问题与发展趋势[J].化工进展,2016,35(06):1713-1722.

[59] Li W,Dahn J R,Wainwright D S. Rechargeable lithium batteries with aqueous electrolytes[J]. Science,1994,264(5162):1115-1118.

[60] Yi Z H,Chen G Y,Hou F,et al. Zinc-ion batteries:Strategies for the stabilization of Zn metal anodes for Zn-Ion batteries[J]. Advanced Energy Materials,2021,11(1):2170001.

[61] Ding J,Hu W B,Paek E,et al. Review of hybrid ion capacitors:From aqueous to lithium to sodium[J]. Chemical Reviews,2018,118(14):6457-6498.

[62] 宋子琛,张宝锋,童博,等.液流电池商业化进展及其在电力系统的应用前景[J].热力发电,2022,51(3):9-20.

[63] Ke X,Prahl J M,Alexander J I D,et al. Rechargeable redox Flow batteries:Flow fields,stacks and design considerations[J]. Chemical Society Reviews,2018,47(23):8721-8743.

[64] 谢聪鑫,李先锋,张华民,等.液流电池技术的最新进展[J].储能科学与技术,2017,6(05):1050-1057.

[65] 房茂霖,张英,乔琳,等.铁铬液流电池技术的研究进展[J].储能科学与技术,2022,11(5):1358-1367.

[66] 王江林,徐学良,丁青青,等.锌镍电池在储能技术领域中的应用及展望[J].储能科学与技术,2019,8(3):506-511.

[67] 物理化学学报编辑部.超级电容器研究展望——范壮军教授专访[J].物理化学学报,2020,36(02):7-8.

[68] Yang Y,Han Y,Jiang W,et al. Application of the supercapacitor for energy storage in China:Role and strategy[J]. Applied Sciences,2022,12(1):354.

[69] 王凯,李立伟,黄一诺.超级电容器及其在储能系统中的应用[M].北京:机械工业出版社,2020.

[70] Global Info Research. 2024超级电容器行业市场深度调研[EB/OL].(2024-4-19)[2024-4-24]. https://www.globalinforesearch.com.cn/news/2297/super-capacitors-and-ultra-capacitors.

[71] Hashemi M,Rahmanifar M S,El-Kady M F,et al. The use of an electrocatalytic redox electrolyte for pushing the energy density boundary of a flexible polyaniline electrode to a new limit[J]. Nano Energy,2018,44:489-498.

[72] Dubal D P,Chodankar N R,Kim D H,et al. Towards flexible solid-state supercapacitors for smart and wearable electronics[J]. Chemical Society Reviews,2018,47(6):2065-2129.

[73] Banerjee S,De B,Sinha P,et al. Applications of supercapacitors[M]//Handbook of Nanocomposite Supercapacitor Materials I. Berlin:Springer,2020:341-350.

[74] Sanjeev P,Padhy N P,Agarwal P. A new architecture for DC microgrids using supercapacitor[C]//2018 9th IEEE International Symposium on Power Electronics for Distributed Generation Systems(PEDG). IEEE,2018:1-5.

[75] 人民网.我国微电网技术走向"岛礁应用""十三五"后期将呈爆发式增长[EB/OL].(2019-7-24)[2024-4-19]. https://www.sohu.com/a/328917744 114731.

[76] 张国宝.亲历西藏电力建设与青藏联网工程[J].中国经济周刊,2015(35):38-41.

[77] 韩亚伟,姜挥,付强,等.超级电容器国内外应用现状研究[J].上海节能,2021.

[78] Lin Y, Fu L. A novel virtual admittance droop based inertial coordination control for medium-voltage direct current ship with hybrid energy storage[J]. Journal of Energy Storage, 2022, 56: 105962.

[79] EEWORLD. 安森美推出 NCP5680 超级电容之 LED 闪光驱动器[EB/OL]. (2009-6-25) [2024-4-19]. http://news.eeworld.com.cn/xfdz/2009/0625/article 1519.html.

[80] Moustakas K, Loizidou M, Rehan M, et al. A review of recent developments in renewable and sustainable energy systems: Key challenges and future perspective[J]. Renewable and Sustainable Energy Reviews, 2020, 119: 109418.

[81] Liu L, Feng Y, Wu W. Recent progress in printed flexible solid-state supercapacitors for portable and wearable energy storage[J]. Journal of Power Sources, 2019, 410: 69-77.

[82] Nipkow J, Schalcher M. Energy consumption and efficiency potentials of lifts[J]. Hospitals, 2006, 2: 3.

[83] Makar M, Pravica L, Kutija M. Supercapacitor-based energy storage in elevators to improve energy efficiency of buildings[J]. Applied Sciences, 2022, 12(14): 7184.

[84] Muzaffar A, Ahamed M B, Deshmukh K, et al. A review on recent advances in hybrid supercapacitors: Design, fabrication and applications[J]. Renewable and Sustainable Energy Reviews, 2019, 101: 123-145.

[85] 胡东明, 苏文胜, 王欣仁. 超级电容模块化在起重机械节能技术的应用研究[J]. 现代机械, 2020(03): 69-71.

[86] Şahin M E, Blaabjerg F, Sangwongwanich A. A comprehensive review on supercapacitor applications and developments[J]. Energies, 2022, 15(3): 674.

[87] Keum K, Kim J W, Hong S Y, et al. Flexible/stretchable supercapacitors with novel functionality for wearable electronics[J]. Advanced Materials, 2020, 32(51): 2002180.

[88] Niu S, Matsuhisa N, Beker L, et al. A wireless body area sensor network based on stretchable passive tags [J]. Nature Electronics, 2019, 2(8): 361-368.

[89] Liang J, Sheng H, Ma H, et al. Transparent electronic skin from the integration of strain sensors and supercapacitors[J]. Adv Mater Technol, 2022: 2201234.

[90] GB/T 34870.1—2017 超级电容器 第 1 部分: 总则[S].

"双碳"目标下电化学储能的绿色低碳可再生发展

近年来，国际能源格局正在发生重大变革，主体能源由化石能源向可再生能源过渡，可再生能源的规模化利用结合常规能源的清洁低碳生产已成为当前能源发展的基本趋势。为应对这一新趋势，世界各主要经济体均密集出台相关能源政策，以抢占能源资源和技术竞争的战略制高点。我国也坚定不移地启动了关于能源革命的"双碳"目标：大力推进"碳达峰、碳中和"，加快实现能源绿色低碳再生发展。在实施"双碳"目标过程中，电化学储能技术在可再生能源整合、电网调峰提效、区域供能、电动汽车等应用中发挥着关键作用，成为保障能源安全、落实节能减排、推动全社会绿色低碳可再生发展的重大战略需求，是未来能源系统的重要支撑。本章将主要介绍"双碳"目标下发展电化学储能技术的要求，及其在绿色低碳可再生发展方面的发展现状与相关政策。在电化学储能技术发展现状的基础上，围绕具有重要市场需求和应用前景的电化学储能技术，详细阐述了我国在能源领域未来的战略规划。

7.1 概述

7.1.1 "双碳"目标

温室气体的过量排放导致温室效应不断增强，对全球气候产生了不良影响。其中，二氧化碳是温室气体中最主要的部分，减少其排放量被视为解决气候问题最主要的途径，如何减少碳排放已成为全球性议题。

为承担解决气候变化问题中的大国责任、推动我国生态文明建设与高质量发展，2020年，习近平主席在第七十五届联合国大会一般性辩论上的讲话上提出："二氧化碳排放力争于 2030 年前达到峰值，努力争取 2060 年前实现碳中和"，指明我国面对气候变化问题要实现的"双碳"目标，其具体含义阐释如下。

（1）碳达峰

指碳排放量达峰，即二氧化碳排放总量在某一个时期达到历史最高值，之后逐步降低。其目标是在确定的年份实现碳排放量达到峰值，形成碳排放量由上涨转向下降的拐点；主要是通过控制化石能源消费总量、控制煤炭发电与终端能源消费、推动能源实现清洁化与高效化发展。碳达峰是碳中和实现的前提，碳达峰的时间和峰值高低会直接影响碳中和目标实现的难易程度[1]。

（2）碳中和

指人类活动排放的二氧化碳与人类活动产生的二氧化碳吸收量在一定时期内达到平衡。其中人类活动排放的二氧化碳包括化石燃料燃烧、工业过程、农业及土地利用活动排放等，人类活动吸收的二氧化碳包括植树造林增加碳吸收、通过碳汇技术进行碳捕集等。碳中和的目标是在确定的年份实现二氧化碳排放量与二氧化碳吸收量平衡；通过调整能源结构、提高资源利用效率等方式减少二氧化碳的排放，并通过碳的捕集、利用、生物能源等技术以及造林/再造林等方式增加二氧化碳的吸收[2]。

目前，我国已进入新发展阶段，推进"双碳"工作是破解资源环境约束突出问题、实现可持续发展的迫切需要，是顺应技术进步趋势、推动经济结构转型升级的迫切需要，是满足人民群众日益增长的优美生态环境需求、促进人与自然和谐共生的迫切需要，是主动担当大国责任、推动构建人类命运共同体的迫切需要。因此，积极稳妥推进"双碳"目标和绿色低碳发展，对于人类实现可持续发展至关重要。

7.1.2 "双碳"目标下的电化学储能

随着"双碳"目标的提出，绿色可再生能源将得到大力发展。为支撑大规模可再生能源并网运行，通常会要求配备高比例的储能。因此，储能成为了一个长期高确定、高增长的产业，是实现新型能源系统建设的关键一环。2021年，中共中央首次明确了储能是实现"双碳"目标的关键支撑技术，储能技术对新能源大规模普及的价值已充分体现并达成共识。同时，多省地方政府提出集中式"新能源＋储能"配套发展政策以支持储能的发展。在此背景下，储能将迎来更多的发展机遇。

近年来，我国颁布了一系列相关政策助力储能发展，如表7-1所示。2022年8月18日，科技部等九部门印发《科技支撑碳达峰碳中和实施方案（2022—2030年）》，重点内容包括研发压缩空气储能、飞轮储能、液态和固态锂离子电池储能、钠离子电池储能、液流电池储能等高效储能技术，还包括研发梯级电站大型储能等新型储能应用技术和相关储能安全技术，以及研究固态锂离子、钠离子电池等更低成本、更安全、更长寿命、更高能量效率、不受资源约束的前沿储能技术。此外，2022年3月21日，国家发展改革委、国家能源局正式印发《"十四五"新型储能发展实施方案》，该方案指出了新型储能的发展目标，即到2025年，新型储能由商业化初期步入规模化发展阶段，具备大规模商业化应用条件，且电化学储能技术性能进一步提升，系统成本降低30％以上；到2030年，新型储能全面市场化发展。

表 7-1 2022 年我国储能相关政策汇总[3]

时间	政策	重点内容
2022-11-18	《关于做好锂离子电池产业链供应链协同稳定发展工作的通知》	鼓励锂电生产企业、锂电一阶和二阶材料企业、锂镍钴等上游资源企业、锂电回收企业、渠道分销企业、物流运输企业等企业深度合作，引导上下游稳定预期、明确量价、保障供应、合作共赢
2022-10-31	《建立健全碳达峰碳中和标准计量体系实施方案》	围绕新型锂离子电池、铅炭电池、液流电池、燃料电池、钠离子电池等，开展系统与设备检验监测、性能评估、安全管理相关标准制修订
2022-10-9	《能源碳达峰碳中和标准化提升行动计划》	细化储能电站接入电网和应用场景类型，完善接入电网系统的安全设计、测试验收等标准。加快推动储能用锂电池安全、储能电站安全等新型储能安全强制性国家标准制定
2022-8-18	《科技支撑碳达峰碳中和实施方案（2022—2030年）》	研究前沿储能技术，如固态锂离子、钠离子电池等更低成本、更安全、更长寿命、更高能量效率、不受资源约束的前沿储能技术
2022-6-7	《关于进一步推动新型储能参与电力市场和调度运用的通知》	新型储能可作为独立储能参与电力市场，鼓励配建新型储能与所属电源联合参与电力市场，坚持以市场化方式形成价格，持续完善调度运行机制，发挥储能技术优势，提升储能总体利用水平

时间	政策	重点内容
2022-6-1	《"十四五"可再生能源发展规划》	创新储能发展商业模式,明确储能价格形成机制,鼓励储能为可再生能源发电和电力用户提供各类调节服务。创新协同运行模式,有序推动储能与可再生能源协同发展,提升可再生能源消纳利用水平
2022-3-21	《"十四五"新型储能发展实施方案》	指出新型储能发展目标,到2025年,新型储能由商业化初期步入规模化发展阶段,具备大规模商业化应用条件。电化学储能技术性能进一步提升,系统成本降低30%以上。到2030年,新型储能全面市场化发展
2022/2/10	《关于完善能源绿色低碳转型体制机制和政策措施的意见》	支持用户侧储能、电动汽车充电设施、分布式发电等用户侧可调节资源,以及负荷聚合商、虚拟电厂运营商、综合能源服务商等参与电力市场交易和系统运行调节

目前,储能行业处于多种储能技术路线并存阶段,如电化学储能、抽水储能、机械储能、电磁储能等方式。其中,电化学储能是当前应用范围最广、发展潜力最大的电力储能技术。目前,应用较广的电化学储能形式主要包括铅酸电池、镍-镉电池、镍-氢电池和锂离子电池。相比抽水储能,电化学储能受地理条件影响较小,建设周期短,可灵活运用于电力系统各环节及其他各类场景中。同时,随着成本持续下降、商业化应用日益成熟,电化学储能技术的优势愈发明显,逐渐成为储能新增装机的主流。在未来,随着锂电池产业规模效应进一步显现,其成本仍有较大下降空间,发展前景广阔。根据储能产业技术联盟(CNESA)的数据统计,截至2020年底,电化学储能投运项目累计占比已达到9.2%,其中锂离子电池约为88.8%。2023年全年我国新增电化学储能装机规模达到19.7GW。此外,随着产业链的日渐成熟,钠离子电池也将登上电化学储能应用的舞台,在储能行业中逐步推广。

随着国家绿色低碳循环经济发展,达成"双碳"目标成为迫切需求。为了让储能电池的资源得到最大化利用,选择低碳生产,是责任也是当务之急。作为减少污染排放的重要途径以及实现减少碳排放的重要手段,低碳生产已经成为各国环保事业的大趋势,其核心目标是"节能、降耗、减污、增效",从源头采取预防性措施从而节约能源资源,保护环境。对于电化学储能行业,随着资源的日益消耗及生产规模的大幅扩大,产生的污染物排放也逐年增加,因此实施低碳生产,对降低消耗、减少排放、助力可持续发展、实现"双碳"目标具有重要意义。

除了低碳生产外,电化学储能的绿色再生利用也尤为重要。然而,随着电化学储能器件的出货量剧增,废旧器件带来的环境效应和潜在危害日益凸显。例如,电池所含的重金属等物质一旦进入环境(如土壤、水体等),将对人体造成不同程度的危害;废旧电池中的有机电解液,对环境和生物毒害巨大且存在燃烧爆炸的风险,带来巨大的安全隐患。为避免废旧电池带来的严重环境污染,发展储能电池的回收技术迫在眉睫,亟需开发合适的处理方法,将储能电池中的有价金属回收再利用,提高储能电池的经济效益。因此,在"十四五"发展时期,我国大力发展循环经济,打造绿色、节约型社会体系,强调储能资源的循环持久应用。2021年,国家发展改革委发布《"十四五"循环经济发展规划》,将废旧动力电池循环利用列入所部署的五大重点工程和六大重点行动之中。工业和信息化部表示,近几年要进一步健全电池的回收利用体系,支持高效拆解、再生利用等技术攻关,不断提高回收比率和资源利用效率,着力推动并规范电池的回收利用。从工业和信息化部于2023年发布的数据来看,2022我国回收利用的废旧动力电池达到10.2万吨,而2023年废旧动力电池综合利用量达到22.5万吨,废旧动力电池的回收效率明显提升。目前,我国在废旧储能电池的资源化处理和再生利用方面还处于起步阶段，仍然具有很大的发展空间。妥善做好电化学储能的低碳生产和绿色再生发展，将有效促进电池金属原料的循环利用，减少对源头矿产资源的依赖和环境污染，助力"双碳"目标的实现。

7.2 电化学储能的清洁生产

7.2.1 清洁生产的含义

清洁生产这一概念，最早由联合国环境规划署提出使用，旨在提高资源利用效率，减少和避免污染物的产生，保护和改善环境，保障人体健康，促进经济与社会可持续发展。随着清洁生产实践的不断深入，其定义一再更新，在其诞生后的近十年中不断完善，其原则和方法不仅适用于生产过程，而且逐步扩展到产品系统和服务活动中，向着产品和服务生命周期的全过程发展，已由针对一般工业行业扩展到包括服务行业在内的整个国民经济体系中。其定义由只阐述环境重要性发展到阐述包括经济效益和环境效益的分析，形成了当前国际广为流行采用的术语[4]。

《中国 21 世纪议程》中清洁生产的定义：清洁生产是指既可满足人们的需要又可合理使用自然资源和能源并保护环境的实用生产方法和措施，其实质是一种物耗和能耗最少的人类生产活动的规划和管理，将废物减量化、资源化和无害化，或消灭于生产过程之中，同时对人体和环境无害的绿色产品的生产亦将随着可持续发展进程的深入而日益成为产品生产的主导方向。

2012 年 7 月 1 日起实施的新修正的《中华人民共和国清洁生产促进法》第二条对清洁生产给出了实用化的定义："本法所称清洁生产，是指不断采取改进设计、使用清洁的能源和原料、采用先进的工艺技术与设备、改善管理、综合利用等措施，从源头削减污染，提高资源利用效率，减少或者避免生产、服务和产品使用过程中污染物的产生和排放，以减轻或者消除对人类健康和环境的危害。"

从上述概念可以看出，清洁生产不仅是指生产场所的清洁，还包括生产过程及产品的全生命周期的零污染，以及产品的绿色和清洁。清洁生产一经提出，得到许多国家和企业的积极推进和实践，其最大的生命力在于可取得环境效益和经济效益的"双赢"，是实现经济与环境协调发展的根本途径。

7.2.2 清洁生产的实施

我国开展与清洁生产相关的活动已有较长的时间，早在 20 世纪 70 年代就曾提出了"预防为主，防治结合"的方针，强调要通过调整产业布局、调整产品结构、技术改造和"三废"的综合利用等手段防治工业污染。自此，我国政府开始逐步推行清洁生产工作。在联合国环境规划署、世界银行的援助和许多外国专家的协助下，中国启动和实施了一系列清洁生产的项目，清洁生产从概念、理论到实践在中国都得到了广泛传播。

在清洁生产实施方面，新建、改建和扩建项目应当进行环境影响评价，对原料使用、资源消耗、资源综合利用以及污染物产生与处置等进行分析论证，优先采用资源利用率高以及污染物产生量少的清洁生产技术、工艺和设备。企业在进行技术改造过程中，应当采取以下清洁生产措施。

① 采用无毒无害或者低毒低害的原料，替代毒性大、危害严重的原料；

② 采用资源利用率高、污染物产生量少的工艺和设备，替代资源利用率低、污染物产生量多的工艺和设备；

③ 对生产过程中产生的废物、废水和余热等进行综合利用或者循环使用;

④ 采用能够达到国家或者地方规定的污染物排放标准和污染物排放总量控制指标的污染防治技术[5]。

国家对列入强制回收目录的产品和包装物,实行有利于回收利用的经济措施。对于产品和包装物的设计,应当考虑其在生命周期中对人类健康和环境的影响,优先选择无毒、无害、易于降解或者便于回收利用的设计方案。企业应当对产品进行合理包装,减少包装材料的过度使用和包装性废物的产生。

在企业的污染排放监督方面,企业应当对生产和服务过程中的资源消耗以及废物的产生情况进行监测,并根据需要对生产和服务实施清洁生产审核。污染物排放超过国家和地方规定的排放标准或者超过经有关地方人民政府核定的污染物排放总量控制指标的企业,应当实施清洁生产审核。

使用有毒、有害原料进行生产或者在生产中排放有毒、有害物质的企业,应当定期实施清洁生产审核,并将审核结果上报所在地的县级以上地方人民政府生态环境行政主管部门和经济贸易行政主管部门。

7.2.3 电池行业清洁生产评价指标体系

为贯彻《中华人民共和国环境保护法》和《中华人民共和国清洁生产促进法》,指导和推动电池企业依法实施清洁生产,提高资源利用率,减少和避免污染物的产生,保护和改善环境,国家发展和改革委员会、生态环境部、工业和信息化部于 2015 年发布了《电池行业清洁生产评价指标体系》[6]。

该指标体系依据综合评价所得分值将清洁生产等级划分为三级:Ⅰ级为国际清洁生产领先水平;Ⅱ级为国内清洁生产先进水平;Ⅲ级为国内清洁生产一般水平。随着技术的不断进步和发展该评价指标体系将适时修订。

（1）电池行业清洁生产评价指标体系适用范围

该指标体系规定了电池企业清洁生产的一般要求。该指标体系包括铅蓄电池、锌系列电池、镍电池、镍-氢电池、锂离子电池、锂原电池生产企业的清洁生产评价指标。该指标体系不适用体系中未涉及的电池原料制造企业的清洁生产评价。该指标体系将清洁生产指标分为六类,即生产工艺及设备要求、资源和能源消耗指标、资源综合利用指标、产品特征指标、污染物产生（控制）指标和清洁生产管理指标。

该指标体系适用于电池企业清洁生产审核、清洁生产潜力与机会的判断、清洁生产绩效评定和清洁生产绩效公告、环境影响评价、排污许可证管理等环境管理制度。

（2）清洁生产评价指标体系

该评价指标体系根据清洁生产的原则要求和指标的可度量性,进行指标选取。根据评价指标的性质,可分为定量指标和定性指标两种。

定量指标选取了有代表性的、能反映"节能"、"降耗"、"减污"和"增效"等有关清洁生产最终目标的指标,综合考评企业实施清洁生产的状况和企业清洁生产程度。定性指标根据国家有关推行清洁生产的产业发展和技术进步政策、资源环境保护政策规定以及行业发展规划选取,用于考核企业对有关政策法规的符合性及其清洁生产工作实施情况。

不同类型电池企业清洁生产评价指标体系的各评价指标、评价基准值和权重值见表 7-2~表 7-6。

表 7-2　铅蓄电池评价指标项目、权重及基准值[6]

序号	一级指标	一级指标权重	二级指标	单位	二级指标权重	Ⅰ级基准值	Ⅱ级基准值	Ⅲ级基准值
1	生产工艺及设备要求	0.2	铅粉制造		0.1	铅锭冷加工造粒技术	铅锭冷加工造粒技术	熔铅造粒技术
2			和膏		0.05	自动全密封和膏机		
3			涂膏		0.05	自动涂膏技术与设备灌浆或挤膏工艺		
4			板栅铸造		0.1	车间、熔铅锅封闭；采用连铸辊式、拉网式板栅和卷绕式电极等先进技术	车间、熔铅锅封闭；采用集中供铅重力浇铸或挤膏技术	
5			化成		0.1	内化成	内化成	外化成
5					0.15	车间封闭；酸雾收集处理	车间封闭；废酸回收利用	车间封闭；酸雾收集处理；外化成槽封闭
5					0.1	能量回馈式充电机	能量回馈式充电机	电阻消耗式充电机工艺
6			极板分离		0.1	采用机械化分板刷板（耳）工艺		
7			组装		0.15	整体密封；采用机械化包板、称板设备	整体密封；采用自动烧焊机或铸焊机等自动化生产设备	
8			配酸和灌酸（配胶与灌胶）		0.1	密闭式自动灌酸机（灌胶机）		
9	资源和能源消耗指标	0.2	*单位产品取水量 起动型铅蓄电池	$m^3/(kV \cdot A \cdot h)$	0.4	0.08	0.10	0.12
9			动力用铅蓄电池			0.09	0.10	0.11
9			工业用铅蓄电池			0.13	0.15	0.17
9			组装			0.02	0.022	0.025
10			*单位产品综合能耗 起动型铅蓄电池	$kgce/(kV \cdot A \cdot h)$	0.4	4.5	4.8	5.3
10			动力用铅蓄电池			4.2	4.8	5.0
10			工业用铅蓄电池			3.8	4.2	4.5
10			组装			1.8	2.2	2.4
11			铅消耗量 起动型铅蓄电池	$kg/(kV \cdot A \cdot h)$	0.2	18	19	20
11			动力用铅蓄电池			21	22	24
11			工业用铅蓄电池			20	21	22

序号	一级指标	一级指标权重	二级指标		单位	二级指标权重	Ⅰ级基准值	Ⅱ级基准值	Ⅲ级基准值
12	资源综合利用指标	0.1	水重复利用率		%	1	85	75	65
13	产品特征指标	0.1	*产品镉含量		10^{-6}	1		20	
14	污染物控制指标	0.2	*单位产品废水产生量	起动型铅蓄电池	$m^3/(kV \cdot A \cdot h)$	0.2	0.07	0.09	0.11
				动力用铅蓄电池			0.08	0.09	0.10
				工业用铅蓄电池			0.11	0.13	0.15
				组装			0.015	0.02	0.022
15			*单位产品废水总铅产生量	起动型铅蓄电池	$g/(kV \cdot A \cdot h)$	0.3	0.2	0.26	0.32
				动力用铅蓄电池			0.25	0.27	0.3
				工业用铅蓄电池			0.3	0.4	0.45
				组装			0.03	0.04	0.05
16			*单位产品废气总铅控制量	铅蓄电池	$g/(kV \cdot A \cdot h)$	0.5	0.06	0.1	0.12
				组装			0.02	0.04	0.05
17	清洁生产管理指标	0.2					参见表7-6		

注:带*的指标为限定性指标。

表7-3 锌系列电池企业指标项目、权重及基准值[6]

序号	一级指标	一级指标权重	二级指标		单位	二级指标权重	Ⅰ级基准值	Ⅱ级基准值	Ⅲ级基准值
1	生产工艺及设备要求	0.2	拌粉			0.4	自动控制、密闭搅拌混合技术		
2			组装			0.4	自动装配线		
3			封口			0.2	自动涂胶机、封口机、封口剂预热采用电加热		
4	资源和能源消耗指标	0.2	*单位产品取水量	糊式锌锰电池	m³/万只	0.5	1.0	1.1	1.3
				纸板锌锰电池、碱锰电池、叠层电池			0.4	0.5	0.6
				扣式碱锰电池、扣式氧化银电池、扣式锌空气电池			0.35	0.4	0.45
5			*单位产品综合能耗		kgce/万只	0.5	9	10	11
6	资源综合利用指标	0.1	水重复利用率		%	1	40	30	20
7	产品特征指标	0.1	*产品汞含量	糊式锌锰电池	μg/g	1		120	
				纸板锌锰电池、碱锰电池、叠层电池				1	
				扣式碱锰电池、扣式氧化银电池、扣式锌空气电池				5	
8	污染物产生指标	0.2	*单位产品废水产生量	糊式锌锰电池	m³/万只	0.6	0.9	1.0	1.2
				纸板锌锰电池、碱锰电池、叠层电池			0.35	0.45	0.55
				扣式碱锰电池、扣式氧化银电池、扣式锌空气电池			0.3	0.35	0.4
9			*单位产品总汞产生量	糊式锌锰电池	g/万只	0.4	0.4	0.5	0.6
				纸板锌锰电池、碱锰电池、叠层电池			0.03	0.04	0.05
				扣式碱锰电池、扣式氧化银电池、扣式锌空气电池			0.05	0.07	0.1
10	清洁生产管理指标	0.2					参见表7-6		

注：带*的指标为限定性指标。

表 7-4 镍镉电池企业指标项目、权重及基准值[6]

序号	一级指标	一级指标权重	二级指标		单位	二级指标权重	Ⅰ级基准值	Ⅱ级基准值	Ⅲ级基准值
1	生产工艺及设备要求	0.1	化成			0.5	机械化分选配组设备	封口化成	人工分选配组设备
2			装配			0.5			
3	资源和能源消耗指标	0.3	*单位产品取水量	烧结工艺	m³/(万 A·h)	0.5	80	90	100
				发泡工艺			1.2	1.4	1.5
4			*单位产品综合能耗	烧结工艺	kgce/(万 A·h)	0.5	3000	3200	3500
				发泡工艺			80	100	120
5	资源综合利用指标	0.1	水重复利用率		%	1	70	60	50
6	污染物产生指标	0.3	*单位产品废水产生量	烧结工艺	m³/(万 A·h)	0.5	55	60	65
				发泡工艺			0.8	0.9	1.0
7			*单位产品总镉产生量	烧结工艺	g/(万 A·h)	0.25	80	90	130
				发泡工艺			1.2	1.5	2.0
8			*单位产品总镍产生量	烧结工艺	g/(万 A·h)	0.25	80	90	130
				发泡工艺			1.2	1.5	2.0
9	清洁生产管理指标	0.2					参见表 7-6		

注: 1. 带*的指标为限定性指标。

2. 氢镍电池、锌镍电池参照执行。

第 7 章 "双碳"目标下电化学储能的绿色低碳可再生发展

表 7-5 锂离子电池/锂原电池企业指标项目、权重及基准值[6]

序号	一级指标	一级指标权重	二级指标	单位	二级指标权重	I级基准值	II级基准值	III级基准值
1	生产工艺及设备要求	0.2	合浆		0.1		密闭进料	
2			涂布		0.5	间歇式涂布		连续式涂布
3			放电		0.4	能量回馈式		电阻消耗式
4	资源和能源消耗指标	0.3	*单位产品取水量	m³/(万 A·h)	0.5	1.2	1.5	1.8
5			*单位产品综合能耗	kgce/(万 A·h)	0.5	350	400	600
6	资源综合利用指标	0.1	水重复利用率	%	0.5	80	75	70
7			*NMP（N-甲基吡咯烷酮）回收率	%	0.5	97	95	90
8	污染物产生指标	0.2	*单位产品废水产生量	m³/(万 A·h)	0.5	0.8	1.0	1.2
9			*单位产品 COD$_{Cr}$ 产生量	kg/(万 A·h)	0.25	0.2	0.25	0.3
10			*总钴产生量	g/(万 A·h)	0.25	0.8	1.0	1.2
11	清洁生产管理指标	0.2				参见表 7-6		

注：带*的指标为限定性指标。

表 7-6 电池企业清洁生产管理指标项目基准值[6]

序号	一级指标	二级指标		二级指标权重	I级基准值	II级基准值	III级基准值
1		*环境法律法规标准执行情况		0.1	符合国家和地方有关环境法律、法规，废水、废气、噪声等污染物排放达到国家和地方污染物排放总量控制指标和排污许可证管理要求	废水、废气、噪声等污染物排放符合国家和地方排污许可证管理要求	污染物排放应符合国家和地方排放标准；不使用国家和地方明令淘汰的落后工艺装备和机电设备
2		*产业政策执行情况		0.1	生产规模符合国家和地方相关产业政策以及区域环境规划		
3		清洁生产审核情况		0.1	按照国家和地方要求，开展清洁生产审核		
4		环境管理体系		0.1	按照 GB/T 24001 建立并运行环境管理体系，环境管理手册、程序文件及作业文件齐备	对生产过程中的环境因素进行控制，有完整的操作规程，建立相关专业管理制度、各种管理制度、清洁生产审核制度和程序，特别是固体废物（包括危险废物）的转移制度	对生产过程中的主要环境因素进行控制，有操作规程、清洁生产审核程序、清洁生产管理制度和必要管理制度
5	清洁生产管理指标	环境管理制度		0.05	有健全的企业环境管理机构；制定有效的环境管理制度	有完善的环境管理制度；环保档案管理情况良好	
6		*环境应急预案		0.1	按《突发环境事件应急预案管理暂行办法》相关要求	制定企业环境风险应急预案，应急设施、物资齐备	物资齐备，并定期培训和演练
7		*危险化学品管理		0.05	符合《危险化学品安全管理条例》相关要求		
8		水污染物排放管理		0.03	*厂区排水实行清污分流，雨污分流，污污分流		
				0.02	含盐废水有效处理	含重金属的洗浴废水和洗衣废水应按重金属废水处理	
9		污染物排放监测	在线监测设备	0.02	安装废气、废水重金属在线监测设备	安装废水重金属在线监测设备	
			监测能力建设	0.03	具备自行环境监测能力；对污染物排放状况及其对周边环境的影响开展自行监测	具备自行环境监测能力；对污染物排放状况及其对周边环境质量影响开展自行监测	具备自行环境监测能力；对污染物排放状况自行开展监测
10		*排放口管理		0.05	排污口符合《排污口规范化整治技术要求（试行）》相关要求		
11		*固体废物处理处置	一般固体废物	0.02	一般固体废物按照 GB 18599 相关规定执行		
			危险废物	0.08	对危险废物（如含重金属污泥、含重金属劳保用品、含重金属包装物的）进行处理处置，应支持有危险废物经营许可证的单位进行处置（包括减少危险废物产生量的措施）；应向在地市级以上地方人民政府环保行政主管部门申报危险废物的产生、收集、贮存、运输、处置等有关资料。应针对各级以上地方人民政府环保行政主管部门在地方以上地方人民政府环保行政主管部门备案	对危险废物进行处理、利用、贮存、处置，制定意外事故防范措施和应急预案，向所在地方政府行政主管部门申报危险废物产生种类、产生量、流向、贮存、利用、运输、处置	应按照 GB 18597 相关规定并在所在地县级以上人民政府危险废物贮存、利用、处置并符合减少危险废物产生量的措施以及危险废物种类、产生量、流向、贮存、处置，向所在地方政府制定意外事故防范措施和应急预案自行监测
12		能源计量器具配备情况		0.05	计量器具配备率符合 GB 17167、GB 24789 三级计量要求	计量器具配备率符合 GB 17167、GB 24789 二级计量要求	GB 17167、GB 24789 二级计量要求
13		环境信息公开		0.05	按照《企业事业单位环境信息公开办法》公开环境信息，按照 HJ 617 编写企业环境报告书	按照《企业事业单位环境信息公开办法》公开环境信息	按照《企业事业单位环境信息公开办法》公开环境信息
14		相关方环境管理		0.05	对原材料供应方、生产协作方、相关服务方提出环境管理要求		

注：带*的指标为定性指标。

（3）指标解释

① 单位产品计量单位　根据传统的统计方法，一次电池、小型二次电池和铅蓄电池产量的统计单位通常不同，为了便于计算和计量，锌-锰电池、镍-镉和镍-氢电池、锂离子电池单位量按现价万元产值计，铅蓄电池单位量按 $kW \cdot h$ 计。

② 耗电量　每生产 $1kW \cdot h$ 电池或完成 1 万元产值电池的总耗电量，计算公式为：

$$耗电量[(kW \cdot h)/(kW \cdot h)电池或万元产值] = \frac{企业年工业用电总量(kW \cdot h)}{电池年产量或总产值(kW \cdot h 或万元)}$$

③ 新鲜水消耗量　每生产 $1kW \cdot h$ 电池或完成 1 万元产值电池所消耗的生产用新鲜水量，计算公式为：

$$新鲜水消耗量\left(\frac{t}{kW \cdot h 电池或万元产值}\right) = \frac{企业年新鲜水用量(t)}{电池年产量或总产值(kW \cdot h 或万元)}$$

④ 水重复利用率　工业用水的重复利用水量与外补新鲜水量和重复利用水量之和的比，计算公式为：

$$水重复利用率(\%) = \frac{重复利用水量(t)}{补充新鲜水量(t) + 重复利用水量(t)}$$

⑤ 主要原材料消耗　根据电池产品特点，锌-锰电池生产企业主要原材料消耗按每完成 1 万元产值消耗的金属锌计算；镍-镉和镍-氢电池生产企业主要原材料消耗按每完成 1 万元产值消耗的 $Ni(OH)_2$ 计算；锂离子电池生产企业主要原材料消耗按每完成 1 万元产值消耗的 $LiCoO_2$（或 $LiMn_2O_4$ 等其他类型正极活性物质）计算；铅蓄电池生产企业主要原材料消耗按每生产 $1kW \cdot h$ 电池消耗的铅计算。计算公式为：

$$主要原材料消耗[kg/(kW \cdot h 电池)] = \frac{主要原材料年耗用量(kg)}{电池年产量或总产值(kW \cdot h 或万元)}$$

⑥ 废水量　每生产 $1kW \cdot h$ 电池或完成 1 万元产值电池排放的废水量，计算公式为：

$$废水量[t/(kW \cdot h)电池或万元产值] = \frac{年排放废水量(t)}{电池年产量或总产值(kW \cdot h 或万元)}$$

⑦ 主要污染物排放浓度　主要污染物排放浓度取生态环境部门对企业废水监督检测结果的平均值。锌-锰电池主要污染物按废水中的总汞、总镉、总铅考核；镍-镉和镍-氢电池主要污染物按废水中的总镉、总镍、pH 值考核；锂离子电池除清洁用水外，生产过程不使用水，废水排放少，因主要原材料使用 $LiCoO_2$，废水主要污染物按总钴量考核，基准值按饮用水标准；锂离子电池极板生产通常使用 N-甲基吡咯烷酮（NMP）等有机溶剂，产生废气，废气主要污染物按 NMP 排放浓度考核，如使用其他有机溶剂，基准值按建设项目环境影响报告中的标准值；铅蓄电池主要污染物按废水中的总铅、总镉、pH 值考核；其他电池参照以上方法考核。

⑧ 化学需氧量（COD）　化学需氧量（COD）取生态环境部门对企业废水监督检测结果的平均值。

⑨ 产品综合品级　产品综合品级计算公式为：

$$G_1 = \sum_{i=1}^{n} D_i P_i$$

式中，G_1 为产品综合品级；n 为不同品级电池品种数；D_i 为第 i 种电池品级的基准值；P_i 为第 i 种电池产值百分比。

⑩ 优质品评价指数　优质品评价指数（G_2）计算公式与产品综合品级计算公式相同（按产值百分比计算）。

中国名牌产品、国家级优质产品基准值为 1，省级名牌和省级、全国行业优质产品基准值为 0.5，其他产品为 0。

⑪ 产品一次合格率　产品一次合格率指电池组装线产出合格品的量与投入量之比。投入量统一按电池外壳计（锌-锰电池外壳按锌筒）。

⑫ 设备有效运转率　设备有效运转率是指指定工作时间内实际完成的电池产量与理论产量的比值，按电池组装线平均，计算公式为：

$$设备有效运转率(\%) = \frac{实际产量}{理论产量(生产线设计机速 \times 工作时间)}$$

⑬ 有关部门管理体系　产品特征指标中质量体系认证是指 ISO 9000 质量管理体系认证。环境管理与安全卫生指标中，环境管理体系认证包括 ISO 14000 环境管理体系认证与 ISO 28000 职业健康安全管理认证。

7.3　电化学储能的绿色再生

7.3.1　绿色再生的含义

根据 2018 年中国物资再生协会发布的《绿色再生管理体系要求》，"绿色再生"是资源再生的可持续发展模式，目标是在资源再生过程中，应用风险控制思维和生命周期思维使得再生过程资源消耗极少、对环境影响极小、对人体健康与安全危害极小，最终实现企业经济效益、社会效益和环境效益的持续协调优化。

7.3.2　绿色再生的实施

7.3.2.1　绿色工厂

根据 2016 年工业和信息化部发布的《绿色工厂评价要求》，"绿色工厂"是制造业的生产单元，是绿色制造的实施主体，属于绿色制造体系的核心支撑单元，侧重于生产过程的绿色化，具备用地集约化、生产洁净化、废物资源化、能源低碳化等特点。绿色工厂应在保证产品功能、质量以及制造过程中员工职业健康安全的前提下，引入生命周期思想，满足基础设施、管理体系、能源与资源投入、产品、环境排放、环境绩效的综合评价要求。

众所周知，绿色工厂是实现可持续发展的重要方式。绿色工厂的一个重要特征是提高节能效率，节约能源并减少对自然环境的影响。它还能改善工厂环境，减少空气和水污染，以及排放有毒物质的可能性。有了绿色工厂，工厂可以降低生产成本，提高产品质量，创造更多的就业机会，同时也能够改善社会环境。

绿色工厂的建设不仅需要政府部门的支持，企业也应承担起责任，充分利用技术，采用更加环保和节能的方法，以及设计更加可持续的流程，以减少资源的消耗。此外，工厂也应该制定不断完善的安全管理制度和专业的技术标准，来确保安全生产和环境保护，以及满足消费者的要求。

总之，绿色工厂是实现可持续发展的重要手段，政府和企业应该加强合作，采取更加有效的政策和技术，以促进电化学储能行业关于绿色工厂的发展，为人类带来更加美好的未来。

7.3.2.2　绿色供应链

根据《中国制造2025》关于绿色制造体系建设的工作部署，"绿色供应链"是绿色制造标准化建设的重点对象。绿色供应链包括绿色供应链构建、绿色采购、绿色营销、绿色物流及仓储和回收及综合利用。绿色供应链管理将全生命周期管理、生产者责任延伸理念融入传统的供应链管理工作中，依托上下游企业间的供应关系，以核心企业为支点，通过绿色供应商管理、绿色采购等工作，推动链上企业持续提升环境绩效，进而扩大绿色产品供给。

绿色供应链的实施必须符合客户期望和政府法规，涵盖从原材料和能源到消费者最终产品的每个阶段，以确保企业的可持续性发展。它要求企业在提供产品服务的同时，也要考虑到社会和环境的影响，并参与到社会的可持续发展中去。

电化学储能企业如果要实施绿色供应链，必须不断研究新的技术，改进原有的流程，提高能源效率，减少能源消耗，改善生产工艺和管理流程，减少废弃物和有害物质的排放，以及提高产品的可回收利用率。其中，环境管理体系（EMS）是绿色供应链实施的基础，它旨在通过环境数据的收集、识别、测量、监控、改善和报告来减少环境影响。此外，绿色供应链的实施还可以通过技术创新和协作实现，例如，可以采用节能技术、使用可再生能源、改进安全标准和运输方式，以及采取其他措施来提高整体能源效率。

例如，在"碳达峰、碳中和"战略背景下，中共中央明确构建以新能源为主体的新型电力系统，传统的火力发电行业也面临着转型的挑战。2022年7月1日，华电国际莱城发电厂磷酸铁锂与铁铬液流电池长时储能电站项目启动。该项目除了发挥传统电网调频和调峰的功能，还具备有长时储能的能力。莱城电厂厂区分布式光伏项目充分利用厂内生产厂房及办公区域等闲置房屋设置光伏发电，并就近接入新能源汽车充电站配电系统，可以实现自发自用、余电上网。既能够提高发电量，还能够用于公交车、出租车、私家车等的充电，加快企业绿色低碳转型发展。

总之，电化学储能企业通过实施绿色供应链，可以改善自身的经营状况，提高利润，满足客户要求，维护环境，加强企业的社会责任，同时也能改善环境状况，实现可持续发展。

7.3.3　电池行业绿色再生评价指标体系

建立电池行业绿色再生评价指标体系的总指导思想是：以经济和社会的可持续发展为指针，以实现企业与自然、企业与社会的和谐发展为目的，以绿色企业的基本特征为依据，以系统分析、整体把握为主线，以全面推行企业的"绿色度"为切入点，坚持"经济发展"和"环境保护"并重，科学、系统地构建绿色企业的评价指标体系，并探讨其评价方法。

电池行业绿色再生评价指标体系应具有科学性、系统性、可行性和可操作性，从而指导电池相关企业不断提升自身的"绿色度"，推动企业可持续化建设；同时也为判定企业的"绿色度"水平提供了一个客观的评价标准和方法，进而为推动企业的建设和发展找到一个可供衡量的体系，为企业制定绿色发展战略提供一个可供参照的系统。

目前，考虑到不同企业对资源利用以及环境影响的差异性，参照国际、国内和地方的法律、法规对环境的要求，求同存异，归纳共性，保留个性，把企业的环境属性、资源属性、可持续发展属性纳入绿色度评价体系中，根据影响企业绿色度的各种因素，将其划分为不同的评价方面，形成不同评价层次，在每一个层次中根据对企业绿色度的影响，确定具体评价指标及其重要程度。

其中，企业绿色度属性既有定量成分又有定性成分，而且包含的因素很多，具有明显的层次特性。因此，企业绿色度的评价是一个多层次、多因素的综合评价问题，评价体系具有多指标、多属性、多层次的特征。在处理对不同的方案进行排序和寻优等决策问题时，层次分析法（AHP）已被实践证明是一种简单有效的工具。所以，本节是基于层次分析法来构建电池行业的绿色再生评价指标体系。

该评价指标体系是以企业的环境属性、资源属性、可持续发展属性为基础，构建层次分析法评价模型[7]。首先依照层次分析法的思想，对影响企业绿色度的各项指标和因素进行层次分析，评价体系共划分为了三个层次，即目标层、准则层、方案层。根据评价体系中各评价指标所属类型，划分成不同的指标层次，形成一个多层次的分析结构模型。

7.4 废旧电池的资源化

7.4.1 铅酸电池

7.4.1.1 废旧铅酸电池的环境影响

废旧铅酸动力电池对环境污染危害大，2023 年我国年报废铅酸动力电池 700 万吨左右，呈逐年增长的态势。而我国也是为数不多的废旧铅酸动力电池 100% 回收的国家之一，美中不足的是在回收、储存、处置、利用的过程中，出现了大量的环境污染现象，诸如废旧铅酸动力电池回收过程中出现的倒酸、私自拆解、私自冶炼等问题。

废旧铅酸动力电池中含有的主要污染物质包括大量的重金属铅及酸、碱等电解质溶液，其中铅对于环境和人体健康有较大危害。从环保的角度来看，废旧铅酸动力电池是对环境和人类健康危害最大的一种动力电池，如不采取较完善的回收制度，处置不当的废旧铅酸动力电池将分解出重金属和有毒废液，对生态平衡和人体健康造成严重威胁。人体急性或慢性摄入铅，会不同程度地造成神经、代谢、生殖及精神等方面的疾病，严重时会导致死亡。

7.4.1.2 废旧铅酸电池的资源化处理

为贯彻《中华人民共和国环境保护法》，完善环境技术管理体系，指导污染防治工作，保障人体健康和生态安全，以及引导行业绿色循环低碳发展，生态环境部组织于 2016 年制定了《铅蓄电池生产及再生污染防治技术政策》，修订了《废电池污染防治技术政策》。《废电池污染防治技术政策》对于废旧铅酸动力电池应该如何处理并防止污染有明确的阐述，并鼓励开展对废旧动力电池资源再生技术的研究，开发经济、高效的废旧动力电池资源再生工艺，提高废旧动力电池的再生率。可见，废旧铅酸动力电池的回收再利用技术符合国家最新政策，具有良好的产业前景，也必将得到有力的政策支持。

废旧铅酸动力电池的资源回收利用价值很高，蕴藏有以数百亿元计的潜在市场。将废旧铅酸动力电池的资源回收利用产业化，无论是设立工厂集中处理，还是组织专业服务公司开展业务，都具有巨大的商业价值和重要的社会意义。

拆解后的废旧铅酸动力电池物料主要包括塑料外壳、废酸、隔板纸、未被腐蚀的电极、板栅和铅膏，应针对不同物料采用不同的回收技术。

① 塑料外壳：成分为丙烯腈-丁二烯-苯乙烯共聚物（ABS），可通过破碎→清洗→制

粒→成型→再生塑料产品。

② 废酸：加石灰中和。

③ 隔板纸：燃烧深埋。

④ 未被腐蚀的电极、板栅：未被腐蚀的电极、板栅其主要成分为铅锑合金，现代极板还含有少量钙、铝等元素，因未被腐蚀，其成分基本没有变化，如果废旧铅酸动力电池来源较为单一，可以重新熔融再铸成极板使用。否则可铸成阳极板，使用 $PbSiF_6 + H_2SiF_6$ 作为电解液，电解精炼，生产电解铅。

⑤ 铅膏：主要成分为 $PbSO_4$、PbO_2、Pb、PbO，此部分物料需要通过冶金手段进行处理后回收，回收手段分为火法和湿法两种。

a.火法处理：回收废旧铅酸动力电池的方法主要是借鉴铅冶炼工艺手段，利用氧化-还原熔炼法，在鼓风炉和反射炉内进行氧化还原熔炼。反应时除加入焦炭作为还原剂外，还加入一些铁屑、碳酸钠、石灰石、石英、萤石等作为造渣剂，使锡、锑等杂质进入渣系。火法冶炼的特点在于流程短，处理量大，但回收率较低，污染大，铅的品质不高。

b.湿法处理：可以分为脱硫、还原、电解三个部分。首先，铅膏用 $NaOH$ 和 $(NH_4)_2CO_3$ 进行脱硫反应，还原反应主要是将 PbO_2 还原成 PbO，可采用 Na_2SO_3 作为还原剂。最后将沉淀过滤出来，用硅氟酸溶解，作为电解液，采用石墨或涂有 PbO_2 的钛板作为阳极，铅或不锈钢板作阴极电解，电解时阴极上析出铅。回收的铅纯度达到 99.9% 以上，铅的回收率在 95% 以上；副产品为 Na_2SO_4，可将脱硫、还原后的滤液蒸发结晶，回收 Na_2SO_4 晶体。湿法冶炼的特点是回收率高，铅产品纯度高，污染较小，浸出液可循环利用，但流程较长，设备维护费用较高[8]。

7.4.1.3 废旧铅酸电池的再生利用

近年来，越来越多的人意识到废旧铅酸电池再生利用的重要性。其中，修复液修复法是一种废旧铅酸电池再生利用的重要技术，指的是将修复液加入废旧铅酸电池后，智能修复设备对电池施加安全电压，具有催化作用的修复液促进难溶的硫酸铅晶体分解，分解产物铅和二氧化铅回到电解液中，从而消除硫化、疏通负极板空隙，使得铅酸电池修复再生。

另一种技术是可以回收废旧铅酸电池中的电能。它需要将废旧铅酸电池放入电池再生装置中，通过特定的电路回收剩余的电能。这种技术可以更有效地回收废旧铅酸电池中的电能，从而减少新电池的生产，节约能源。

此外，废旧铅酸电池可以用于燃料电池的生产。燃料电池是利用化学反应产生电能的装置，可以将废旧铅酸电池中的铅和酸组合成专用燃料，然后将其放入燃料电池中，产生电能。这种技术有助于减少对新能源的依赖，节省能源。

每组铅酸电池的使用年限为 2~3 年，翻新电池一般只能用两三个月，这意味着每年会产生大量的铅酸废旧电池。浙江长兴的天能电池集团股份有限公司通过科技创新，在长兴、濮阳兴建了两个再生铅生产基地，电池的分解率提高至 98% 左右，铅回收率达到 99.9% 以上，而且酸液能全部回收，成为生产新电池的原材料，实现了经济和环境效益双丰收。此外，广东深圳的格林美股份有限公司通过互联网平台进行电子废弃物的回收利用，成为开采"城市矿山"第一股等。

总之，废旧铅酸电池的再生利用是一项重要的技术，它可以有效地保护环境，节约资源，减少新电池的生产，减少对能源的依赖。未来，应采取有效措施，大力推动废旧铅酸电池的再生利用。

7.4.2 镍-镉电池

7.4.2.1 废旧镍-镉电池的环境影响

在镍-镉电池生产过程中，排放的主要污染物为镉、镍等重金属。含镉废水主要来自电池化成负极车间或电解镉负极生产车间，Cd^{2+} 浓度为 $0.5\sim3mg/L$，Ni^{2+} 浓度为 $0.5\sim40mg/L$，在镍-镉电池正极生产和装配工序中还会产生含镍及其化合物的废气。

镉类化合物毒性很大，与其他金属（如铜、锌）的协同作用会增加其毒性，对水生物、微生物、农作物都有毒害作用。此外，镉是很强的积累性毒物，玉米、蔬菜、小麦等对其具有富集性，人体组织也对其具有积聚作用。其中，镉进入人体后，主要累积于肝、肾等器官，引起骨节变形、神经痛、分泌失调等症状。水体中镉浓度为 $0.01\sim0.02mg/L$ 时，对鱼类有毒性影响；浓度为 $0.1mg/L$ 时，可破坏水体自净能力。口服镉盐中毒潜伏期极短，经 $10\sim20min$ 即可发生恶心、呕吐、腹痛、腹泻等症状，严重者伴有眩晕、大汗、虚脱、上肢感觉迟钝、麻木，甚至可能休克。众所周知的"骨痛病"首先发生在日本的富山省通川流域，这是一种典型的镉公害病。原因是镉慢性中毒，导致镉代替了骨骼中的钙而使骨质变软，患者长期卧床，营养不良，最后导致废用性萎缩、并发性肾功能衰竭和感染等并发症而死亡。

7.4.2.2 废旧镍-镉电池的资源化处理

镍-镉电池的负极是由泡沫镍或穿孔不锈钢带作极板、Cd 与 Cd（OH）$_2$ 作活性物质组成的，正极则以泡沫镍极板附着 Ni（OH）$_2$ 和少量 Ni、Co 粉末或其他微量添加剂构成。每节 5 号电池大约含镍 5.5g，镉 2.7g，铁 6.8g。发达国家对废旧镍-镉电池的回收利用都非常重视，主要是避免废旧电池的随意丢弃而造成镉对环境的污染。钴和镍从资源回收角度也具有重大的经济价值。

废旧镍-镉电池的回收方法可以分为火法冶金和湿法冶金两种处理方法。

（1）火法冶金过程

火法冶金处理废旧镍-镉电池是通过高温熔炼将镉从电池中分离出来，这一过程简单实用，比较容易实现工业化，因而已经被广泛采用。多数研究者还是首先将电池破碎，并在还原剂存在条件下蒸馏回收镉。但火法冶金没有对其他有价值的金属例如镍、钴等进行有效的回收，而且能量消耗很大，因而从经济角度和资源回收角度来看，还有不完善的地方。

（2）湿法冶金过程

湿法冶金过程首先是将废旧镍-镉电池用硫酸或盐酸溶液浸取，使金属以离子的形式转移到溶液中，然后通过化学沉淀、电化学沉积、溶剂萃取等手段将不同的金属分离出来，达到回收利用的目的。具体处理流程为：废旧镍-镉电池先放电处理、自然干燥，然后进行热处理，去除隔膜、电解液、黏结剂等，再通过多级破碎分选回收铁、铝、铜等金属，剩余的电极材料经浸出、沉淀除杂、萃取提纯得到镍、钴盐纯化液。得到的镍、钴盐纯化液可用于生产化工镍盐、钴盐及合成生产电池的原料等[9]。

7.4.2.3 废旧镍-镉电池的再生利用

近年来，越来越多的人意识到废旧镍-镉电池再生利用的重要性。镍-镉电池是一种典型的可再生资源，它可以被回收利用，而无需进行任何化学反应，从而节省能源和资源。现有的技术可以有效回收废旧镍-镉电池中的有用成分，从而减少对环境的影响。

　　废旧镍-镉电池的再生利用技术可以分为两类：物理分离和化学分离。物理分离技术是最常用的技术，它可以有效分离镍-镉电池中的电解质和粉末状的回收物。它的优点是简单、快速、低成本，但也有一些缺点，如产生大量废物，造成环境污染。化学分离技术可以有效回收镍、镉和其他有用金属，比如铁、锌、铜和锂，但是这种技术相对较复杂，耗时长，也存在一些安全问题，如放射性污染和酸性废液的处理。

　　此外，还有一种新兴的废旧镍-镉电池再生利用技术，即生物转化技术。该技术通过使用微生物来分解镍-镉电池中的有毒物质，从而获得有用的物质，如镍、镉和锂，并将其转化为可再生能源。这种技术有着良好的环境效益，但仍面临着一些技术上的挑战，如低效率和高成本。

　　总而言之，废旧镍-镉电池的再生利用技术是一项重要的技术，具有可持续发展的潜力。只有开发更有效、安全、低成本的技术，才能真正实现废旧镍-镉电池的可持续利用和可再生利用。

7.4.3　镍-氢电池

7.4.3.1　废旧镍-氢电池的环境影响

　　作为一种"绿色环保电池"，镍-氢电池是在镍-镉电池的基础上发展起来的，它和镍-镉电池、锂离子电池一样，属于二次电池。镍-氢电池虽然不含汞、镉、铅等对环境有极大危害的重金属元素，但含有大量的镍、钴等金属元素。金属镍具有致癌性，对水生生物有明显的危害，中毒的症状是皮炎、呼吸器官障碍和呼吸道癌。而金属钴渗透性很强，极易进入皮肤内层，产生红细胞过多症，引起肺部病变和肠胃损害，也具有致癌性。若把废旧镍-氢电池混入生活或工业垃圾中一起填满或随意丢弃，经过长期的机械磨损和腐蚀，镍、钴等金属元素和电解质溶液可以从中渗出，造成严重的镍、钴污染，危害到大气、土壤、水体，最终影响到人类身体健康。另外，镍-氢电池中含有的镍、钴和稀土金属等为稀缺、用途广泛、品位低、价值较高的有价金属。

7.4.3.2　废旧镍-氢电池的资源化处理

　　废旧镍-氢动力电池中含有镍、钴、稀土元素等，是丰富的"二次资源"。回收废旧镍-氢动力电池具有极大的资源回收意义，也具有重要的环境保护意义，资源化回收体现了循环经济和可持续发展的理念。从材料角度看，构成镍-氢动力电池的电极材料只是暂时失去了使用价值，其基本特征并未发生变化。

　　镍-氢电池中的稀土元素广泛应用于电子、石油化工、冶金等领域，随着稀土资源的开采利用，稀土资源日益紧张，而废旧镍-氢动力电池中含有大量的稀土元素，因此对废旧镍-氢动力电池中稀土元素的回收不仅可以减少环境污染，还能缓解日益紧张的资源压力。加大废旧镍-氢动力电池的回收力度，不仅有益于减少镍-氢动力电池的生产成本，还能够有效促进社会经济效益的提升，对社会的可持续发展有着极为重要的现实意义。典型的废旧镍-氢电池中最有回收价值的是 Ni、Co 及稀土金属元素。

　　目前国内外回收再利用废旧镍-氢电池的技术主要包括机械回收法、火法冶金回收法、湿法冶金回收法、生物冶金回收法、正负极分开处理技术等。

　　（1）机械回收法

　　废旧镍-氢动力电池机械回收处理技术也可称为选矿技术，通常作为火法冶金和湿法冶金的预处理步骤或补充，主要是根据物质的密度、导电性、磁性和韧性等差异来处理废旧镍-氢动力电池。机械回收法相比于湿法及火法，无需使用化学试剂，且能耗更低，是一种环境友好且高效的方法。基于废旧镍-氢动力电池的结构特点，采用破碎筛分与气流分选组合工艺对其进行分离富集，以实现废旧镍-氢动力电池中有价材料的高效分离回收。

机械回收法采用高速旋转粉碎机、风力摇床及振动筛等设备，对废旧镍-氢动力电池进行处理的主要步骤有粉碎、筛分、磁选（分出树脂材料、金属材料、金属氧化物颗粒和石墨）、再破碎、再磁选等。

机械回收法的处理过程是单纯的物理过程，不涉及高温焙烧和化学反应，是一种高效、无污染的处理技术，但由于废旧镍-氢动力电池的组分复杂，单一的机械回收法很难全面回收废旧镍-氢动力电池中的有价金属。因此，通常将机械回收法与其他方法联合使用，达到有效回收有价金属的目的。

（2）火法冶金回收法

火法冶金回收法又称焚烧法或干法冶金法，火法冶金回收法是以回收 Ni_2Fe 合金为目标的废旧镍-氢动力电池处理方法，主要利用废旧镍-氢动力电池中各元素的沸点差异进行分离、熔炼。通过高温焚烧去除废旧镍-氢动力电池电极材料中的有机黏结剂，同时使其中的金属及其化合物发生氧化还原反应，以冷凝的形式回收低沸点的金属及其化合物，对炉渣中的金属采用筛分、热解、磁选或化学方法等进行回收。火法冶金对原料的组分要求不高，适合大规模处理废旧镍-氢动力电池，但燃烧必定会产生部分废气，污染环境，且高温处理对设备的要求也较高，同时还需要增加净化回收设备等，处理成本较高。

（3）湿法冶金回收法

湿法冶金技术是利用废旧镍-氢动力电池内部各种化合物及金属能够溶解于酸溶液中的特性，对其进行溶解以促使其形成离子溶液，并运用化学沉淀、置换以及选择性浸出等回收方式，对其中的有价金属进行回收的一种技术。

湿法冶金工艺比较适合回收化学组成相对单一的废旧镍-氢动力电池，可以单独使用，也可以联合火法冶金一起使用，对设备要求不高，处理成本较低，是一种很成熟的处理方法，适合中小规模废旧镍-氢动力电池的回收。

湿法冶金工艺需要先将废旧镍-氢动力电池经过机械粉碎、去碱液、磁选和重力分离处理后，分离出含铁物质；然后再用酸浸，溶解电极辅料，过滤去除不溶物，得到含镍、钴、稀土元素、锰、铝等金属的盐溶液；最后再利用化学沉淀、萃取、置换等手段使有价金属得到有效回收。湿法冶金处理废旧镍-氢动力电池工艺流程如图 7-1 所示。

湿法回收处理所得金属产物纯度较火法处理所得产物高，但工艺流程复杂，处理成本较高，目前难以实现生产工业化。与火法冶金相比，湿法冶金在废旧镍-氢电池的回收处理研究应用领域仍然有很大的发展空间。

（4）生物冶金回收法

废旧镍-氢动力电池的生物冶金回收法也称生物沥滤法，其技术原理源于矿业的生物湿法处理技术。生物冶金回收法是利用嗜酸微生物及其代谢物的直接作用或间接作用，产生氧化、还原、结合、吸附或溶解作用，并将其中的不溶性成分进行分离与浸提。生物冶金回收法的优缺点都较为显著，其优点是工艺流程简单、操作便捷、环境友好、能源消耗低、成本较低、重金属溶出率高、无须高温高压操作、微生物可以重复利用，与传统的火法冶金和湿法冶金回收法相比，是一种很有前景的处理技术；缺点则是培养微生物菌类要求条件苛刻、

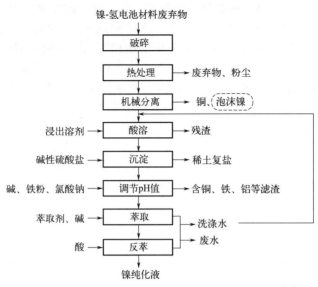

图 7-1　湿法冶金处理废旧镍-氢动力电池工艺流程[10]

培养时间长、浸出效率低，工艺有待进一步改进。

（5）正负极分开处理技术

由于废旧镍-氢动力电池的正负极板、隔膜等构件较易分离，因此正负极分开处理技术引起人们的重视。其处理过程总体上是先将镍-氢动力电池各组件分离，然后对不同类型的材料采用不同的方法进行处理。对于正极活性物质，先将其浸在酸溶液中，经沉淀分离与电沉积技术结合处理，可有效回收其中的镍、钴等金属，对负极材料处理类似于湿法冶金技术。镍-氢动力电池采用正负极分开处理技术进行回收利用，具有投资最少、效率高等优点。

7.4.3.3　废旧镍-氢电池的再生利用

随着能源行业的发展，废旧镍-氢电池的再生利用技术也变得越来越重要。镍-氢电池是一种高效耐用的电池，可以用来存储能量，而再生利用可以帮助我们更好地利用有限的资源，减少对环境的影响。

首先，应该重视对废旧镍-氢电池的收集和分类，以便更有效地进行再生利用。废旧镍-氢电池应该根据电池类型、容量、电压、温度等特征进行分类，并且应该尽量减少镍-氢电池的污染，以免污染环境。

其次，应采用有效的技术进行废旧镍-氢电池的再生利用。可以采用回收利用技术，以重新激活废旧镍-氢电池的性能；也可以采用拆解分解技术，将废旧镍-氢电池拆解分解成其各部件；还可以采用溶解技术，将废旧镍氢电池的各个部件和元件溶解分解成原材料，以便重新利用。

最后，应该采用有效的废旧镍-氢电池回收利用系统来实现废旧镍-氢电池的再生利用。该系统应该包括废旧镍-氢电池的收集、分类、拆解、溶解等步骤，以及针对不同类别镍-氢电池的特定再生利用技术。

总之，废旧镍-氢电池的再生利用技术有收集和分类技术、回收利用技术、拆解分解技术和溶解技术，以及废旧镍-氢电池回收利用系统等。通过采用这些技术，可以有效减少废旧镍-氢电池对环境的污染，并有效地利用废旧镍-氢电池资源，为新能源产业的发展做出贡献。

7.4.4 锂离子电池

7.4.4.1 废旧锂离子电池的环境影响

我国车用动力电池绝大多数为锂离子电池,锂离子电池虽然不含汞、镉、铅等毒害性较大的重金属元素,但也会带来环境污染。比如废旧锂离子电池的电极材料一旦进入环境中,可与环境中其他物质发生水解、分解、氧化等化学反应,产生重金属离子、强碱和负极炭粉尘,造成重金属污染、碱污染和粉尘污染。电解质进入环境中,可发生水解、分解、燃烧等化学反应,产生 HF、含砷化合物和含磷化合物,造成氟污染和砷污染。锂离子电池材料也包含一些有价值的材料。有研究表明,回收锂离子电池可节约 51.3% 的自然资源,包括减少 45.3% 的矿石消耗和 57.2% 的化石能源消耗。

锂离子电池被普遍认为是环保的绿色离子电池,但锂离子电池的回收不当同样会产生污染。锂离子电池的正负极材料、电解液等对环境和人体的影响仍然较大。如果采用普通垃圾处理方法处理锂离子电池(填埋、焚烧、堆肥等),锂离子电池中的钴、镍、锂、锰等金属,以及各类有机、无机化合物将造成金属污染、有机物污染、粉尘污染、酸碱污染。锂离子电池的有机转化物,如六氟磷酸锂($LiPF_6$)、六氟合砷酸锂($LiAsF_6$)、三氟甲磺酸锂($LiCF_3SO_3$)、氢氟酸(HF)等溶剂和水解产物如乙二醇二甲醚(DME)、甲醇、甲酸等都是有毒物质。因此,废旧锂离子电池需要经过回收处理,以减少对环境和人类身体健康的危害[11]。

7.4.4.2 废旧锂离子电池的资源化处理

由工业和信息化部电子信息司数据可知,2021 年全国锂离子电池产量为 324GW·h,同比增长 106%,其中消费、动力、储能型锂离子电池产量分别为 72GW·h、220GW·h、32GW·h,分别同比增长 18%、165%、146%。据研究机构测算,正极材料、隔膜、电解液增幅接近 100%,锂离子电池全行业总产值突破 6000 亿元。因此对废旧锂离子电池进行回收再利用具有经济与环保的双重意义。

新能源汽车的飞速发展意味着废旧锂离子电池将随之大量出现,报废高峰期即将到来。我国新能源汽车自 2014 年进入爆发增长阶段,按照乘用车电池 4~6 年使用寿命测算,2014 年产乘用车用动力电池在 2018 年开始批量进入报废期;商用车数量较少,但商用车搭载电池容量更高,因此其报废量也较大。根据中国新能源汽车动力电池回收利用产业协同发展联盟发布的数据,2023 年我国产生约 12.1 万吨退役锂离子电池,2030 年将产生 105.8 万吨的退役锂离子电池(148.7GW·h),如图 7-2 所示。

废旧动力电池回收行业发展空间大,吸引了众多企业纷纷入局,具有资质的企业有望增加。在巨大市场空间的吸引及国家"十四五"循环经济发展目标等的引领下,众多企业加速布局动力电池回收及梯次利用业务:2020 年动力电池回收企业注册量为 2579 家,同比增长 253.3%,如图 7-3 所示。但目前符合《新能源汽车废旧动力蓄电池综合利用行业规范条件》的企业只有几十家,其中包括华友钴业、格林美、厦门钨业、光华科技、邦普循环、中天鸿锂等企业,未来随着行业规范化增强,具有资质的企业数量有望增加。

随着锂离子电池报废量的日益增加,其回收处理技术受到越来越多的研究者关注。目前锂离子电池的回收研究主要针对正极材料,因为废旧锂离子电池中有价金属如锂、钴、镍等均主要存在于正极材料中,所以一般来说废旧锂离子电池的资源化处理过程就是对正极材料中有价金属元素进行分离纯化以及再利用的过程[12]。

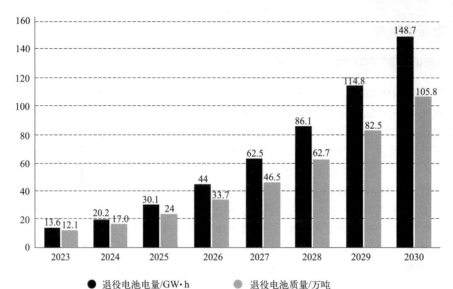

图 7-2　动力锂离子电池退役规模及预测[11]

图 7-3　2011～2020年中国动力电池回收相关企业注册量及同比增长率[12]

　　近年来，废旧锂离子电池资源化处理的主要方式是拆解回收，这种方式大多应用在三元电池中，这是由于三元电池中富含有价金属，并且锂的平均含量显著高于我国开发利用的锂矿，同时镍和钴都是价值较高的有色金属，因此拆解回收具有较高经济价值。其中，三元电池中镍含量为12.1%，钴含量为3%，锂的平均含量为1.9%，显著高于我国开发利用的锂矿（锂矿山中Li_2O平均品位为0.8%～1.4%，对应到锂含量仅0.4%～0.7%）。此外，随着新能源汽车的推广，动力锂电池的需求增长，国内锂需求也随之爆发，锂的价格从2016年开始飙升。我国虽然锂矿资源丰富，但是幅员辽阔以及开采难度高等导致产出较少，锂资源供给有限，90%以上的需求都依赖进口。与此同时，镍和钴元素都是价值较高的有色金属，其中镍的价格目前在11万元/吨左右，钴的价格在21万元/吨左右。钴作为战略资源，我国钴矿资源较少，目前探明储量8万吨，仅占世界钴储量的1.12%，且国内钴矿品位低，回收率低，生产成本高，供需缺口导致进口依存度高[13]。因此，积极推进废旧锂离子电池中有价金属的高效回收与资源化处理，有利于稀缺资源的循环利用、缓解资源压力，并促进电化学储能领域的可持续发展。

目前，废旧三元电池的拆解回收主要采用破碎分选的方法，其工艺流程依次为盐水放电、机械破碎、粒径分选、密度分选等，三元材料锂离子电池拆解工艺流程如图 7-4 所示。

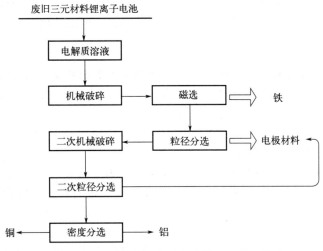

图 7-4 三元材料锂离子电池拆解工艺流程

此外，拆解回收方法按提取工艺可分为 3 大类：火法回收工艺、湿法回收工艺、联合回收工艺。综合利用各种方法对金属材料进行回收，金属的回收率和纯度基本均可达 90％以上。

（1）火法回收工艺

火法回收工艺是将经过预处理之后的废旧电池材料在高温条件下进行冶炼，一般还需要一定的还原性气氛，将电池正极材料进行还原分解，得到各有价金属单质，最终得到合金产品，实现对废旧锂离子电池中有价金属的分离回收。

当前，火法回收工艺可以分为如下几个主要步骤：a.通过高温焚烧分解去除废旧动力电池电极材料中的有机黏结剂，使材料实现分离；b.经过高温焚烧，废旧动力电池中的金属会氧化、还原并分解，形成蒸气挥发，以冷凝的形式回收低沸点的金属及其化合物；c.对炉渣中的金属采用筛分、热解、磁选或化学方法等进行回收。具体工艺流程如图 7-5 所示。

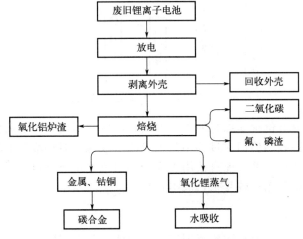

图 7-5 废旧锂离子电池火法回收流程

火法回收工艺具有反应迅速、生产效率高、对原料适应范围广、预处理要求低等优点，对于处理品位高的原料比较合适。所以火法回收工艺适合大规模地处理废旧锂离子电池这种规格种类多、结构复杂、金属含量高的原料，但是其能耗高、高温焙烧过程中易产生有害气体、产品纯度较低、需进一步提纯等不利因素也值得进一步关注研究。

（2）湿法回收工艺

湿法回收是锂电池最常用且成熟的技术。使用化学溶剂将镍、钴、锰、锂等金属离子从正极材料中转移到浸出液中，再通过离子交换、吸附和共沉淀等方式，使金属离子形成无机盐或氧化物，如碳酸锂、硫酸镍、硫酸钴等。

当前，湿法工艺回收废旧锂离子电池是研究最多和应用最广泛的工艺方法。一般来说，该工艺可以分为如下几个主要步骤。

① 预处理：通过放电、拆解破碎、筛分分离等流程，对正极材料进行分选和富集。

② 湿法浸出：使用有机、无机酸对富集后得到的正极材料进行浸出，获得含镍钴锰等有价金属盐溶液。

③ 有价金属分离回收：净化除杂后的浸出液一般再通过化学沉淀法、有机萃取法等方法将各种有价金属元素分离出来，获得相应的高附加值产品。具体工艺流程如图 7-6 所示。

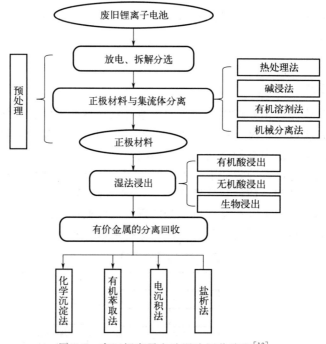

图 7-6　废旧锂离子电池湿法回收流程[13]

湿法回收工艺具有有价金属综合回收率较高、纯度高等优点，目前已广泛应用于中小规模废旧锂离子电池的回收。但回收过程用到大量的酸或碱，对环境影响较大，并且湿法回收一般得到的是金属氧化物，并不能直接用来作为动力电池正极材料，后续利用回收得到的金属氧化物制备正极材料工艺比较复杂，成本较高。

（3）联合回收工艺

考虑到火法回收工艺对原料适应范围广，而湿法回收工艺回收率高的优点，一些研究者提出火法与湿法工艺相结合的联合回收工艺。

联合回收工艺可以分为如下几个主要步骤：a.先通过火法工艺将正极材料在高温条件下焙烧，将正极活性物质从铝箔上剥离，筛分获得正极焙烧产物；b.再采用湿法工艺的浸出、净化除杂、萃取等方法，对正极材料中有价金属进行分离回收，得到相应的产品。

通过火法工艺，能将正极活性材料中的有价金属元素转变为湿法工艺易于浸出处理的形态，并且减少后续湿法工艺浸出过程中还原剂的使用。所以火法与湿法工艺的结合，对提高生产效率、降低成本、简化工艺流程具有重要意义，受到了越来越多研究者的关注。

7.4.4.3 废旧锂离子电池的再生利用

目前，废旧锂离子电池再生利用的主要技术是对退役的电池进行梯次利用，梯次利用技术是一种可持续发展的技术，可以有效减少废旧锂离子电池的堆积量，减少对环境和人类健康的危害。

废旧锂离子电池梯次利用的含义是筛选从电动汽车上退役后还具有初始容量的60%～80%容量的动力电池，经过重新检测分析、筛选之后，用于其他运行工况相对简单、对电池性能要求较低的领域。例如：作为储能材料，进行谷电峰用，平滑分布式电源功率波动；作为通信基站的备用电源；用在低速电动车、电动摩托车等对电池性能要求相对较低的场景等。从应用领域看，退役动力电池在储能和低速电动车等领域有着巨大的应用潜力，由于技术目前还相对不成熟，在利用过程中仍存在安全问题。同时，由于缺乏行业标准，不同类型电池回收之后进行统一再利用存在困难期，梯次利用总体还处于示范性应用阶段，但目前国内已有了成功的案例。

梯次利用的电池多为磷酸铁锂电池，三元材料电池由于富含丰富的有价金属，通常直接拆解回收。目前汽车上使用最多的动力电池为磷酸铁锂电池和三元材料电池，磷酸铁锂电池容量衰减程度远远小于三元材料电池。三元材料电池循环次数在2500次左右时，电池容量衰减到80%，此后相对容量随着循环次数的增多呈现迅速衰减趋势，故梯次循环次数较少，再利用价值极低；而磷酸铁锂电池容量随循环次数的增多呈缓慢衰减趋势，当电池容量衰减到80%后，从汽车上退役下来的磷酸铁锂电池仍有较多循环次数，有较高梯次利用价值。动力锂离子电池梯次利用和回收再利用的闭环模式如图7-7所示。

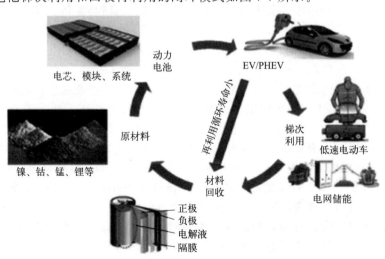

图 7-7　动力锂离子电池再利用常态化闭环模式[11]

梯次利用的锂离子电池可以用于电力系统储能、通信基站备用电源、低速电动车等领域，废旧锂离子电池的梯次利用场景如图7-8所示。此外，梯次电池相比铅酸电池在循环寿命、能量密度、高温性能等方面具备一定优势，各项性能指标优于铅酸电池，因此具有非常广阔的发展前景。

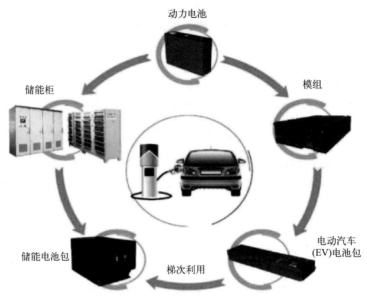

图 7-8　锂离子电池梯次利用场景[11]

目前，我国锂离子电池回收以动力电池拆解回收为主，未来梯次利用将成为主流方向。其中，宁德时代通过构建起"电池生产—使用—梯次利用—回收与资源再生"的产业闭环，提高了锂离子电池材料的回收效率。据创始人曾毓群表述，目前他们的回收技术对镍、钴、锰的回收率已经达到了99.3%，锂的回收利用率也达到了90%以上。此外，比亚迪依托自身在动力电池领域的技术、销量、渠道优势，自建电池回收产能，完成产业链闭环。在动力电池拆解回收领域，比亚迪采取精细化拆解、材料回收、活化再生综合三步策略。通过精细化拆解，可获得正极材料粉末、负极石墨、铜箔集流体、铝箔集流体、外壳、盖板及塑料附件等原料，电池回收率达到90%以上。特斯拉也将回收的废旧电池分解为高价值原材料，如镍、钴、锂等，再进行熔炼和制造，从而实现了资源的最大化利用。2020年，特斯拉回收了1300t的镍、400t的铜、80t的钴，回收利用率也达到了92%。

此外，格林美在国内率先提出"资源有限、循环无限"的产业理念，积极倡导开采"城市矿山"，突破性解决了中国在废旧电池、电子废弃物与报废汽车等典型废弃资源绿色处理与循环利用领域的关键技术。格林美积极与电池厂商合作，将废电池及电池废料进行绿色提取和处理后，生产出三元前驱体或正极材料作为原料交给电池厂。通过开发高低温催化活化"原生化"技术、晶格修复技术等，实现失效镍、钴、钨元素的"性能修复"与材料再制造，镍、钴回收率超过98.5%。在锂资源回收方面，格林美采用超精准定向提取技术与内源铝氟吸附纯化技术，成功实现废旧三元离子电池中全组分金属回收到电池级原料的再造，解决了传统工艺中锂回收率低的难题，锂的回收率超过90%。当然，国内外做动力电池回收类似的企业还有很多，其具体的动力电池回收布局及工艺如表7-7所示。

通过废旧锂离子电池的梯次利用技术，可以有效解决废旧锂离子电池堆积量的问题，减少对环境和人类健康的危害。但是，废旧锂离子电池的梯次利用技术仍然存在一些技术难点，比如收集和处理难度较大，处理过程中可能会产生有害物质等。为了有效利用废旧锂离子电池，应该加强技术研究，改进梯次利用技术，以保护环境和人类健康，实现可持续发展。

表 7-7　国内外动力电池回收布局及工艺

| 公司 | 梯次利用布局 | 拆解回收布局 | | 产能/产量 |
		三元电池回收工艺	磷酸铁锂回收工艺	
格林美	√	湿法＋火法	未知	2021 年梯级利用突破 1.0GW·h，处理了 0.42 万吨废旧三元电池，0.42 万吨废旧磷酸铁锂电池。目前公司动力电池回收的产能设计总拆解处理能力 21.5 万吨/年，再生利用 10 万吨/年
邦普循环	√	湿法	湿法	宁德时代控股邦普循环已成为目前中国最大的废旧电池循环基地，废旧电池处理总量超 12 万吨/年
赣锋循环	√	湿法＋火法	湿法＋火法	2021 年年报显示，公司已形成退役锂电池拆解及金属综合回收 3.4 万吨/年的回收处理能力，其中形成磷酸铁锂电池处理能力 2 万吨/年，退役磷酸铁锂电池回收国内市场占有率排名第一，退役三元锂电池回收国内市场占有率前三
天奇股份	√	湿法	湿法	三元电池回收产能：天奇金泰阁技改项目，2022 年第三季度建成投产 5 万吨。磷酸铁锂回收产能：目前已经完成中试，预计 2023 年第一季度建成投产，届时将形成 5 万吨产能
华友循环	√	湿法工艺为主，火法作为阶段性快速补上供应链的基础		梯次利用方面分别与大众、丰田合作，现有动力电池回收处理能力超过 6.5 万吨/年
光华科技	√	湿法＋火法	化学法＋物理法	目前公司具备 1 万吨梯次利用、1 万吨废旧三元电池回收产能，2022 年第三季度新增 1 万吨磷酸铁锂回收产能
赛德美	√		物理法	
中伟循环	√	火法	未知	目前中伟循环的废旧动力电池综合回收利用项目于 2021 年建成并投入使用，项目实现 2.5 万吨/年镍钴金属冶炼及综合回收利用产能

7.5　总结与展望

本章在"双碳"目标背景下，围绕电化学储能的绿色低碳可再生发展展开介绍，概述了我国力争于 2030 年前达到"碳达峰"，2060 年前实现"碳中和"的战略规划，梳理了电化学储能绿色再生的含义与实施，以及评价指标体系，还介绍了几种用于电化学储能的废旧电池的资源化处理过程，并对废旧电池的再生利用进行了简要阐述。

发展新能源是我国的国家战略，也是"双碳"目标的有力抓手，电化学储能技术是新能源发展的技术瓶颈。了解电化学储能的设计及应用、电化学储能的绿色低碳可再生发展，对于新能源和电化学储能领域都极为重要。综合来看，加强对电化学储能的绿色低碳可再生发展，有利于降低消耗、减少排放、助力"双碳"国家长期目标的加速实现。

思考题

1.简要概述"双碳"目标的具体内容。

2.对电化学储能绿色再生的含义和实施进行简单描述。

3.废旧锂离子电池的资源化主要包括哪几个方面？请简要概述。

参考文献

[1] 刘振亚.实现碳达峰碳中和的根本途径[N].学习时报,2021-03-17.

[2] 陈迎.碳中和概念再辨析[J].中国人口·资源与环境,2022,32(4):1-12.

[3] 黎江涛,尹斌,傅鸿浩,等.双碳驱动能源革命,储能迎历史性发展契机[N].华鑫证券研究报告,2022-08-30.

[4] 苏荣军,郭鸿亮,夏至,等.清洁生产理论与审核实践[M].北京:化学工业出版社,2019.

[5] 王力臻.化学电源设计[M].北京:化学工业出版社,2008.

[6] 国家发展和改革委员会、生态环境部、工业和信息化部.电池行业清洁生产评价指标体系[S].2015.

[7] 乔永峰,马京生.绿色企业的评价指标体系及评价方法研究[J].经济论坛,2011,000(002):188-194.

[8] 电动汽车动力电池梯次利用与回收技术[M].北京:化学工业出版社,2019.

[9] 黄魁.废旧镍镉、镍氢电池中有价值金属的回收研究[D].上海:上海交通大学,2011.

[10] 张彬,罗本福,谷晋川,等.废旧镍氢电池回收再利用研究[J].环境科学与技术,2014.

[11] 刘婧.动力电池退役数据月报[N].中国新能源汽车动力电池回收利用产业协同发展联盟,2023.

[12] 袁健聪,王喆,吴威辰,等.锂电池回收,加速构建产业链循环一体化[N].中信证券研究报告,2022.

[13] 钟雪虎,陈玲玲,韩俊伟,等.废旧锂离子电池资源现状及回收利用[J].工程科学学报,2021,43(2):161-169.